Michael Haist

Zur Rheologie und den physikalischen Wechselwirkungen bei Zementsuspensionen

Karlsruher Reihe

Massivbau
Baustofftechnologie
Materialprüfung

Heft 66

Institut für Massivbau und Baustofftechnologie
Materialprüfungs- und Forschungsanstalt, MPA Karlsruhe

Univ.-Prof. Dr.-Ing. Harald S. Müller
Univ.-Prof. Dr.-Ing. Lothar Stempniewski

Zur Rheologie und den physikalischen Wechselwirkungen bei Zementsuspensionen

von
Michael Haist

Dissertation

Universität Karlsruhe (TH)
Fakultät für Bauingenieur-, Geo- und Umweltwissenschaften
Tag der mündlichen Prüfung: 4. Februar 2009
Referent: Prof. Dr.-Ing. Harald S. Müller
Korreferent: Prof. Dr.-Ing. Wolfgang Brameshuber

Impressum

Karlsruher Institut für Technologie (KIT)
KIT Scientific Publishing
Straße am Forum 2
D-76131 Karlsruhe
www.uvka.de

KIT – Universität des Landes Baden-Württemberg und nationales
Forschungszentrum in der Helmholtz-Gemeinschaft

KIT Scientific Publishing 2010
Print on Demand

ISSN 1869-912X
ISBN 978-3-86644-475-1

Kurzfassung

In der vorliegenden Arbeit wurden sowohl das viskoelastische Verformungsverhalten frischer Zementsuspensionen als auch die zugrunde liegenden physikalischen Mechanismen untersucht. Das primäre Ziel bestand dabei in der Entwicklung eines Stoffgesetzes zur Beschreibung des rheologischen Verhaltens von Zementsuspensionen bei geringen Scherbelastungen. Dieser weitgehend unerforschte Teilbereich der Rheologie zementhaltiger Suspensionen ist von zentraler Bedeutung für das Verständnis von Sedimentations- und Entlüftungsvorgängen im Beton bzw. langsam ablaufenden Strömungsvorgängen im Allgemeinen. Die vorliegende Arbeit schließt die Wissenslücke zu diesem Thema und liefert dem Anwender ein physikalisches Modell, das die im Material ablaufenden Prozesse abbildet und unter Kenntnis zentraler Eigenschaften der Ausgangsstoffe und der Zusammensetzung vorhersagbar macht.

In einer Literatursichtung wurde zunächst der Kenntnisstand der relevanten wissenschaftlichen Fachbereiche dargestellt und diskutiert. Anschließend wurde ein umfangreiches experimentelles Untersuchungsprogramm durchgeführt, in dem erstmals die Wechselwirkung zwischen den rheologischen Eigenschaften der Suspension und der Granulometrie der suspendierten Partikel nachgewiesen werden konnte. Hierzu mussten neuartige messtechnische Einrichtungen entwickelt werden, die eine zeitgleiche Messung sowohl der rheologischen als auch der grenzflächenphysikalischen Eigenschaften ermöglichten.

In einer umfangreichen Parameterstudie wurde darauf aufbauend der Einfluss verschiedener Kenngrößen auf die rheologischen Eigenschaften der Zementleime sowie die Eigenschaften der Partikel untersucht. Die Ergebnisse belegen, dass die rheologischen Eigenschaften frischer Zement- bzw. Mehlkornsuspensionen durch eine Überlagerung der viskosen Eigenschaften der Trägerflüssigkeit sowie der viskoelastischen Verformungseigenschaften von sich bildenden Partikelagglomeraten geprägt sind. Entgegen der gemeinläufigen Vorstellung kommt es dabei nicht zu einer vollständigen Vernetzung bzw. Agglomerierung aller Partikel. Statt dessen sind die resultierenden Agglomeratstrukturen durch flüssigkeitsgefüllte Gleitschichten durchzogen, die auch bei sehr geringen Scherbelastungen eine viskose Verformung ermöglichen.

Weiterhin konnte gezeigt werden, dass bei den bereits erwähnten Agglomeratstrukturen zwischen zwei verschiedenen Arten, der Primär- und der Sekundärstruktur, unterschieden werden muss. Die sogenannte Primärstruktur wird durch die Kollision von Partikeln infolge einer äußeren Scherbelastung gebildet. Dispergierende und koagulierende Prozesse konkurrieren dabei miteinander, und der

Strukturierungsgrad der Suspension strebt gegen einen belastungsspezifischen Endwert. Die Festigkeit und Steifigkeit der Strukturen sind wiederum eine Funktion des Strukturierungsgrads.

Befindet sich die Probe im Ruhezustand, entfallen die dispergierenden Prozesse. Da die Partikel jedoch der Schwerkraft und der BROWN'schen Bewegung ausgesetzt sind, kommt es auch in diesem Zustand zu einer fortschreitenden Agglomerierung, der sogenannten sekundären Strukturbildung. Die Sekundärstruktur ist dabei maßgeblich für das rheologische Verhalten von Zementleimen bei geringen Scherbelastungen verantwortlich und wurde hier eingehend untersucht.

Grundsätzlich können die Festigkeit und Steifigkeit sowohl der Primär- als auch der Sekundärstruktur anhand grenzflächenphysikalischer Betrachtungen abgeschätzt werden. Von zentraler Bedeutung ist dabei der lichte Abstand zwischen den einzelnen Partikeln. Unterschreitet dieser einen bestimmten Grenzabstand, so kommen anziehende Kräfte zum Tragen. Diese sind für die Strukturbildung in der Suspension verantwortlich.

Das vorgestellte physikalische Modell bildet diese Strukturen und die zugrunde liegenden Prozesse mithilfe der rheologischen Modellelemente Feder, Dämpfer und ST.-VENANT-Reibelement ab. Die Kennwerte dieser Elemente – d.h. Dämpferviskositäten, Federsteifigkeiten und Reibspannungen – konnten wiederum auf die elektrophysikalischen Eigenschaften der suspendierten Partikel sowie die Zusammensetzung der Suspension zurückgeführt werden. Grundsätzlich gilt dabei, dass mit abnehmendem Betrag des Zeta-Potentials der Partikel und zunehmendem Phasengehalt der Anteil der viskosen Verformungen an der Gesamtverformung zurückgeht. Dies ist auf eine verstärkte Bildung vernetzter Agglomerate und eine Zunahme von deren Festigkeit zurückzuführen.

Untersuchungen an Zementleimen, bei denen der Zement durch verschiedene Zumahl- bzw. Zusatzstoffe ausgetauscht wurde, belegen weiterhin, dass diese Stoffe z.T. signifikanten Einfluss auf die rheologischen Eigenschaften der so hergestellten Leime besitzen. Die Wirkungsweise ist jedoch stark von der Dosierung der Stoffe und von den Eigenschaften des verwendeten Zements abhängig.

Auf Basis der Ergebnisse der Parameterstudie konnte ein Prognosemodell entwickelt werden, das die Vorhersage der Materialeigenschaften auf der Grundlage der Mischungszusammensetzung gestattet. Aufgrund seiner grundlagenorientierten Ausrichtung ist dieses Modell auch für die Implementierung der Wirkungsweise moderner Betonverflüssiger und Fließmittel geeignet.

Abstract

Within this thesis, both the viscoelastic deformation behavior of fresh cementitious suspensions as well as the governing mechanisms were investigated. The primary target consisted in the development of a material law, describing the rheological behavior of cement suspensions, subjected to small shear-loadings. This vastly unknown aspect of the rheology of cement-suspensions is of key importance for the understanding of sedimentation and de-airing processes, i.e. for slow streaming processes in general. The thesis at hand closes this knowledge gap and provides a physical modell, describing and predicting the processes taking place in fresh cementitious suspensions on the basis of key properties of the raw materials and the composition of the paste.

For a start, the knowledge available in the international literature regarding all relevant aspects of rheology, boundary-layer physics and measuring techniques was studied. Further, a unique measurement device was developped, allowing for the combined and simultanious measurement of both the rheological properties of a paste, as well as the electrophysical properties and size distribution of the suspended particles.

Within an extensive study, the influence of various parameters on the rheological properties of cement paste as well as on the properties of the suspended particles was investigated. The results prove that the rheological properties of fresh cement-pastes are characterized by a superposition of the viscous properties of the carrier-liquid and the viscoelastic properties of the suspended particle-agglomerates. These agglomerates enable the suspension to store elastic deformation work. However, as the structure is disrupted by slippage layers, the elastic deformation has to be superimposed with vicous deformations. The relation between both types of deformations is strongly load dependened.

Further it could be shown that two types of agglomeration processes and resulting structures must be considered. Primary agglomerates are formed by an extrinsic shearing of the suspension and the resulting impulse exchange within the suspension. During the shearing process dispersing and coagulating processes compete against each other, thus defining the degree of agglomeration and the strength of the resulting structure.

At rest, the suspension is only subject to gravitational forces as well as the BROWNIAN motion. Both processes also lead to the formation of agglomerates, the so-called secondary structure, which is of key importance for the deformation behavior of cementitious suspensions subjected to small loadings.

The strength and rigidity of both the primary and the secondary structure can be derived by means of interface physics. With decreasing clearance between the particles, at first repulsive forces can be measured. By exceeding the repulsive forces the particles are suddenly attracted by VAN-DER-WAALS forces and form agglomerates.

The rheological model presented in this thesis reproduces the physical behavior of these structures using spring, dashpot and friction elements. The characteristic value of each element could be traced back to specific properties of the suspended particles as well as the composition of the suspension. Hereby the zeta-potential of the particles is of central importance.

Further investigations in which the cement was replaced by certain additives such as fly-ash, limestone powder, slag or silica-fume prove that these materials have significant influence on the rheological properties of the pastes. However their effectiveness is strongly dependent on the dosage of the additive and the type of cement used.

Based on the results of a parameter study, a prediction model for the rheological properties of cementitious pastes was developed. Due to it's fundamental configuration, it is also highly suitable for the implementation of the mode of action of modern concrete admixtures.

Vorwort

Die vorliegende Arbeit entstand in den Jahren 2005 bis 2008 während meiner Tätigkeit als wissenschaftlicher Mitarbeiter am Institut für Massivbau und Baustofftechnologie der Universität Karlsruhe (TH). Die Themenstellung ergab sich aus umfangreichen eigenen Vorarbeiten zum Selbstverdichtenden Leicht- und Normalbeton.

Mein besonderer Dank gilt Herrn Prof. Dr.-Ing. Harald S. Müller für die fachliche Betreuung der vorliegenden Arbeit. Durch seine stete Diskussionsbereitschaft und seine Ratschläge, aber auch durch seine menschliche Unterstützung hat er wesentlich zum Gelingen dieser Arbeit beigetragen. Darüber hinaus danke ich ihm für die wohlwollende Förderung und Ausbildung, die ich an seinem Institut erfahren habe.

Besonderen Dank möchte ich auch Herrn Prof. Dr.-Ing. Wolfgang Brameshuber für die Übernahme des Korreferats aussprechen. Er hat meine Arbeit über die gesamte Zeitdauer meiner Tätigkeit als wissenschaftlicher Mitarbeiter sehr wohlwollend verfolgt.

Mein weiterer Dank gilt Herrn Prof. Dr.-Ing. Viktor Mechtcherine, der mich in meinen ersten Jahren als wissenschaftlicher Mitarbeiter fachlich begleitet und in mir zusammen mit Herrn Prof. Müller die Freude am Forschen geweckt hat.

Dank und Anerkennung gilt auch den Kollegen und Mitarbeitern des Instituts, insbesondere Frau Andrea Ochs und Frau Jutta Müller, die alle Versuche durchgeführt haben, sowie Frau Ulrike Eggmann, die die Illustrationen in dieser Arbeit angefertigt hat. Gleiches gilt für meine wissenschaftlichen Hilfskräfte – insbesondere Herrn Dominik Fischer und Herrn Jörg Rich –, die ebenfalls maßgeblich zum Gelingen dieser Arbeit beigetragen haben.

Weiterhin danke ich meinen Freunden, dass sie mir meine häufigen „Abwesenheiten" nicht übel genommen und unablässig großes Interesse für meine Arbeit gezeigt haben. Besonderer Dank gilt dabei Herrn Dr. rer. nat. Roger Renner für seine kritische Durchsicht der Arbeit in Bezug auf physikalische Fragen.

Schließlich danke ich ganz herzlich meinen Eltern Irmgard und Peter Haist sowie meinem Bruder Thomas für ihre Liebe, Geduld und stete Unterstützung.

Karlsruhe, März 2009

Michael Haist

Inhalt

Kapitel 3
Untersuchungsprogramm und Methoden   51

Kapitel 4
Ergebnisse der experimentellen Untersuchungen   91

Kapitel 5
Rheologisches Modellgesetz   **127**

Kapitel 6
Anwendung des rheologischen Modellgesetzes   179

Kapitel 7
Zusammenfassung und Ausblick   187

Literatur   193

Normen   205

Anhang

Bezeichnungen

Hinweis:

Die einzelnen Kennwerte werden durch das für sie international gebräuchliche Kurzzeichen angegeben. Dabei werden die genaue Bedeutung einzelner Bezeichnungen sowie ggf. doppelte Bedeutungen im Text an den entsprechenden Stellen erläutert. Die Dimension der einzelnen Kennwerte wird soweit sinnvoll in SI-Einheiten angegeben. Weiterhin bezeichnen fettgedruckte Zeichen komplexe Werte.

Lateinische Großbuchstaben

A, A_0	Fläche, Oberfläche [m²]
A_H	HAMAKER-Konstante [J]
A_{Rheo}	Kalibrierkonstante im Rheometerversuch [Pa/Nm]
B	Reibungsbeiwert der HATTORI-IZUMI Theorie [N/s]
C	Integrationskonstante [-]
D	Rheometerspezifische Dämpfungskonstante [%]
$\boldsymbol{E}$	Elektrische Feldstärke [V/m]
$\overline{F}$	Freie Energie [J]
$G(\alpha)$	Trägheitskorrekturterm für elektroakustische Untersuchungen [-]
G	Strukturmodul bzw. Feder(schub)steifigkeit [Pa]
$\boldsymbol{G}^*$	komplexer Schubmodul [Pa]
G_0^*	unterkritischer Strukturmodul [Pa]
G_1^*	überkritischer Strukturmodul [Pa]
G'	Speichermodul [Pa]
G''	Verlustmodul [Pa]
$\boldsymbol{G}^*_{f=\infty}$	komplexer Schubmodul bei sehr hohen Messfrequenzen bzw. Belastungsgeschwindigkeiten [Pa]

$G_{[0],\,i}$	Grundwert der Steifigkeit der Feder i [Pa]
H	Koagulationsrate [s^{-1}]
Im	Imaginärteil einer komplexen Zahl [-]
J_t	Anzahl von Vernetzungsstellen in einem Volumen [m^{-3}]
$J_{t,coag}$	durch Koagulation entstandene Vernetzungsstellen [m^{-3}]
$J_{t,disp}$	durch Dispergierung zerstörte Vernetzungsstellen [m^{-3}]
K	Rheometerspezifische Federkonstante [Nm/rad]
K_s	Oberflächenleitfähigkeit der Doppelschicht [A/(V·m)]
K_∞	Oberflächenleitfähigkeit der Trägerflüssigkeit [A/(V·m)]
K_{sm}	SMOLUCHOVSKI-Koagulationskonstante [m³/s]
$L_r,\,L_\infty$	Löslichkeit eines Kristalls mit dem Radius r bzw. für sehr große Radii (∞) [g/dm³] bzw. [mol/dm³]
L	Grundkantenlänge eines Partikels nach dem Einkristall-Ansatz [m]
M	Molekulargewicht [g/mol]
M_d	Drehmoment [Nm]
M_{Rheo}	Kalibrierkonstante im Rheometerversuch [s^{-1}/rad^{-1}]
N_A	AVOGADRO-Zahl $6{,}022\,141\,79 \cdot 10^{23}$ mol^{-1}
N_1	Anzahl der an ein Partikel adsorbierten Flüssigkeitsmoleküle bzw. Ionen [-] bzw. Anzahl der möglichen Adsorptionsstellen [m^{-2}]
O_{Blaine}	spezifische Oberfläche nach BLAINE [cm²/g]
Q	Durchfluss [m³/s]
R	allgemeine Gaskonstante 8,314 J/(mol·K)
R^2	Bestimmtheitsmaß [-]
Re	Realteil einer komplexen Zahl [-]
S	Entropie [J/K]
T	absolute Temperatur [K]
U	innere Energie [J]
U_0	Vernetzungsgrad [m^{-3}]
U_{el}	elektrische Spannung [V]
V	Volumen [m³]

V_m Molvolumen [dm³/mol]

V Wechselwirkungsenergie [J]

V_{tot} gesamte Wechselwirkungsenergie [J]

V_A anziehende Anteile der Wechselwirkungsenergie aus VAN-DER-WAALS-Anziehung [J]

V_C abstoßende Wechselwirkungsenergie aus COULOMB'scher Atomwechselwirkung [J]

V_S äquivalente abstoßende Wechselwirkungsenergie aus sterischer Wirkung [J]

V_R abstoßende Wechselwirkungsenergie aus Interaktion der elektrochemischen Doppelschichten [J]

V_{ads} freie Oberflächenenergie aus Adsorptionsanteilen [J]

V Geschwindigkeit [m/s]

W Grenzflächenarbeit [J]

Wa_{Puntke} Wasseranspruch nach Puntke [-] bzw. [%]

Z Zumahl- bzw. Zusatzstoffgehalt [Vol.-% vom Feststoff]

Lateinische Kleinbuchstaben

$a, \bar{a}$ Fit-Parameter [s⁻¹] bzw. [-]

a HAEGERMANN-Ausbreitmaß [mm]

$b, \bar{b}$ Fit-Parameter [s⁻¹] bzw. [-]

$c, \bar{c}$ Fit-Parameter [s⁻¹] bzw. [-]

c Schallgeschwindigkeit in Wasser 1484 m/s

Konzentration [mol/m³] oder [kg/m³]

d Partikeldurchmesser [m]

d_{50} mittlerer Partikeldurchmesser [m]

$d_{50,is}$ mittlerer in-situ Partikeldurchmesser [m]

d' RRSB-Äquivalentdurchmesser [m]

e Elementarladung $1{,}602\,176\,487 \cdot 10^{-19}$ C

f Frequenz [Hz] bzw. [s⁻¹] bzw. [rad/s]

$f_{c,t,d}$ Druckfestigkeit im Alter t [N/mm²]

g	Erdbeschleunigung 9,81 m/s²
h	Scherspaltweite im Rheometerversuch [m]
$h_{Gl,tot}$	gesamte Gleitschichtdicke [m]
k	BOLTZMANN-Konstante $1,3806504 \cdot 10^{-23}$ J·K^{-1}
m	Masse eines Partikels [kg]
n	Ionendichte, Ionenkonzentration [mol/m³]
n_c	kritische Ionenkonzentration [mol/m³]
n	Strukturindex [-]
	HERSCHELL-BULKLEY-Index [-]
	RRSB-Steigungsmaß [-]
n_{abs}	Stoffmenge [mol]
n_3	Anzahl einzelner Partikel in einer Suspension [-]
p	Druck [Pa]
q	Oberflächenladung [C]
r	Partikelradius [m]
$\tilde{s}$	Geometriefaktor $\tilde{s} = (2r + z)^2$ [m]
t	Zeit [s]
t_1, t_2	Fit-Parameter [s]
w	Energiedichte [J/m³]
w/z	Wasserzementwert [-]
$\tilde{x}, \tilde{y}$	Geometriefaktoren, mit $\tilde{x} = 4r^2$ [m]
z	Abstand von der Partikeloberfläche [m]
z_0	Minimaler Partikelabstand im energetischen Minimum $V_{tot,min}$ [m]

Griechische Buchstaben und Symbole

α	Materialkonstante
	Dämpfungskonstante im elektroakustischen Versuch [rad]
β	Materialkonstante
γ	Scherung [-]
γ_{el}	elastischer Anteil der Schubverformung [-]

$\dot{\gamma}$	Schergeschwindigkeit, Scherrate $[\text{s}^{-1}]$
$\dot{\gamma}_c$	Schergeschwindigkeit im Kriechversuch $[\text{s}^{-1}]$
$\dot{\gamma}_{c,\infty}$	Endschergeschwindigkeit im Kriechversuch $[\text{s}^{-1}]$
Γ_1, Γ_∞	tatsächliche und maximal mögliche Adsorption: Masse des Adsorbats bezogen auf den Adsorbens [-]
Γ_{C_3S}	Volumenbezogener Flächenanteil der Phase C_3S am Partikel $[\text{m}^{-1}]$
δ	Phasenverschiebung, Verlustwinkel [°]
δ_s	Phasenverschiebung, Verlustwinkel für $\tau/\tau_s = 1$ [°]
δ_0	Phasenverschiebung für $\tau \to 0$ [°]
δ	Varianz [-]
δ_{Stern}	Dicke der STERN'schen Grenzschicht [m]
Δ	LAPLACE-Operator [-]
ε	Permittivität $\varepsilon = \varepsilon_0 \cdot \varepsilon_r$ [F/m]
ε_0	allgemeine Dielektrizitätskonstante $8{,}854 \cdot 10^{-12}$ C/(V·m)
ε_r	Permittivitätszahl [(A·s)/(V·m)]
ε_c	Kriechmaß $[\text{Pa}^{-1}]$
ζ	Zeta-Potential [V]
ζ_1	Zeta-Potential gemessen bei einer Messfrequenz von 300 kHz [V]
ζ_2	Zeta-Potential gemessen bei einer Messfrequenz von 850 kHz [V]
η	dynamische Viskosität, Federkonstante [Pa·s]
η_c	Kriechviskosität zu beliebigem Zeitpunkt [Pa·s]
$\eta_{c,\infty}$	Kriechviskosität nach Langzeitbelastung [Pa·s]
$\eta_{RL,\infty}$	Rückkriechviskosität nach Langzeitbelastung [Pa·s]
$[\eta]$	intrinsische Viskosität [Pa·s]
η_T	um Temperatureffekte korrigierte Viskosität der Trägerflüssigkeit [Pa·s]
η_s	dynamische Viskosität der Trägerflüssigkeit [Pa·s]
ϑ	Geschwindigkeit [m/s]
θ_i	Variabilität der Federsteifigkeit, Dämpferviskosität bzw. des Reibbeiwerts i $[\text{V}^{-1}]$
$1/\kappa$	DEBYE-Länge [m]

λ	Wellenlänge einer Schwingung [m^{-1}]
μ	plastische Viskosität [Pa·s]
μ_1	linearer Anteil der plastischen Viskosität im modifizierten BINGHAM-Modell [Pa·s]
μ_2	nicht-linearer Anteil der plastischen Viskosität im modifizierten BINGHAM-Modell [Pa·s^2]
μ_D	dynamische Mobilität [m^2/(V·s)]
μ_{stat}	elektrophoretische Mobilität [m^2/(V·s)]
$\mu_{ls}^{(0)}$	chemisches Potential eines Adsorbens [J/mol]
ν	Valenz [-]
	Variationskoeffizient [-]
ρ	Dichte [kg/m^3]
ρ_p	Partikelrohdichte [kg/m^3]
ρ_s	Rohdichte der Trägerflüssigkeit [kg/m^3]
ρ_{el}	(Raum-) Ladungsdichte [C/m^3]
σ, σ_x	mechanische Grenzflächenspannung [N/mm^2]
σ_0	Oberflächenspannung [J/m^2]
σ_d	Oberflächenspannungsanteile aus elektrochemischer Doppelschichtbildung [J/m^2]
τ	Schubspannung [Pa]
τ_A	Spannungsamplidute im Oszillationsversuch [Pa]
τ_c	kriecherzeugende Spannung [Pa]
τ_s	Strukturfestigkeit, Strukturgrenze [Pa]
τ_0	Fließgrenze [Pa]
$\tau_{SV,i,[0]}$	Grundwert der ST.-VENANT-Reibspannung des Elements i [Pa]
ϕ	Phasengehalt; volumetrischer Anteil von Feststoffpartikeln an der Suspension [-]
ϕ_p	Packungsdichte; maximaler Phasengehalt in einer Suspension [-]
φ	Winkelauslenkung [rad]
φ_A	Winkelauslenkungsamplitude [rad]
φ_{korr}	korrigierte Winkelauslenkung [rad]

φ_{meas}	gemessene Winkelauslenkung [rad]
φ_c	Kriechzahl [-]
φ_{ads}	chemisches Adsorptionspotential [C·V]
$\varphi_{ESA,i}$	Phasenverschiebung im elektroakustischen Versuch bei 300 kHz (1) bzw. bei 850 kHz (2) [°]
$\varphi_{rel,i}$	i-ter harmonischer Verformungsanteil nach FOURIER-Analyse [-]
ψ	elektrisches Potential [V]
ψ_δ	zur STERN'schen Grenzschicht korrespondierendes elektrisches Potential [V]
ψ	zur Messfrequenz im elektroakustischen Versuch korrespondierender Phasenwinkel [°]
ψ_0	GALVANI-Potential [V]
Ω	Drehgeschwindigkeit [min^{-1}]
ω	Kreisfrequenz [rad/s] bzw. [s^{-1}]
$\varnothing$	Durchmesser [m]

Zementchemische Abkürzungen

C	Kalk; CaO
S	Kieselsäure; SiO_2
A	Aluminat; Al_2O_3
F	Eisenoxid; Fe_2O_3
H	Wasser; H_2O
$\bar{S}$	Sulfat; SO_3
C_2S	Dicalciumsilikat; $2\,CaO \cdot SiO_2$
C_3S	Tricalciumsilikat; $3\,CaO \cdot SiO_2$
C_3A	Tricalciumaluminat; $3\,CaO \cdot Al_2O_3$
C_4AF	Tetracalciumaluminatferrit; $4\,CaO \cdot Al_2O_3 \cdot Fe_2O_3$
AFt	Ettringit, Trisulfat; $3\,CaO \cdot Al_2O_3 \cdot 3\,CaSO_4 \cdot 32\,H_2O$
AFm	Monosulfat; $3\,CaO \cdot Al_2O_3 \cdot CaSO_4 \cdot 12\,H_2O$
CSH	Calciumsilikathydrat
CH	Calciumhydroxid

Indizes

A	anziehende Anteile (engl. attractive) bzw. Amplitude
c	kritisch (engl. critical) bzw. kriechen (engl. creep)
C	Anteile aus COULOMB'scher Atomwechselwirkung
cal,t	berechnete Größe zum Zeitpunkt t
ESA1	Electrosonic Amplitude bei 310 kHz (1)
ESA2	Electrosonic Amplitude bei 850 kHz (2)
i	Laufindex
korr	korrigierte Größe
meas	Messgröße (engl. measured)
p	Partikel
	Packungsdichte
R	abstoßende Anteile (engl. repulsive)
S	Anteile aus sterischer Wirkung (engl. steric)
s	Wert bei Erreichen der Strukturgrenze τ_s
tot	Summe, gesamt
α, β	Teilbereiche eines Volumens
∞	unendlich bzw. Endwert

Kapitel 1
Einführung

1.1 Problemstellung

Die Eigenschaften frischer Betone werden maßgeblich durch die rheologischen Eigenschaften der darin enthaltenen Zementleime beeinflusst. Dies gilt in besonderem Maße für moderne Hochleistungsbetone, wie selbstverdichtende oder ultrahochfeste Betone. Ein zentrales Problem bei deren Herstellung stellt die gezielte Einstellung einer selbstverdichtenden Konsistenz bei gleichzeitig hohem Widerstand gegen Entmischen dar. Dabei muss sowohl der Strömungswiderstand, den eine aufsteigende Luftblase erfährt, minimiert werden als auch die grobe Gesteinskörnung durch denselben Mechanismus an einem Absinken gehindert werden (siehe Abbildung 1-1, links, Mitte). Schließlich muss sichergestellt sein, dass die grobe Gesteinskörnung auch durch enge Bewehrungszwischenräume hindurch transportiert wird (siehe Abbildung 1-1, rechts).

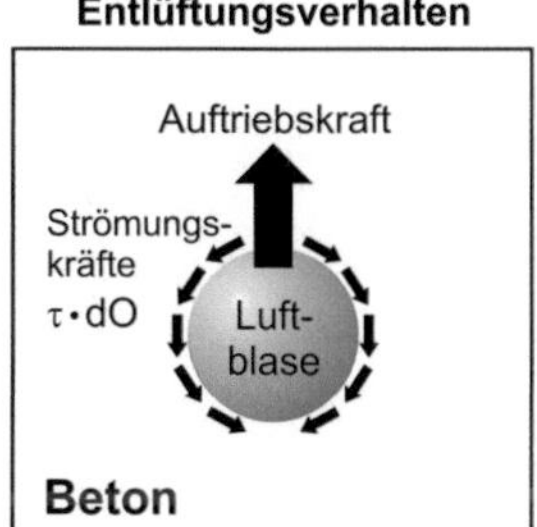

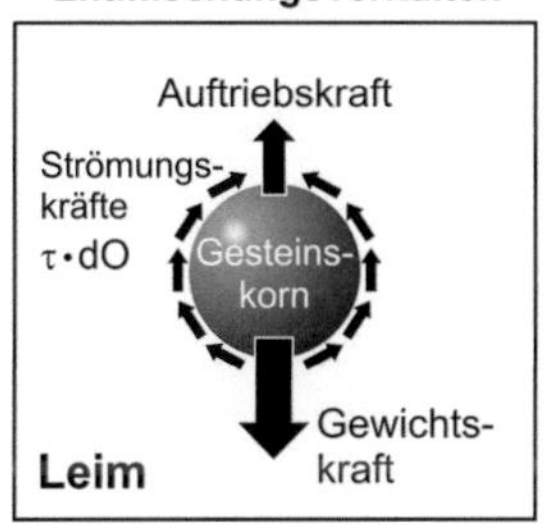

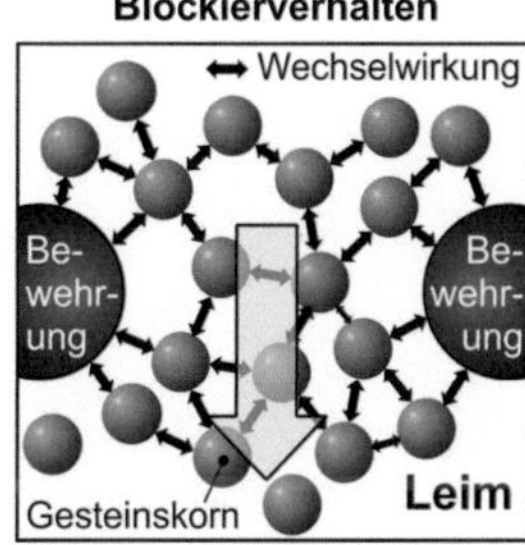

Abb. 1-1 Schematische Darstellung der Mechanismen bei der Entlüftung (links) und Entmischung (Mitte) von Beton sowie beim Blockieren der Gesteinskörnung in engen Bewehrungszwischenräumen (rechts)

Die Kombination dieser drei unterschiedlichen Anforderungen erfordert einen Zementleim, der im Ruhezustand bzw. bei geringen Scherbelastungen elastische Eigenschaften aufweist und somit Sedimentationserscheinungen verhindert. Bei mittleren Scherbelastungen muss die Trägerflüssigkeit Zementleim wiederum eine ausreichende Viskosität aufweisen und so die grobe Gesteinskörnung auch durch enge Bewehrungszwischenräume hindurch transportieren. Für hohe Scherbelastungen sollte die Viskosität des Leims möglichst gering sein, um eine vollständige Entlüftung des Betons zu gewährleisten.

Um dieses äußerst differenzierte Leistungsspektrum zielsicher zu beherrschen, sind eingehende Kenntnisse des Materialverhaltens frischer Zementleime erforderlich. Umfangreichen praktischen Erfahrungen steht dabei das Defizit fehlender Stoffgesetze zur Beschreibung des Strömungsverhaltens dieser Materialien gegenüber. Dies gilt insbesondere für langsam ablaufende Strömungsvorgänge, wie z. B. den Entlüftungs- oder auch den Entmischungsprozess. Die hierzu in der Literatur vorliegenden Versuchsergebnisse bilden weder eine schlüssige noch eine hinreichende Grundlage, um die noch fehlenden Materialgesetze entwickeln zu können. Vollkommen unbekannt sind darüber hinaus die physikalischen Wechselwirkungen zwischen den suspendierten Zementpartikeln und die Mechanismen, die zu einem Aufbau bzw. zu einer Zerstörung von Partikelagglomeraten führen.

1.2 Zielsetzung und Vorgehen

Das Ziel der vorliegenden Arbeit bestand in der Entwicklung eines Materialgesetzes zur Beschreibung des Verformungsverhaltens frischer Zementsuspensionen unter Berücksichtigung der physikalischen Wechselwirkung zwischen einzelnen Zementpartikeln. Dabei galt dem elastischen Verformungsverhalten derartiger Systeme, sowohl im Ruhezustand als auch während schleichender Strömungsvorgänge bei kleinen REYNOLDS-Zahlen ($Re < 1$), ein besonderes Augenmerk.

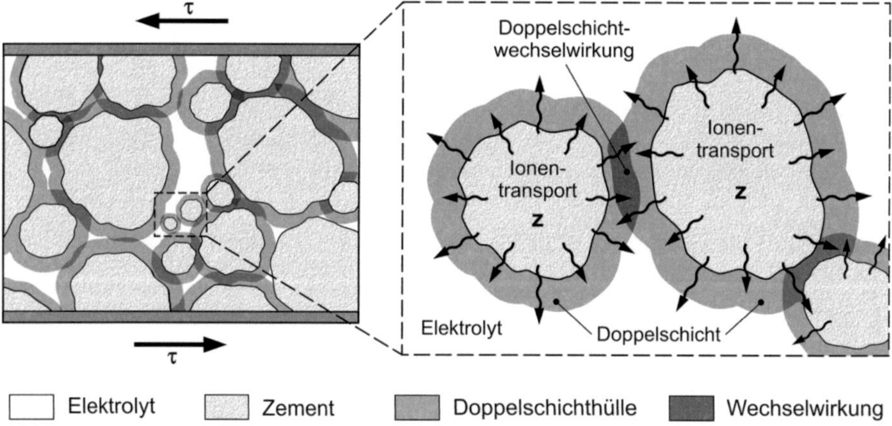

Abb. 1-2   Schematische Darstellung des rheologischen Verhaltens einer Zementsuspension als Funktion der Summe der Wechselwirkungen zwischen den Partikeln (links) sowie Detaildarstellung der Wechselwirkungen (rechts)

Die oben beschriebene Zielsetzung der Arbeit wurde in fünf modular aufeinander aufbauende Teilziele untergliedert. Diese wurden in Anlehnung an die physikalische Struktur frischer Zementsuspensionen gewählt (siehe Abbildung 1-2).

Die rheologischen Eigenschaften frischer Zementsuspensionen werden maßgeblich durch die Art und Zusammensetzung der suspendierten Partikel beeinflusst. Das erste **Teilziel (I)** bestand daher in einer umfassenden Charakterisierung der Feststoffpartikel und deren Oberflächeneigenschaften (Abbildung 1-2; Zementpartikel z mit grau dargestellter elektrochemischer Doppelschichthülle). Hierzu mussten umfangreiche messtechnische Einrichtungen entwickelt werden, die eine in-situ-Messung dieser Eigenschaften unter realistischen Randbedingungen in Echtzeit gestatten.

Da es sich bei frischen Zementleimen i. d. R. um hochgefüllte Suspensionen handelt und somit der Partikelabstand sehr gering ist, wurde im Rahmen von **Teilziel (II)** die physikalische Wechselwirkung der Zementpartikel in Abhängigkeit von den bereits in Teilziel (I) charakterisierten Oberflächeneigenschaften untersucht (Abbildung 1-2; Wechselwirkung durch Überlappung der Doppelschichthüllen). Von besonderem Interesse war dabei, inwieweit das Lösungsverhalten der Zementpartikel die Wechselwirkung zwischen den Teilchen beeinflusst (Abbildung 1-2; Ionentransport).

Makroskopisch äußert sich die Gesamtheit aller Partikelwechselwirkungen in einem von den Eigenschaften der Trägerflüssigkeit deutlich abweichenden rheologischen Verhalten der Suspension. Das dritte und wichtigste **Teilziel (III)** bestand daher in einer umfassenden rheologischen Charakterisierung frischer Zementsuspensionen unter Berücksichtigung der in den Teilzielen I und II vorgestellten Mechanismen (Abbildung 1-2, links). Den Schwerpunkt der Untersuchungen bildeten dabei Versuche zum rheologischen Verhalten von Zementsuspensionen bei sehr geringen Belastungen und schleichenden Strömungsvorgängen. Bei diesen Vorgängen ist der Einfluss der Partikelwechselwirkung besonders stark ausgeprägt. Zur messtechnischen Erfassung dieser Eigenschaften musste in umfangreichen Vorarbeiten eine geeignete Messmimik entwickelt werden.

Aufbauend auf den Ergebnissen der Teilziele I bis III bestand das **Teilziel (IV)** in der Entwicklung eines rheologischen bzw. physikalischen Modells, das eine Vorhersage des Materialverhaltens auf Grundlage der stofflichen Eigenschaften der Ausgangsstoffe und der Zusammensetzung der Suspension gestattet.

1.3 Gliederung der Arbeit

Die vorliegende Arbeit ist in sieben Kapitel gegliedert. Im Anschluss an die Einführung wird der Stand der Forschung zu den rheologischen Eigenschaften von Baustoffsuspensionen und zu den Eigenschaften der suspendierten Partikel wiedergegeben (Kapitel 2). Weiterhin wird auch auf die unterschiedlichen, in der Literatur dokumentierten rheologischen und elektrochemischen Messverfahren eingegangen. In Kapitel 3 wird darauf aufbauend zunächst das Untersuchungsprogramm erläutert. Anschließend werden das eingesetzte Messverfahren vorgestellt und die Datenauswertung beschrieben. Die Messergebnisse selbst werden in Kapitel 4 sowie im Anhang wiedergegeben. Zunächst werden dabei die Ergebnisse der rheologischen Untersuchungen diskutiert. Anschließend wird auf die elektrochemischen Eigenschaften der suspendierten Partikel und die der Trägerflüssigkeit eingegangen.

Das Herzstück der vorliegenden Arbeit bildet schließlich das entwickelte rheologische Modellgesetz (Kapitel 5). Hierbei wird insbesondere auf die Abhängigkeit der rheologischen Eigenschaften der Suspension von den elektrochemischen Eigenschaften der suspendierten Partikel eingegangen. Die Anwendung des vorgestellten Modellgesetzes wird exemplarisch in Kapitel 6 gezeigt.

Die Arbeit schließt mit einer Zusammenfassung. Weiterhin werden Empfehlungen hinsichtlich noch offener Fragen und weiterer Entwicklungsmöglichkeiten gegeben (Kapitel 7).

Die in der vorliegenden Arbeit verwendeten Formelzeichen sind im Kapitel *Bezeichnungen* aufgeführt. Dort sind auch die Dimensionen der einzelnen Formelzeichen sowie die Größe der verwendeten Konstanten angegeben. Die verwendeten Quellen sind in alphabetischer Reihenfolge nach dem Autorennamen im *Literaturverzeichnis* aufgeführt. Die einzelnen Quellen werden im Text in der Reihenfolge ihrer Bedeutung zitiert. Normative Verweise finden sich im *Normenverzeichnis*. **Definitionen** und Festlegungen sind in der Arbeit hervorgehoben gedruckt.

Kapitel 2
Stand der Forschung

2.1 Allgemeines

Unter Zementleim versteht man eine Mischung unterschiedlich großer Zementpartikel, die gleichmäßig in Wasser dispergiert sind und somit eine Suspension bilden. Neben makroskopischen Einflussfaktoren wie dem volumetrischen Feststoffgehalt ϕ und den Eigenschaften des verwendeten Zements wird das Verformungsverhalten derartiger Suspensionen maßgeblich durch Wechselwirkungskräfte zwischen einzelnen Partikeln bestimmt. Diese können in Abhängigkeit vom Partikelabstand eine gegenseitige Anziehung bzw. Abstoßung bewirken. Es handelt sich hierbei im Wesentlichen um eine Überlagerung von abstoßenden elektrochemischen Doppelschichtkräften (siehe Abschnitt 2.4.1) und VAN-DER-WAALS'schen Anziehungskräften (siehe Abschnitt 2.4.2). Erstere sind auf die Anlagerung von Ionen an der Oberfläche der Zementpartikel zurückzuführen. Die Eigenschaften dieser Ionenhülle werden dabei durch die Zusammensetzung und das Lösungsverhalten der Zementpartikel sowie durch die Konzentration der Zementpartikel im Wasser bestimmt. Vor diesem Hintergrund wird im Folgenden zunächst auf wesentliche, für die vorliegende Arbeit relevante Aspekte der Zementchemie eingegangen (siehe Abschnitt 2.2).

Im Anschluss daran werden die elektrophysikalischen Mechanismen erläutert, die zur Anlagerung von Ionen auf der Partikeloberfläche führen (siehe Abschnitte 2.3 und 2.4). Von besonderem Interesse ist dabei die Interaktion von zwei benachbarten Doppelschichten. Mit zunehmender Dicke und Ladung der Doppelschicht nehmen die abstoßenden Kräfte zwischen den Partikeln zu. Voraussetzung hierfür ist jedoch, dass der Phasengehalt in der Suspension ausreichend hoch ist und sich die Partikel somit bis auf den Wirkungsbereich der Doppelschichtkräfte nähern können.

Die Interaktion der suspendierten Zementpartikel äußert sich makroskopisch in einer signifikanten Veränderung der Struktur und der rheologischen Eigenschaften der Suspension gegenüber der reinen Trägerflüssigkeit. In Abschnitt 2.5 wird daher zunächst auf den in der Literatur dokumentierten Wissensstand bezüglich der Struktur von Zement- und Baustoffsuspensionen eingegangen. Anschließend wird in Abschnitt 2.6 das Verformungsverhalten derartiger Suspensionen charakterisiert. Das Kapitel schließt mit einer Zusammenfassung (siehe Abschnitt 2.7).

2.2 Grundlagen der Zementhydratation

Portlandzemente bestehen i. d. R. überwiegend aus Calciumsilikaten, die zusammen mit geringeren Mengen an Calciumaluminaten und -aluminatferriten durch Brennen einer Mischung aus Kalksteinmehl (überwiegend Calcite), Tonmehl und Quarzmehl entstehen. Das Produkt dieses Brennvorgangs – der Klinker – wird anschließend gemahlen und mit geringen Mengen an Gips, Anhydrit und ggf. weiteren Zumahlstoffen versetzt. Diese dienen zur gezielten Steuerung der hydraulischen Reaktion des Klinkers mit Wasser, sind aber für die eigentliche Hydratation nicht zwingend erforderlich.

Während der Hydratation reagieren die im Zement enthaltenen Calciumsilikate mit Wasser und bilden dabei Calciumsilikathydrat (CSH) sowie Calciumhydroxid (CH), die wesentlichen Bestandteile eines Zementsteins.

2.2.1 Zusammensetzung und Morphologie des Zementklinkers

Zementklinker wird durch Brennen einer Mischung aus Kalksteinmehl, Tonmehl und Quarzmehl in einem Drehrohrofen hergestellt. Der Brennvorgang selbst kann dabei nach TAYLOR [163] in drei Stufen unterteilt werden:

Bei Temperaturen unter 1300 °C kommt es zunächst zu einer Kalzinierung des Kalksteins ($CaCO_3$) bei gleichzeitiger Zersetzung der im Ofenmehl enthaltenen Tonminerale. Der frei werdende Freikalk (CaO) reagiert mit Quarz aus der Mischung zu Dicalciumsilikat (C_2S) bzw. mit den Tonbestandteilen zu Tricalciumaluminat (C_3A; zementchemische Abkürzungen siehe Notationsverzeichnis). Zu diesem Zeitpunkt liegt nur ein sehr geringer Teil der Mischung als Schmelze vor. Durch weitere Temperatursteigerung auf ca. 1450 °C gehen ca. 20 bis 30 % des Brennguts in Schmelze über. Diese besteht zu diesem Zeitpunkt im Wesentlichen aus Aluminaten und Ferriten, in der wiederum Tricalciumsilikat-Kristalle (C_3S) durch Reaktion von Dicalciumsilikat mit Kalk wachsen. Die dritte und letzte Phase der Klinkerherstellung stellt der Abkühlvorgang dar, bei dem es zu einer Kristallisation der Schmelze (vorwiegend Aluminate und Ferrite) kommt, in die wiederum die entstandenen Calciumsilikate (C_2S und C_3S) eingebunden sind. Weiterhin sind verschiedene Umwandlungen in der Morphologie der Calciumsilikate zu verzeichnen, die durch eine Steuerung der Abkühlgeschwindigkeit des Klinkers gezielt beeinflusst werden können.

Aus der obigen Beschreibung des Herstellungsprozesses wird deutlich, dass Zementklinker auf der Mikroebene nicht homogen ist. Die Hauptbestandteile des Klinkers – Dicalciumsilikat und Tricalciumsilikat – sind vielmehr in einer Matrix bestehend aus Calciumaluminaten und Calciumaluminatferriten eingebunden. Weiterhin enthält diese Matrix lokale Anhäufungen von Freikalk, der als Rest der Calcinierung verbleibt bzw. durch eine Rückwandlung von C_3S in C_2S während der Abkühlung des Klinkers entsteht [163, 19, 106, 72].

Nach TAYLOR [163] wird diese Inhomogenität im gemahlenen Klinker aufgrund der unterschiedlichen Mahlhärte der einzelnen Phasen noch verstärkt. So nimmt mit zunehmender mittlerer Partikelgröße der Gehalt an C_3S im Produkt ab, während der Gehalt an C_2S gleichzeitig zunimmt. Weiterhin ist in den feineren Zementfraktionen eine Anreicherung des als Erstarrungsregler zugegebenen Sulfatträgers (Gips bzw. Anhydrit) festzustellen.

2.2.2 Ablauf der Hydratation

Die Hydratation von Zement kann in fünf Abschnitte, die sogenannte Induktionsperiode, die Ruhephase, die Akzelerationsphase, die Retardationsperiode und die Finalperiode untergliedert werden [72]. Im Rahmen der vorliegenden Arbeit sind dabei lediglich die drei zuerst genannten Abschnitte von Bedeutung.

Die nur wenige Minuten andauernde **Induktionsperiode** direkt nach Wasserzugabe ist im Wesentlichen durch Lösungsvorgänge geprägt. Natrium-, Kalium- und Calciumsulfat sowie Freikalk gehen in Lösung. Durch Hydrolyse der Klinkerphasen gehen weiterhin Ca^{2+}- und OH^--Ionen in Lösung, wodurch der pH-Wert der Trägerflüssigkeit stark ansteigt und gleichzeitig die Löslichkeit der Phasen weiter gesteigert wird [19]. Dies gilt insbesondere für das hochreaktive C_3A, das zusammen mit dem gelösten Sulfat zu Aluminat-Ferrit-tri-Phasen (AFt), deren maßgebender Vertreter Ettringit darstellt, reagiert. BLASK [19] beziffert den Verbrauch von C_3A in dieser ersten Phase auf 30 bis 60 M.-%, die chemisch in AFt umgesetzt werden. Weiterhin weist BLASK darauf hin, dass während dieser Phase zusätzlich Ca^{2+}-Ionen an der Oberfläche des Zementpartikels adsorbiert werden. Diese beeinflussen die Bildung der elektrochemischen Doppelschicht (vgl. Abschnitt 2.3).

Nach TAYLOR [163] und KNÖFEL [72] äußert sich die Ettringitbildung in einem feinkristallinen Belag an der Oberfläche der Zementpartikel, der wiederum einen weiteren Zutritt von Wasser zeitweise behindert. Infolgedessen wird auch die weitere Reaktion von Tricalciumaluminat (C_3A) und Tetracalciumaluminatferrit (C_4AF) verlangsamt, die wiederum die Matrix bilden, in der die hochreaktiven Tricalciumsilikat-Kristalle eingebettet sind (siehe auch Abschnitt 2.2.1). Vor diesem Hintergrund reagieren während der Induktionsperiode nur wenige Prozent an C_3S (siehe [19]) mit Wasser unter Bildung von Calciumsilicathydrat (CSH). Gleiches gilt für die Reaktion von C_2S, das jedoch aufgrund seiner höheren Basizität eine geringere Reaktivität mit Wasser aufweist [163, 161, 19].

Zu Beginn der **Ruhephase** ist die Oberfläche eines Klinkerpartikels somit durch die Eigenschaften des angelagerten Ettringits geprägt. Das Verhältnis von Calcium zu Silizium an der Oberfläche beträgt Hinweisen von TAYLOR [163] zufolge $Ca/Si \approx 1,5 \div 2,0$. Weiterhin muss beachtet werden, dass in Abhängigkeit vom Sulfatangebot in der Lösung bei der Reaktion von C_3A bzw. C_4AF mit Sulfat neben Ettringit auch Monosulfat (AFm) entsteht.

Uneinigkeit herrscht in der gesichteten Literatur hinsichtlich der Kristallstruktur beider Minerale. Nach HENNING et al. [72] weist Monosulfat eine eher plättchenförmige Morphologie auf, während Trisulfat vorwiegend stäbchenförmig kristallisiert. Dem widerspricht BLASK [19], wonach beide Minerale eine ähnliche Struktur aufweisen, jedoch unterschiedliche Mengen an OH^--, Cl^-- und CO_3^{2-}-Ionen in ihre Zwischenschichten einlagern. Die Diskrepanz dieser Aussagen stellt jedoch nach TAYLOR [163] nicht zwingend einen Widerspruch dar. Sowohl AFt- als auch AFm-Phasen besitzen eine hexagonale Grundstruktur, die ggf. durch Schichtbildung von einer plättchenförmigen Struktur leicht in eine stäbchenförmige Struktur überführt werden kann. Von Bedeutung hierfür ist insbesondere der Betrachtungszeitpunkt. Es ist davon auszugehen, dass sich beide Phasenarten in einem frühen Stadium der Hydratation (Induktions- und Ruhephase) tatsächlich stark ähneln. Erst nach Einsetzen der Akzelerationsphase kommt es dann zu einem starken Wachstum der Ettringitkristalle in einer stäbchenförmigen Struktur [106]. TAYLOR [163] weist weiter darauf hin, dass die Morphologie der AFt-Phasen und hier speziell des Ettringits auch stark durch das Sulfatangebot in der Lösung sowie vom verfügbaren Raumangebot für die Reaktionsprodukte abhängig ist. Die Ettringitkristalle weisen demnach i. d. R. eine maximale Länge von ca. 1 µm auf und wachsen vorwiegend tangential, teilweise jedoch auch normal zur Oberfläche des Klinkerpartikels. Zuletzt genannte Tatsache ist dabei ein klarer Beleg für die Permeabilität der Ettringitschicht für Ionen, die aus der Zwischenschicht zwischen der Ettringithülle und der eigentlichen Klinkeroberfläche herausdiffundieren (s. u.) [163, 106]. Schließlich weist TAYLOR [163] darauf hin, dass die Reaktivität von C_3A und damit die Bildung von AFt-Phasen stark durch die Anwesenheit von Calciumhydroxid begünstigt wird.

Die Ruhephase kann jedoch nicht allein durch Ettringitanlagerungen erklärt werden. Vielmehr zeigen auch reine Tricalciumsilikate eine Ruhephase. Für die Bildung von CSH-Kristallen sind nach [163] Keimzellen z. B. in Form von bereits vorhandenen CSH-Kristallen erforderlich. Da diese zu Beginn der Ruhephase jedoch nur in sehr geringer Anzahl vorliegen, wird somit auch die eigentliche Reaktion des C_3S gebremst. Dies ändert sich erst bei Eintritt des Zements in die **Akzelerationsphase** ab einem Alter von ca. 90 min. Durch die auch während der Ruhephase weiter fortschreitende Bildung von Ettringit wird aus der umgebenden Lösung Sulfat verbraucht und Ettringit – das nur in Lösungen mit hohen Sulfatgehalten stabil ist – wird zunehmend in Monosulfat umgewandelt. Dieses ist durchlässiger für Wasser, wodurch die Reaktion von C_3A, C_4AF sowie C_3S und C_2S erneut beschleunigt wird [72]. Nach [106] ist dieser Vorgang durch ein Aufwachsen von CSH-Kristallen auf die äußere Seite der Ettringit- bzw. Monosulfat-Hülle gekennzeichnet, wobei die Keimbildung entgegen den Angaben von [163] primär an Ettringitkristallen erfolgt [106]. Dieser Abschnitt der Hydratation ist jedoch für die vorliegende Arbeit nicht bzw. nur bedingt von Relevanz. Als „**frisch**" und damit als Suspension werden im Folgenden nur Zementleime bis zum Einsetzen der Akzelerationsphase angesehen. Inwieweit eine Scherung, d. h. ein Fließen des Zementleims zu einer Veränderung der Reaktivität bzw. der

Oberflächenstruktur des Klinkerpartikels führt, wurde bislang in keiner der vorliegenden Literaturquellen untersucht. Auch liegen nach Wissen des Autors bislang keine systematischen Untersuchungen zum Einfluss der Klinkerchemie auf die elektrophysikalischen Eigenschaften der Zementpartikel vor. Gleiches gilt für die Veränderung der Partikelgrößenverteilung infolge der Zementhydratation. Grundsätzlich ist jedoch davon auszugehen, dass die Hydratation bei sehr kleinen Zementpartikeln weitaus schneller voranschreitet als bei großen Partikeln und es somit bereits im frischen Zustand zu einer langsamen Verschiebung der Kornverteilungskurve hin zu größeren Werten kommt (siehe auch [163]).

2.3 Thermodynamik der Grenzflächen

Die Oberfläche eines in Wasser suspendierten Zementpartikels stellt eine Grenzfläche dar, die in ständiger Wechselwirkung mit der umgebenden Trägerflüssigkeit steht. Sowohl das suspendierte Zementpartikel als auch das umgebende Wasser weisen unterschiedliche Eigenschaften auf, die u. a. aus unterschiedlichen Dichten ρ_i und Energiedichten w_i sowie Verformungseigenschaften resultieren. Um ein Element vom Energiezustand im Inneren des Zementpartikels auf das Energieniveau eines Elements an der Phasengrenze zu bringen, muss Arbeit geleistet werden. Dies äußert sich in der Ausbildung einer mechanischen Grenzflächenspannung, durch die das Zementpartikel eine isotrope Druckbeanspruchung erfährt. Weiterhin werden Flüssigkeitsmoleküle bzw. Ionen an der Oberfläche des Partikels adsorbiert [140]. Für die Wechselwirkung zwischen einzelnen Partikeln ist dabei lediglich der zuletzt genannte Mechanismus maßgebend.

Untersuchungen von LANGMUIR [92] zufolge ist die Adsorption von Atomen bzw. Ionen an der Partikeloberfläche nur an einer begrenzten Anzahl von Bindungsplätzen möglich, die wiederum von der spezifischen Oberfläche des Partikels abhängig ist. Sind alle möglichen Bindungsplätze mit Fremdatomen – sog. Adatomen – belegt, kann es in bestimmten Fällen zur Anlagerung von weiteren Adatomschichten kommen. Bei Zementen ist die Adsorption jedoch i. d. R. auf eine mono-molekulare Schicht beschränkt, deren angelagerte Fremdmoleküle bzw. Ionen ebenfalls in ausgeprägter Wechselwirkung stehen [176, 92]. Darüber hinaus ist das Gesamtsystem, bestehend aus Adsorbens und Adsorbat, thermodynamischen Einflüssen unterworfen [58, 84]. Aufgrund der BROWN'schen Bewegung konkurriert der Mechanismus der Adsorption mit dem der Desorption. Dies bedeutet, dass die dauerhafte Ausbildung einer stabilen Adsorbatschicht nur möglich ist, wenn die Adsorption gegenüber der Desorption dominiert [92, 60, 149].

Das Adsorptionsverhalten von Flüssigkeitsmolekülen oder Ionen an Feststoffoberflächen kann mithilfe sogenannter Adsorptionsisotherme, beispielsweise nach dem Ansatz von LANGMUIR [91, 92], berechnet werden. Mit diesem folgt die Grenzflächenspannung σ entsprechend zu

$$\sigma = \sigma_0 - kT \cdot \left[-\Gamma_\infty \ln\left(1 - \frac{\Gamma_1}{\Gamma_\infty} \right) \right] + \sigma_d \ . \qquad \text{(2-1)}$$

Hierin bezeichnen σ_0 die Oberflächenspannung der Trägerflüssigkeit, k die BOLTZMANN-Konstante, T die absolute Temperatur, Γ_1 die vorliegende bzw. Γ_∞ die maximal mögliche Adsorption (bei vollständiger Belegung aller möglichen Oberflächenbindungsplätze, s. o.) und σ_d Spannungsanteile, die aus einer elektrochemischen Doppelschichtbildung resultieren (siehe Abschnitt 2.4).

Die Grenzflächenspannung σ ist eine Funktion des Adsorptionsgrades Γ_1/Γ_∞. Ihr Betrag nimmt mit zunehmendem Adsorptionsgrad als auch mit zunehmender maximal möglicher Adsorption Γ_∞ stark zu. Sie besitzt die Dimension J/m².

2.4 Elektrochemische Eigenschaften von Zementsuspensionen

Zementsuspensionen werden aus Sicht der Kolloidchemie i.d.R. als lyophob angesehen, d. h., sie besitzen keine bzw. nur eine geringe Affinität zur umgebenden Trägerflüssigkeit [171]. Zwischen den Partikeln wirken jedoch Oberflächenkräfte, die maßgeblich das rheologische Verhalten der Suspension beeinflussen. Hierbei handelt es sich zum einen um abstoßende Kräfte, die aus einer elektrochemischen Doppelschichtbildung bzw. der COULOMB'schen Atomwechselwirkung resultieren, und zum anderen um anziehende VAN-DER-WAALS-Kräfte. Beide sind eine Funktion des Abstands von der Partikeloberfläche und nehmen mit zunehmendem Abstand unterschiedlich stark ab. Diese Abhängigkeit kann mit der sogenannten DLVO-Theorie (benannt nach DERJAGUIN, LANDAU, VERVEY und OVERBEEK, siehe Abschnitt 2.4.4) beschrieben werden. Zunächst werden jedoch die einzelnen Mechanismen erläutert.

2.4.1 Elektrochemische Doppelschichtbildung

Wie bereits in Abschnitt 2.3 erläutert, führen unterschiedliche Energiezustände im Inneren eines Partikels bzw. in dessen Randzone zur Ausbildung einer Grenzflächenspannung σ und zur Adsorption von Flüssigkeitsmolekülen in der oberflächennahen Randzone des Partikels. Darüber hinaus weisen die Phasengrenzfläche und das Innere des Partikels unterschiedliche elektrische Potentiale ψ_i auf. Dieser Gradient äußert sich in einer als GALVANI-Spannung bezeichneten elektrischen Spannung, die eine Ladungstrennung im Bereich der Phasengrenzschicht zur Folge hat. Hierdurch kommt es im Bereich der Partikeloberfläche zu einer Konzentration von negativen Ladungen. Da jedoch für das Gesamtsystem, bestehend aus Partikel und umgebender Phasengrenzschicht, elektrophysikalische Neutralität vorliegen muss, lagern sich positiv geladene Ionen nahe der Festkörperoberfläche an. Gleichzeitig gilt aber auch für den Elektrolyten die Forderung nach elektrophysikalischer Neutralität, so dass es auch hier zu einer, mit zunehmendem Abstand z von der Partikeloberfläche abnehmenden Ionisierung kommt. Das elektrische Potential fällt daher, ausgehend vom GALVANI-Potential der Oberfläche ψ_0, mit zunehmendem Abstand von der Partikeloberfläche ebenfalls stark ab, bis schließlich das ungestörte Potential des Elektrolyten (d. h. das Potential in „unendlicher" Entfernung von der Partikeloberfläche) erreicht ist. Dieses Phänomen der Ladungstrennung infolge unterschiedlicher elektrischer Potentiale wird als elektrische oder **elektrochemische Doppelschichtbildung** bezeichnet [96] und kann mithilfe des STERN'schen Doppelschichtmodells beschrieben werden.

2.4.1.1 STERN'sches Doppelschichtmodell

Nach STERN [156] kann die elektrochemische Doppelschicht in zwei Bereiche – die sogenannte STERN'sche Grenzschicht oder einfach STERN-Schicht und die diffuse Doppelschicht – untergliedert werden (siehe Abbildung 2-1, [39, 79]). Die STERN-Schicht besteht aus einer monomolekularen Schicht aus weitgehend unbeweglichen Ionen, die direkt an das Partikel adsorbiert werden. Mit zunehmendem Abstand von der Partikeloberfläche geht die STERN-Schicht in die diffuse Doppelschicht über, deren Ladungen innerhalb der Ionenwolke frei beweglich sind.

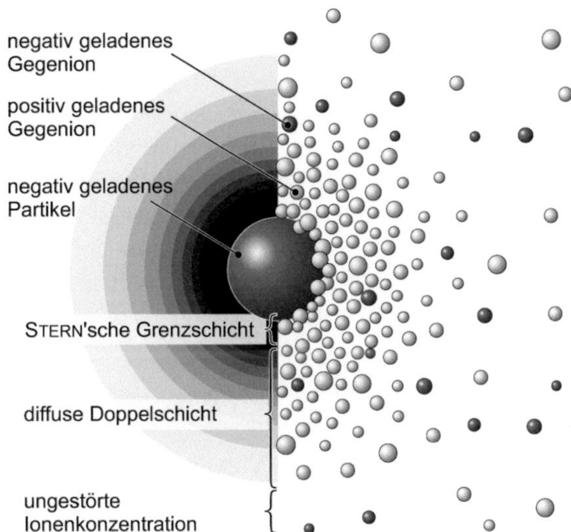

Abb. 2-1   Exemplarische Darstellung des STERN'schen Doppelschicht-Modells

STERN'sche Grenzschicht:

Wie bereits erläutert, verfügt die Partikeloberfläche über eine bestimmte Anzahl an Oberflächenbindungsplätzen Γ_∞, an die eine monomolekulare Schicht aus dicht gepackten Atomen angelagert wird. Diese als STERN'sche Grenzschicht bezeichnete Ionenhülle besitzt eine Dicke δ_{Stern} von ungefähr dem Durchmesser der adsorbierten Ionen. Analog zu einem Plattenkondensator fällt in diesem Bereich das elektrische Potential linear mit zunehmendem Abstand von der Partikeloberfläche ab (siehe Abbildung 2-2, [157, 171]).

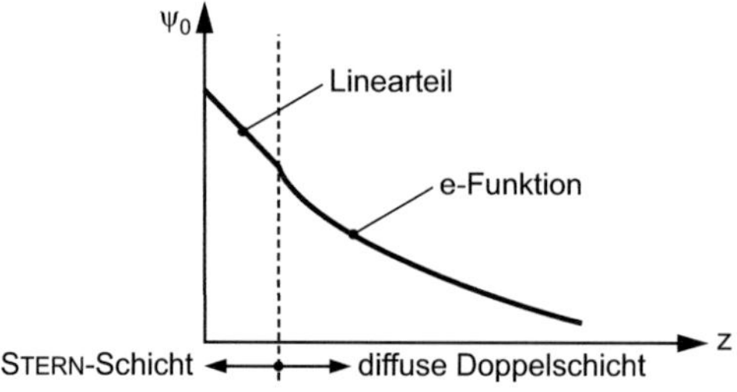

Abb. 2-2   Potentialverlauf in der STERN-Schicht bzw. diffusen Doppelschicht

Aufgrund der räumlichen Ausdehnung der angelagerten Ionen und daraus resultierender Packungsprobleme ist jedoch eine vollständige Belegung aller Oberflächenbindungsplätze Γ_∞ durch eine monomolekulare Ionenschicht und damit ein vollständiger Abbau des elektrischen Potentials ψ nicht möglich. Dies hat die Anlagerung weiterer Ionenschichten zur Folge.

Diffuse Ionenhülle:
Neben elektrostatischen Kräften unterliegen die adsorbierten Ionen auch thermodynamischen Einflüssen, d. h. der BROWN'sche Bewegung [59, 60, 26]. Mit zunehmender Schichtdicke geht daher die starre STERN'sche Grenzschicht in eine diffuse Schicht aus Ionen über. Das elektrische Potential nimmt in dieser Schicht entsprechend der vorliegenden Ionenkonzentration vom Potential der STERN'schen Grenzschicht auf das des neutralen Elektrolyten ab (siehe Abbildung 2-2). Vereinfachend kann der gesamte Potentialverlauf – d.h. sowohl in der STERN'schen Grenzschicht als auch in der diffusen Ionenhülle – mithilfe einer BOLTZMANN-Verteilung beschrieben werden (siehe Gleichung 2-2).

$$\Delta\psi = \frac{8\pi n v e}{\varepsilon}\sinh\left(\frac{v e \psi_0}{kT}\right) \qquad \textbf{(2-2)}$$

Hierin bezeichnen n die Ionendichte pro Volumeneinheit, v die Valenz der in der Doppelschicht enthaltenen Ionen, e die Elementarladung, ε die Permittivität der Trägerflüssigkeit, k die BOLTZMANN-Konstante und T die absolute Temperatur.

Die mathematische Lösung von Gleichung 2-2 ist nach [171] nur mit numerischen Verfahren möglich. Vor diesem Hintergrund wird bei der Betrachtung kolloidaler Systeme häufig der Ansatz nach DEBYE und HÜCKEL verwendet, in dem vorausgesetzt wird, dass das elektrostatische Potential an der Partikeloberfläche ψ_0 hinreichend klein bzw. das Verhältnis der Doppelschichtdicke zum Partikeldurchmesser groß ist [36]. Weiterhin wird bei dieser Betrachtung der Einfluss der STERN'schen Grenzschicht vernachlässigt. Damit vereinfacht sich die Fundamentalgleichung der elektrochemischen Doppelschicht zu

$$\Delta\psi = \frac{8\pi n e^2 v^2}{\varepsilon kT}\psi = \kappa^2\psi.$$ (2-3)

Der Kehrwert der Größe κ in Gleichung 2-3 wird als DEBYE-Länge bezeichnet und ist in der Analogie eines Plattenkondensators der Abstand zwischen den beiden Plattenelektroden und somit die Dicke der elektrochemischen Doppelschicht. Für kleine Potentiale ψ_0 besitzt dabei der Kondensator eine konstante Kapazität und der Potentialverlauf kann wiederum nach HELMHOLTZ als annähernd linear angenommen werden [171]. Für größere Werte von ψ_0 hingegen ist die Analogie des Plattenkondensators nicht mehr brauchbar.

Ein großes Oberflächenpotential ψ_0 hat darüber hinaus eine große Ladungsdichte ρ_{el} in der oberflächennahen Zone zur Folge (siehe Gleichung 2-4). Gleichzeitig fällt jedoch die Ladungsdichte mit zunehmendem Abstand von der Partikeloberfläche deutlich schneller ab als das elektrische Potential ψ selbst (siehe auch Gleichung 2-2).

$$\rho_{el} = -\frac{\varepsilon}{4\pi}\Delta\psi = -2nve\sinh\left(\frac{ve\psi_0}{kT}\right)$$ (2-4)

Weiterhin zeigen die Gleichungen 2-3 und 2-4 deutlich, dass die Größe und der Verlauf des elektrischen Potentials sowie der Ladungsdichte stark von der Ionendichte n und der Valenz v der Ionen in der Doppelschicht abhängen. Eine Zunahme der Ionendichte oder aber der Valenz der Ionen führt daher zu einer – ggf. starken – Komprimierung der Doppelschicht ($1/\kappa$). Für hohe Elektrolytkonzentrationen – wie in Zementsuspensionen der Fall – wird daher der in der STERN'schen Grenzschicht geleistete Anteil des Potentialabfalls ($\psi_0 - \psi_\delta$) im Vergleich zum Abfall im diffusen Teil der Doppelschicht maßgebend [171].

Im Hinblick auf die Beschreibung der Wechselwirkung zwischen einzelnen Partikeln (siehe Abschnitt 2.4.1.3) ist neben dem elektrischen Potential an der Oberfläche ψ_0 und dem Potentialverlauf mit zunehmendem Abstand von der Oberfläche z auch die Oberflächenladung q – d. h. die Gesamtladung pro Oberflächeneinheit – der elektrochemischen Doppelschicht maßgebend. Diese setzt sich aus den Ladungsanteilen der STERN'schen Grenzschicht und der diffusen Ionenhülle zusammen und kann nach Gleichung 2-5 berechnet werden zu

$$q = \frac{N_1 \cdot ve}{1 + \dfrac{N_A}{M \cdot n}\exp\left\{-\dfrac{ve\psi_\delta + \varphi_{ads}}{kT}\right\}} - \int_0^\infty \rho_{el}dz.$$ (2-5)

Hierin bedeuten N_1 die molare Anzahl der Adsorptionsstellen pro Flächeneinheit der Grenzschicht, N_A die AVOGADRO-Zahl, M das Molekulargewicht des Lösungsmittels (hier Wasser) und φ_{ads} das chemische Adsorptionspotential der an der Partikeloberfläche adsorbierten Ionen. Analog zu den Ausführungen zu Gleichung 2-4 ist auch für die Oberflächenladung q eine ausgeprägte Abhängigkeit von der Ionendichte n und deren Valenz v zu verzeichnen. Weiterhin geht mit einem großen Oberflächenpotential ψ_0 auch eine große Ladung q einher.

Die obigen Ausführungen gelten ausschließlich für ebene Doppelschichten. Für kugelförmige Partikel kann die Doppelschicht vereinfachend aus einzelnen Kugelschalen zusammengesetzt betrachtet werden. Mit zunehmendem Abstand von der Partikeloberfläche nimmt dabei das Volumen der Doppelschicht stark zu. Dies hat direkten Einfluss auf den Verlauf der Ladungsdichte ρ_{el} und des Potentials ψ. Der exponentielle Charakter des Abfalls beider Größen mit zunehmendem Abstand von der Partikeloberfläche wird dadurch deutlich verstärkt [171].

VERWEY et al. [171] weisen zwar ausdrücklich darauf hin, dass eine vereinfachende Betrachtung am ebenen System für kolloidale Suspensionen i. d. R. nicht zulässig ist und in diesem Fall vorzugsweise die Fundamentalgleichung 2-2 angewandt werden sollte. Da der begangene Fehler für kleine kugelförmige Partikel mit hinreichend großem Abstand zwischen einzelnen Partikeln jedoch sehr gering ist, wird in der Praxis häufig Gleichung 2-3 zur Beschreibung des Wechselwirkungsenergieverlaufs eingesetzt.

2.4.1.2 Zeta-Potential

Die experimentelle Bestimmung des elektrischen Potentials ψ in Abhängigkeit des Abstands von der Partikeloberfläche ist nicht oder nur sehr eingeschränkt möglich. Gleichzeitig ist dieser Kennwert für technische Anwendungen jedoch von erheblichem Interesse. Von besonderer Bedeutung ist dabei der Fall der Interaktion der Doppelschichten zweier benachbarter Partikel. Unter Zugrundelegung des STERN'schen Doppelschichtmodells wird deutlich, dass eine Annäherung zweier benachbarter Partikel zunächst eine Überlappung ihrer diffusen Doppelschichthüllen zur Folge hat und eine gegenseitige Abstoßung der Partikel bewirkt. Unabhängig von den wirkenden Kräften ist jedoch eine Annäherung der Partikel bis zum Kontakt der beiden Oberflächen aufgrund der adsorbierten Ionen in der STERN-Schicht nicht möglich. Eine gegenseitige Verschiebung und somit ein gegenseitiges Abgleiten zweier benachbarter Partikel muss daher in einer Gleitschicht erfolgen, die im diffusen Teil der Doppelschicht angesiedelt ist. Diese Gleitschicht wird als Zeta-Grenzschicht und das entsprechende elektrische Potential als **Zeta-Potential** ζ bezeichnet.

Im Gegensatz zum Oberflächenpotential ψ_0 ist das ζ-Potential naturgemäß stark von den Eigenschaften und der Konzentration des umgebenden Elektrolyten abhängig und stellt somit eine gute Näherung für das STERN-Potential ψ_δ dar, das ähnlich wie das Oberflächenpotential ψ_0 nur schwer gemessen werden kann. Da das ζ-Potential jedoch als ein direktes Maß für die Oberflächenkräfte im

Bereich der Kontaktzone zweier benachbarter Partikel herangezogen werden kann, ist über diesen Kennwert somit auch eine direkte Beschreibung der Wechselwirkung der Phase möglich (siehe Abschnitt 2.4.1.3).

Für die experimentelle Bestimmung des ζ-Potentials haben sich elektrophoretische und elektroakustische Versuche als geeignet erwiesen (siehe Abschnitt 2.4.5). Letztere Messmethodik ist besonders für die Anwendung in hochkonzentrierten Zementsuspensionen geeignet und wurde im Rahmen der vorliegenden Arbeit verwendet (siehe Kapitel 3).

2.4.1.3 Interaktion zweier Doppelschichten

Die Interaktion zweier Partikel ist in lyophoben Systemen, wie sie Zementleime darstellen, stark durch die Wechselwirkung der elektrochemischen Doppelschichten der Partikel geprägt. Grundlage für die Quantifizierung dieser Wechselwirkung stellt das STERN'sche-Doppelschichtmodell [156] dar (siehe Abschnitt 2.4.1.1).

Mithilfe der Oberflächenladung q (siehe Gleichung 2-5) kann die zwischen zwei geladenen, ebenen Grenzflächen wirkende freie Energie $\bar{F}$ entsprechend Gleichung 2-6 berechnet werden. Hierbei repräsentiert der erste Summand die abstoßenden Energien infolge einer Wechselwirkung der STERN'schen Grenzschicht zweier Partikel. Der zweite, betragsmäßig deutlich kleinere Summand beschreibt hingegen die Wechselwirkung, die aus der Überlappung der diffusen Anteile der Ionenhüllen beider interagierender Partikel resultiert.

$$\bar{F} = -q\psi_0 + \int_0^{\tilde{q}} \psi_0 dq = -\int_0^{\psi_0} q\, d\psi_0 \qquad (2\text{-}6)$$

Die Herleitung von Gleichung 2-6 erfolgt am zweckmäßigsten über einen Energieansatz [171]. Als freie Energie $\bar{F}$ wird dabei jene Arbeit bezeichnet, die notwendig ist, um eine Doppelschicht auf einer Grenzfläche aufzubauen. Da bei diesem Vorgang Energie gewonnen wird, ist die freie Energie eines suspendierten Partikels mit Doppelschicht somit eine negative Größe. Nähern sich nun zwei Partikel so stark, dass es zu einer Überlappung ihrer elektrochemischen Doppelschichten kommt, so wird die freie Ausbildung der einzelnen Doppelschichten gestört. Als direkte Folge nimmt die Oberflächenladung q zu und das System befindet sich nicht mehr im thermodynamischen Idealzustand. Die Partikel stoßen sich somit gegenseitig ab. Damit verbunden ist ein Anstieg der freien Energie (d. h. der Betrag von $\bar{F}$ nimmt ab), da Arbeit geleistet wurde.

Der oben beschriebene, für ebene Doppelschichten gültige Ansatz zur Beschreibung der Interaktion zwischen zwei Grenzflächen wurde von DERJAGUIN [41] auf kugelförmige Partikelsysteme erweitert. Aufgrund des relativ großen Partikeldurchmessers bei Zement und der hohen Ionenstärke der umgebenden Lösung in einer Zementsuspension kann davon ausgegangen werden, dass das Verhältnis von Doppelschichtdicke $1/\kappa$ zu Partikelradius r bzw. Durchmesser d klein ist.

In Gleichung 2-7 gilt somit $\kappa d \gg 1$. Dementsprechend beträgt die abstoßende Energie V_R zwischen zwei kugelförmigen Partikeln mit gleichem Radius r im lichten Abstand z

$$V_R = \frac{1}{2}\varepsilon d\psi_0^2 \cdot \ln\left\{1 + \exp\left[-\kappa d\left(\frac{(d+z)}{d} - 2\right)\right]\right\} \left.\right\} \text{ für } \kappa d \gg 1 \, .$$
$$\approx 2\pi \cdot \varepsilon \cdot r \cdot \psi_0^2 \cdot \ln\{1 + \exp[-\kappa z]\} \qquad\qquad (2\text{-}7)$$

Vereinfachend geht DERJAGUIN in Gleichung 2-7 davon aus, dass die Energietrajektorien zwischen zwei Partikeln nicht normal zur Partikeloberfläche verlaufen, sondern parallel zu einer gedachten Achse durch den Mittelpunkt der Kugeln. Der Abstand der Kugelmittelpunkte beträgt dann $d + z$.

Aus Gleichung 2-7 ist direkt ersichtlich, dass die abstoßende Energie V_R quadratisch mit zunehmendem elektrischem Oberflächenpotential ψ_0 zunimmt. Ferner bewirken sowohl eine Erhöhung der Ionenkonzentration als auch der Valenz der Ionen eine Steigerung von κ und somit eine Reduktion der Doppelschichtdicke $1/\kappa$. Die Folge ist eine Reduktion der Partikelabstoßung. Dies wird auf die Komprimierung der Doppelschichthüllen zurückgeführt und belegt weiterhin die bereits erläuterte untergeordnete Bedeutung des Anteils der diffusen Ionenhülle an der Wechselwirkung im Vergleich zum Anteil der STERN'schen Grenzschicht.

2.4.2 VAN-DER-WAALS-Wechselwirkung

Neben abstoßenden Doppelschichtkräften wirken zwischen den Teilchen auch anziehende Kräfte, die unter dem Begriff VAN-DER-WAALS-Kräfte zusammengefasst werden [67, 97, 176]. Hierbei handelt es sich um Dipolkräfte, die bei einer ausreichend starken Annäherung zweier Partikel zu einer Verringerung der freien Energie $\bar{F}$ des Systems und damit zu einer Anziehung zwischen den Partikeln führen. Die bei dieser chemischen Bindung freigesetzte Energiemenge V_A kann für Teilchen kolloidaler Größe nach HAMAKER [67] entsprechend Gleichung 2-8 berechnet werden.

$$V_A = -\frac{A_H}{6}\left[\frac{2r^2}{\tilde{s}-\tilde{x}} + \frac{2r^2}{\tilde{s}} + \ln\left(\frac{\tilde{s}-\tilde{x}}{\tilde{s}}\right)\right] . \qquad (2\text{-}8)$$

Darin sind A_H die HAMAKER-Konstante für in einem Fluid suspendierte Teilchen und $\tilde{x} = 4r^2$ sowie $\tilde{s} = (2r+z)^2$ Geometriefaktoren. Weiterhin sind r der Radius der betreffenden Zementpartikel und z die lichte Weite zwischen den Partikeln. A_H beträgt nach [67] i. d. R. zwischen $0{,}7 \cdot 10^{-21}$ J und $3 \cdot 10^{-19}$ J. Für Zementpartikel wird in [68] A_H mit $5{,}24 \cdot 10^{-22}$ J angegeben.

Für ein ca. 1 µm großes Zementpartikel bedeutet dies, dass erst ab einer Annäherung auf $< 0{,}01$ µm ein signifikanter Anstieg der VAN-DER-WAALS-Wechselwirkung zu verzeichnen ist.

2.4.3 COULOMB'sche Atomwechselwirkung

Kommt es zu einer weiteren Annäherung der Partikel infolge einer äußeren Kraft, ist damit eine Überlappung der Elektronenhüllen der einzelnen Atome verbunden. Die für diesen Vorgang erforderliche Energiemenge kann nach COULOMB entsprechend der Beziehung

$$V_C = \frac{1}{4\pi\varepsilon} \cdot \frac{q_{p,1} \cdot q_{p,2}}{z} \qquad (2\text{-}9)$$

abgeschätzt werden kann. Hierin bezeichnen ε die Permittivität der Trägerflüssigkeit, z den lichten Abstand zwischen den Atomkernen und $q_{p,i}$ die Oberflächenladung des Atoms bzw. Partikels i.

Aus den obigen Ausführungen wird deutlich, dass die COULOMB'sche Atomwechselwirkung nur für sehr geringe Partikelabstände von Bedeutung ist (Abstand $z < 1$ nm). Auf dieser Ebene ist jedoch eine diskrete Unterscheidung zwischen einzelnen Partikeln, den Atomen und Ionen nicht mehr eindeutig möglich. Die Berechnung von V_C gestaltet sich daher als äußerst schwierig.

2.4.4 Interaktion suspendierter Teilchen: DLVO-Theorie

Die in den vorangegangenen Abschnitten beschriebenen abstoßenden und anziehenden Wechselwirkungsenergien (siehe Gleichungen 2-7 bis 2-9) wirken zeitgleich, haben jedoch eine stark unterschiedliche Reichweite. Zusammen mit sterischen Effekten, die durch eine äquivalente abstoßende Wechselwirkungsenergie V_S abgebildet werden, können die einzelnen Energieverlaufsfunktionen nach DERJAGUIN, LANDAU, VERWEY und OVERBEEK (DLVO, [176, 171, 172, 149]) superponiert werden. Die gesamte, zwischen zwei sich annähernden Partikeln wirkende Energie V_{tot} ergibt sich danach zu

$$V_{tot} = V_A + V_R + V_C + V_S \qquad (2\text{-}10)$$

und besitzt die Dimension Joule.

WALLEVIK [176] führte verschiedene Vergleichsrechnungen zur Größe der Wechselwirkungsenergie in Abhängigkeit vom Abstand von der Partikeloberfläche durch. Koagulation zwischen zwei Teilchen ist danach nur möglich, wenn die beim Zusammentreffen zweier Partikel übertragene Impulsenergie größer ist als das spezifische Maximum der Wechselwirkungsenergie entsprechend Gleichung 2-10. So kann die minimal erforderliche Geschwindigkeit ϑ eines Partikels, bei der gerade Koagulation einsetzt, aus der Beziehung $V = (1/2) \cdot m\vartheta^2 \equiv V_{tot}$ berechnet werden. Für Zementpartikel mit einer Größe von $r = 20$ µm ergibt sich somit eine Geschwindigkeit ϑ von 0,39 mm/s. Damit Koagulation eintritt, muss im Vergleich dazu die Kollision von kleineren Partikeln bei weitaus höheren Geschwindigkeiten erfolgen. Für einen Partikelradius von $r = 1$ µm ergibt sich eine erforderliche Aufprallgeschwindigkeit von 35 mm/s. Dies erklärt, warum mit abnehmendem Partikeldurchmesser die Stabilität von Zementsuspensionen stark zunimmt [83].

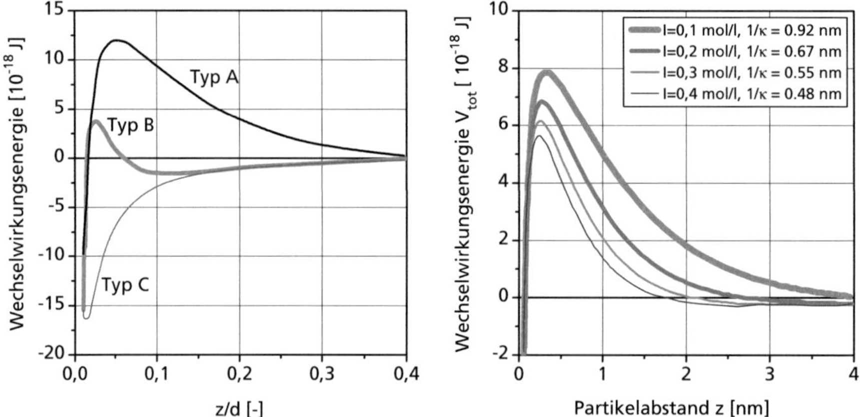

Abb. 2-3 Wechselwirkungsenergieverlauf V_{tot} eines Zementpartikels in Abhängigkeit vom Abstand z von der Partikeloberfläche und vom Partikeldurchmesser d [191] (Erläuterungen siehe Text) und Ergebnisse entsprechend Gleichung 2-10 für Zement, jeweils für unterschiedliche Ionenkonzentrationen (siehe Diagramm; rechts; [176])

Ähnliche Berechnungen führten auch YANG et al. [191] durch. Der Schwerpunkt ihrer Untersuchungen lag auf der Vorhersage des Koagulationsverhaltens von Zementpartikeln in Wasser in Abhängigkeit von den wirkenden Wechselwirkungsenergien. Hierbei kann zwischen drei verschiedenen Energieverläufen unterschieden werden (siehe Abbildung 2-3, links). Für den Kurvenverlauf A, bei hohem Oberflächenpotential ψ_0 und geringer Ionenkonzentration, dominiert bei allen Partikelabständen die abstoßende Wechselwirkung und eine Koagulation ist ausgeschlossen. Mit zunehmender Ionenkonzentration verringert sich die abstoßende Wechselwirkung und für bestimmte Partikelabstände z ist Koagulation möglich (Kurvenverlauf B, Abbildung 2-3, links). Wird die Ionenkonzentration in der Trägerflüssigkeit weiter erhöht (Kurvenverlauf C, Abbildung 2-3, links) dominieren die anziehenden Energien. Die hierzu notwendige kritische Ionenkonzentration n_c kann nach [191] entsprechend Gleichung 2-11 berechnet werden. Hierin bezeichnen ν die Valenz der hydratisierten Ionen und A_H die HAMAKER-Konstante für Zement.

$$n_c = 3{,}648 \cdot 10^{-35} \frac{\zeta^4}{\nu^2 A_H^2} \qquad \text{(2-11)}$$

Da die kritische Ionenkonzentration n_c in Zementsuspensionen mit realistischen Phasengehalten i. d. R. überschritten wird, folgern YANG et al. [191], dass zementhaltige Suspensionen ohne Zugabe von Zusatzmitteln grundsätzlich koaguliert vorliegen. Die von den Autoren durchgeführten Sedimentationsversuche in deionisiertem Wasser bzw. Alkohol belegen diese Aussage. Zu einem ähnlichen Ergebnis kommt auch WALLEVIK [176] mit den in Abbildung 2-3, rechts, gezeigten Ergebnissen. Eine starke Erhöhung der Ionenkonzentration führt danach zu einer signifikanten Komprimierung der Doppelschicht $1/\kappa$ und zu einer Verringerung des Energiemaximums $V_{tot}(z)$.

2.4.5 Messung des Zeta-Potentials von Zement

2.4.5.1 Einführung

Das Zeta-Potential suspendierter Partikel kann entweder mithilfe elektrophoretischer oder elektroakustischer Messmethoden ermittelt werden. Bei beiden Verfahren wird in der Suspension ein elektrisches Feld erzeugt, in dem sich die Partikel in Abhängigkeit von ihrer Ladung bewegen. Aus der Geschwindigkeit, mit der diese Bewegung erfolgt, kann auf das Zeta-Potential der Partikel geschlossen werden.

Bei den weit verbreiteten elektrophoretischen Messverfahren wird die Migrationsgeschwindigkeit der Teilchen laseroptisch ermittelt. Hierzu muss die Suspension in einer ausreichenden Verdünnung vorliegen, um eine ungehinderte Partikelbewegung zu ermöglichen. Mit der Verdünnung geht jedoch eine Veränderung der Doppelschichthülle der Partikel und damit des Zeta-Potentials einher (siehe Abschnitt 2.4.1). Elektrophoretische Messverfahren sind daher für Untersuchungen an Zementsuspensionen ungeeignet (siehe auch Anhang A).

Elektroakustische Verfahren, wie sie im Rahmen der vorliegenden Arbeit verwendet wurden, umgehen die oben beschriebenen Probleme, indem anstatt eines statischen ein oszillierendes elektrisches Feld der Stärke E angelegt wird. Die Teilchen werden hierdurch zum Schwingen angeregt und erzeugen dabei ein Ultraschallsignal. Dessen Druckamplitude p ist wiederum eine Funktion des Zeta-Potentials der Partikel. Mithilfe elektroakustischer Verfahren ist es somit möglich, das Zeta-Potential der Zementpartikel auch bei üblichen Konzentrationen (Phasengehalt $\phi \approx 0{,}40$) zu ermitteln. Die Vor- und Nachteile beider Messmethoden werden ausführlich in Anhang A erläutert.

2.4.5.2 Elektroakustische Theorie

Abbildung 2-4 zeigt den schematischen Aufbau einer elektroakustischen Messzelle, bestehend aus einer Elektrode mit integriertem Drucksensor sowie einem Kontrollvolumen, gefüllt mit Zementpartikeln und Trägerflüssigkeit. An die Elektrode wird eine elektrische Wechselspannung U_{el} angelegt und dadurch ein wechselndes elektrisches Feld der Stärke E (hier: Betrag der Amplitude der Feldstärke) in der Messzelle erzeugt. Aufgrund ihrer Ladung ρ_{el} werden die Zementpartikel nun abwechselnd durch die Elektrode angezogen bzw. abgestoßen. Gleiches, nur in entgegengesetzter Richtung, gilt für die entgegengesetzt geladene elektrochemische Doppelschichthülle. Dies hat einen oszillierenden Platzwechsel zwischen den Zementpartikeln und der Trägerflüssigkeit (einschließlich Ionenhülle) zur Folge.

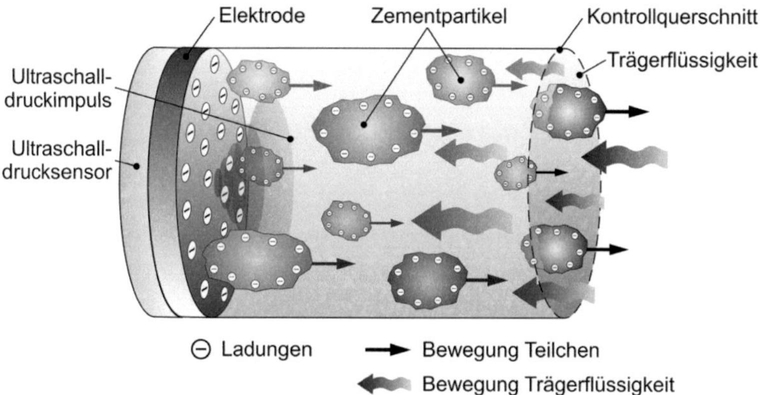

Abb. 2-4   Schematischer Aufbau einer elektroakustischen Messzelle zur Bestimmung des Zeta-Potentials von suspendierten Partikeln

Die Geschwindigkeit ϑ, mit der dieser Platzwechsel erfolgt, ist eine Funktion der anliegenden elektrischen Feldstärke E und der sogenannten dynamischen Mobilität μ_D des Partikels (siehe Gleichung 2-12).

$$\vartheta = \mu_D \cdot E \qquad (2\text{-}12)$$

Analog zur statischen Mobilität μ im elektrophoretischen Versuch ist die dynamische Mobilität μ_D eine Funktion des Zeta-Potentials ζ der Partikel sowie des Partikelradius r, der dynamischen Viskosität der Trägerflüssigkeit η_s, der elektrischen Feldkonstante ε_0 sowie der Permittivitätszahl der Trägerflüssigkeit ε_r und kann nach Gleichung 2-13 berechnet werden zu [120, 122, 125, 144]:

$$\mu_D = \frac{\vartheta}{E} \equiv \frac{2\varepsilon_0\varepsilon_r\zeta}{3\eta_s} G(\alpha)(1 + f(\lambda, \omega')) \qquad (2\text{-}13)$$

Hierin bezeichnen $G(\alpha)$ einen Term zur Berücksichtigung von Trägheitseffekten und $f(\lambda, \omega')$ eine Korrekturfunktion zur Berücksichtigung der Polarisierung der Ionenhülle der Partikel.

Das Zeta-Potential kann somit durch Umformung von Gleichung 2-13 berechnet werden zu

$$\zeta = \frac{\vartheta}{E} \cdot \frac{3\eta_s}{2\varepsilon_0\varepsilon_r} \cdot \frac{1}{G(\alpha) \cdot (1 + f(\lambda, \omega'))} \cdot \qquad (2\text{-}14)$$

Zur Lösung dieser Bestimmungsgleichung muss die Geschwindigkeitsamplitude der Partikel ϑ in einem wechselnden elektrischen Feld der Stärke E experimentell ermittelt werden. In der Elektroakustik geschieht dies indirekt über die Auswertung des durch die Schwingung der Partikel erzeugten Ultraschallsignals in der Suspension. O'BRIEN [120] schlägt hierzu eine Beziehung zwischen der Geschwindigkeitsamplitude ϑ und der Stärke des Ultraschallsignals vor, die jedoch nur für kompressible Trägerflüssigkeiten Gültigkeit besitzt. Diese Bedingung ist hier jedoch nicht erfüllt. Zielführend ist hingegen die Herleitung einer derartigen Beziehung über eine Impulsbilanz an einem einzelnen Partikel mit umgebender Trägerflüssigkeit.

Impulsbilanz in einer Elementarzelle

Zur Vereinfachung wird zunächst eine **Elementarzelle**, bestehend aus einem einzelnen Partikel der Masse m_p bzw. dem Volumen V_p sowie einer bestimmten Menge (Masse m_s bzw. Volumen V_s) der Trägerflüssigkeit, betrachtet. Das Verhältnis des Partikelvolumens V_p zum Gesamtvolumen der Elementarzelle $V_\mathrm{s} + V_\mathrm{p}$ entspricht dem Phasengehalt ϕ (siehe Abbildung 2-4).

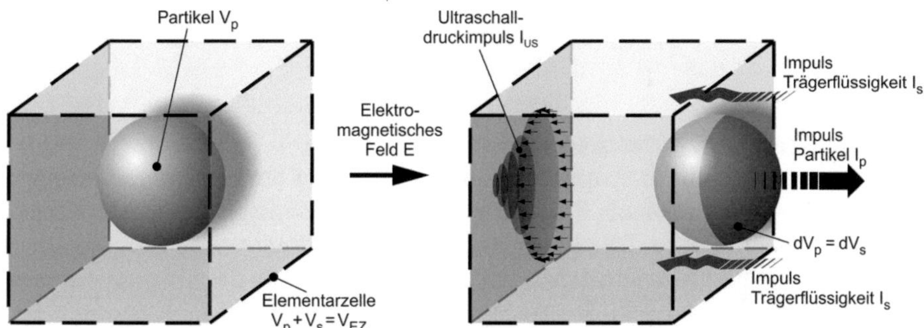

Abb. 2-5   Impulsbilanz in einer Elementarzelle infolge eines elektromagnetischen Impulses (Erläuterung siehe Text)

Da sowohl die Trägerflüssigkeit als auch das Zementpartikel inkompressibel sind, geht eine Verschiebung des Volumenanteils dV_p des Zementpartikels aus dem Kontrollvolumen mit dem Eintritt des gleichen Volumens an Trägerflüssigkeit dV_s einher. Es gilt somit

$$\frac{dV_\mathrm{p}}{dt} - \frac{dV_\mathrm{s}}{dt} = \frac{dV_\mathrm{EZ}}{dt} \equiv 0 \qquad (2\text{-}15)$$

Die Geschwindigkeit, mit der das Partikel tangential von der Trägerflüssigkeit umströmt wird, beträgt ϑ. Nach dem Impulserhaltungssatz gilt dann, dass vom Partikel ein Impuls $I_\mathrm{p} = m_\mathrm{p} \cdot \vartheta$ an die umgebende Trägerflüssigkeit abgegeben wird. Die gleichzeitige Verschiebung der Trägerflüssigkeit erzeugt wiederum den Impuls $I_\mathrm{s} = m_\mathrm{s} \cdot \vartheta$. Da der Durchfluss beider Stoffe durch den betrachteten Kontrollquerschnitt identisch sein muss (Inkompressibilität!), diese jedoch unterschiedliche Dichten ρ_p bzw. ρ_s und somit Massen m_p bzw. m_s aufweisen, wird vom schweren Partikel ein größerer Impuls I_p abgegeben als durch die gleichzeitige Verschiebung der Trägerflüssigkeit I_s erzeugt wird [25]. Aufgrund des Impulserhaltungssatzes wird der überschüssige Impuls

$$I_{US} = I_p - I_s = (m_p - m_s) \cdot \vartheta \tag{2-16}$$

in Form einer Druckwelle an die Trägerflüssigkeit abgegeben. Unter Berücksichtigung der Dichte der Partikel ρ_p und der Trägerflüssigkeit ρ_s sowie unter Verwendung der Gleichungen 2-13 und 2-15 kann Gleichung 2-16 verallgemeinert werden zu

$$I_{US} = (\rho_p - \rho_s) \cdot V_p \cdot \mu_D \cdot E \; . \tag{2-17}$$

Der Anteil I_{US} des Bewegungsimpulses eines einzelnen Partikels wird somit in Form einer Druckwelle an die umgebende Trägerflüssigkeit abgegeben [25]. Für ein Kontrollvolumen V_{EZ} mit einem Phasengehalt $\phi = V_p/V_{EZ}$ beträgt der pro Elementarzelle EZ (d.h. pro Volumeneinheit der Suspension) als Druckwelle freigesetzte Impuls (Impulsdichte)

$$\left[\frac{I_{US}}{V}\right]_{EZ} = (\rho_p - \rho_s) \cdot \phi \cdot \mu_D \cdot E \; . \tag{2-18}$$

Impulsaustausch am Drucksensor

Makroskopisch kann die von der Gesamtheit der Elementarzellen erzeugte Druckwelle mit dem Impuls I in Form eines Ultraschallsignals mit der Druckamplitude p durch einen Drucksensor der Fläche A erfasst werden (siehe Abbildung 2-4). Die Impulsdichte dieser Druckwelle, die sich in der Trägerflüssigkeit mit der Schallgeschwindigkeit c ausbreitet, beträgt nach [25]

$$\left[\frac{dI}{dV}\right]_{US} = \frac{\partial I}{\partial t} \cdot \frac{1}{A \cdot c} = p \cdot \frac{1}{c} \; . \tag{2-19}$$

Nach dem Impulserhaltungssatz gilt wiederum, dass der durch die Partikel in der Trägerflüssigkeit verursachte Druckimpuls und der vom Drucksensor aufgenommene Impuls gleich sein müssen (siehe Gleichung 2-20).

$$\left[\frac{I_{US}}{V}\right]_{EZ} \equiv \left[\frac{dI}{dV}\right]_{US} \tag{2-20}$$

Aus Gleichung 2-20 folgt somit die Bestimmungsgleichung für die dynamische Mobilität zu

$$\mu_D = \frac{p}{E} \cdot \frac{1}{(\rho_p - \rho_s) \cdot c \cdot \phi} \; . \tag{2-21}$$

Entsprechend Gleichung 2-14 kann dann das Zeta-Potential der Partikel wie folgt berechnet werden:

$$\zeta = \frac{p}{E} \cdot \frac{1}{(\rho_p - \rho_s) \cdot c \cdot \phi} \cdot \frac{3\eta_s}{2\varepsilon_0 \varepsilon_r} \cdot \frac{1}{G(\alpha) \cdot (1 + f(\lambda, \omega'))} \, . \qquad \text{(2-22)}$$

Der Quotient aus dem Druck und dem Betrag der Feldstärke p/E wird in der Elektroakustik als **Electrosonic Amplitude (ESA)** bezeichnet. Während p in Form eines absoluten Drucks messtechnisch erfasst werden kann, ist die Ausbreitung des elektrischen Felds E in der Suspension stark ortsabhängig und muss durch Kalibrierung mit einer bekannten Suspension ermittelt werden [24]. Hierzu haben sich Silikasuspensionen mit Partikeln im Sub-Mikron-Bereich als besonders geeignet erwiesen (Silika-Ludox, [151]). Das Zeta-Potential derartiger Partikel ist aus elektrophoretischen Versuchen bekannt und beträgt bei dem hier verwendeten Produkt -38 mV. Aufgrund der extrem kleinen Partikelgröße können sowohl Trägheits- als auch Sedimentationseffekte während der Messung ausgeschlossen werden. Die Kalibrierung mit Silika-Ludox kann somit auch mit stark verdünnten Systemen erfolgen.

Berücksichtigung der Trägheit und Oberflächenleitfähigkeit der Partikel
In den obigen Ausführungen wurde bislang davon ausgegangen, dass der Platzwechsel zwischen Partikeln und Trägerflüssigkeit in einer Elementarzelle synchron mit dem oszillierenden elektrischen Feld erfolgt. Die Partikel weisen jedoch gegenüber der Trägerflüssigkeit eine höhere Masseträgheit auf. Dies hat eine Phasenverschiebung zwischen dem elektrischen Erregersignal und dem Ultraschallsignal zur Folge. Aus der Größe der Phasenverschiebung kann auf die Masse und – bei bekannter Dichte und unter der Annahme eines kugelförmigen Partikels – auf den Durchmesser des oszillierenden Teilchens geschlossen werden. Voraussetzung hierfür ist jedoch, dass ausreichende Datenmengen vorliegen, die eine Auswertung von Gleichung 2-22 sowohl nach ζ als auch nach Trägheitseffekten (ausgedrückt durch den Term $G(\alpha)$) gestatten. Hierzu wird die Frequenz des elektrischen Feldes über einen großen Bereich variiert und für jede Frequenz die Phasenverschiebung des Ultraschallsignals gegenüber dem Erregersignal ermittelt (siehe auch Abschnitt 3.3.4.3; [42, 76]).

Trägheitseffekte beeinflussen aber auch die Berechnung des Zeta-Potentials. Dieser Einfluss wird durch den Term $G(\alpha)$ in Gleichung 2-22 berücksichtigt. Für Suspensionen mit Phasengehalten $\phi < 10$ Vol.-% [120, 122] kann $G(\alpha)$ berechnet werden zu

$$G(\alpha) = \frac{1 + (1 + i)\sqrt{\alpha/2}}{1 + (1 + i)\sqrt{\alpha/2} + i(\alpha/9)(3 + 2((\Delta\rho)/\rho))} \, . \qquad \text{(2-23)}$$

Hierin sind $\alpha = (\omega \rho_p r^2)/\eta_s$, ω die Kreisfrequenz des elektrischen Feldes und $i = \sqrt{-1}$. Der Einfluss höherer Phasengehalte ϕ auf $G(\alpha)$ wird in Abschnitt 3.3.4.3 behandelt.

Bei der Berechnung des Zeta-Potentials (siehe Gleichung 2-22) muss weiterhin die Polarisation der elektrochemischen Doppelschicht tangential zum betrachteten Partikel in Richtung des elektrischen Feldes durch einen Korrekturfaktor $f(\lambda, \omega')$ berücksichtigt werden. Diese ist neben der Feldfrequenz auch stark von der Oberflächenleitfähigkeit K_s der Doppelschicht abhängig [123, 98, 45]. Mit zunehmender Leitfähigkeit K_s wird der Ladungstransport von der Vorder- zur Rückseite des Partikels in Feldrichtung beschleunigt, führt aber dennoch zu einer Phasenverschiebung zwischen dem Erreger- und dem Antwortsignal. Für geringe Doppelschichtdicken $1/\kappa$ – wie bei Zement der Fall – ist der tangentiale Ladungstransport jedoch stark eingeschränkt und $f(\lambda, \omega')$ strebt gegen den Grenzwert 0,5 [123, 122, 76]. Damit vereinfacht sich Gleichung 2-22 zu

$$\zeta = \frac{p}{E} \cdot \frac{1}{(\rho_p - \rho_s) \cdot c \cdot \phi} \cdot \frac{\eta_s}{\varepsilon_0 \varepsilon_r} \cdot \frac{1}{G(\alpha)} \qquad \textbf{(2-24)}$$

Schließlich muss berücksichtigt werden, dass neben den Partikeln auch die hydratisierten Ionen einen Impuls besitzen und analog zu den Betrachtungen für Zementpartikel ebenfalls ein Ultraschallsignal erzeugen. Die Größe dieses Druckimpulses beträgt für Zementsuspensionen ca. 10 % des Messsignals und muss somit durch eine Referenzmessung an reiner Trägerflüssigkeit berücksichtigt werden (siehe Abschnitt 3.3.4.3; [37, 193, 23, 47]).

2.4.6 Elektrochemische Eigenschaften von Portlandzement

2.4.6.1 Aufbau der Doppelschicht

Die elektrochemischen Eigenschaften von Portland- und anderen Zementen wurden eingehend von NÄGELE et al. [109-114] mithilfe elektrophoretischer Methoden (siehe Abschnitt 2.4.5) untersucht. Danach weisen Zemente eine elektrochemische Doppelschichthülle auf, die mit dem STERN'schen Doppelschichtmodell gut beschrieben werden kann (siehe [110]). Gravierende Unterschiede sind im Vergleich zu inerten Ausgangsstoffen hingegen in den Bildungsmechanismen dieser Ionenhülle festzustellen. Während beispielsweise bei inerten Mineralien die Doppelschicht durch Adsorption von Ionen aus der umgebenden Lösung gebildet wird, stammen diese bei Zement aus einer Reaktion zwischen Zementbestandteilen und Wasser. Es handelt sich somit um einen gerichteten Transport von Ionen in die Lösung, also entgegengesetzt zur bei der Ausbildung der Doppelschicht üblichen Richtung. Ein weiterer Unterschied zur klassischen Modellvorstellung ist, dass die an die STERN-Schicht abgegebenen Ionen dort nicht dauerhaft gebunden sind. Da die Zementoberfläche während der Ruhephase eine für Ionentransportvorgänge offene Membran darstellt (siehe Abschnitt 2.2), werden fortwährend Ionen an die STERN-Schicht und von dort an den diffusen Teil der

Doppelschicht abgegeben. Die elektrochemische Doppelschicht von Zement befindet sich somit nicht in einem thermodynamischen Gleichgewicht [109, 110, 115, 111].

Dies hat auch erhebliche Konsequenzen für den Aufbau und die Zusammensetzung der elektrochemischen Doppelschicht [109]. Durch den ständigen Nachschub von Ionen aus dem hydratisierenden Zementpartikel, die daraus resultierende hohe Ionenstärke in der Lösung und die damit verbundene Komprimierung des diffusen Teils der Doppelschicht besteht die Doppelschicht von reinem Portlandzement zu ca. 60 % aus adsorbierten Ionen der STERN-Schicht. Diese weist theoretischen Überlegungen zufolge für einen pH-Wert der Trägerflüssigkeit von 12 eine Dicke von ca. 3,0 nm auf. Die Dicke des diffusen Teils der Doppelschicht beträgt hingegen ca. 2,2 nm mit einer Doppelschichtdicke $1/\kappa$ von insgesamt 5,2 nm [110]. YANG et al. [191] geben die Dicke des diffusen Teils der Doppelschicht mit 1,0 nm an. Grundsätzlich gilt somit für Zementpartikel, dass diese eine im Vergleich zum Partikelradius dünne Doppelschicht mit $\kappa r = 1000 \gg 1$ aufweisen.

Weiterhin muss bei diesen Betrachtungen berücksichtigt werden, dass aufgrund des Membrancharakters der Ettringithülle auf der Partikeloberfläche die Grenzen zwischen der Partikeloberfläche und der inneren Doppelschicht fließend sind. Trotz der vergleichsweise großen Oberflächenladung (diese kann aus den an der Oberfläche des Partikels vorkommenden Mineralien abgeschätzt werden) weist Zement ein geringes Zeta-Potential auf. Dies ist nach [111] auf eine Einbindung von Gegenionen in die poröse Oberflächenstruktur des Zementpartikels zurückzuführen. Der Potentialabbau findet somit bereits in der räumlich von der Trägerflüssigkeit getrennten Membran statt.

2.4.6.2 Zeta-Potential

Das Zeta-Potential herkömmlicher Portlandzemente beträgt Literaturangaben zufolge zwischen ca. -80 mV und +20 mV [109-115, 35, 89, 90, 167, 181, 56]. NÄGELE [115] konnte diesen Bereich durch umfangreiche elektrophoretische Untersuchungen weiter einschränken und gibt für reinen Portlandzement je nach Festigkeitsklasse Werte zwischen -12,5 und -13,9 mV, für HS-Zemente -16,8 mV und für Hochofenzemente -25,9 mV jeweils im Alter von 360 min (!) nach Wasserzugabe an. Beim Vergleich der einzelnen Angaben muss jedoch zwingend der Zeitpunkt nach Wasserzugabe sowie die eingesetzte Untersuchungsmethode berücksichtigt werden. In diesem Zusammenhang ist auch der Phasengehalt, bei dem die Untersuchung durchgeführt wurde, von entscheidender Bedeutung (siehe Abschnitt A.2). Beispielsweise beobachtete NÄGELE mit zunehmendem Phasengehalt ϕ eine betragsmäßige Zunahme des Zeta-Potentials (siehe Abbildung 2-6).

Dieses Ergebnis steht in deutlichem Widerspruch zu den Ausführungen in Abschnitt 2.4.1, wonach das Zeta-Potential mit zunehmender Elektrolytkonzentration in der Trägerflüssigkeit abnimmt. Entsprechendes müsste somit auch für die Untersuchungen in [114] gelten. Darüber hinaus impliziert Abbildung 2-6, dass mit zunehmendem Phasengehalt eine Koagulation von Partikeln aufgrund des hohen Zeta-Potentials nur für sehr große Impulskräfte möglich ist. Frische Zementleime und Betone zeigen jedoch eine z. T. ausgeprägte Verklumpung der Partikel [176]. Spätere Untersuchungen von sowohl NÄGELE [115] selbst als auch DARWIN et al. [35] belegen jedoch die bereits vermutete, umgekehrte Tendenz (siehe Abbildung 2-6). Nach [35] strebt dabei das Zeta-Potential mit zunehmendem Phasengehalt gegen null.

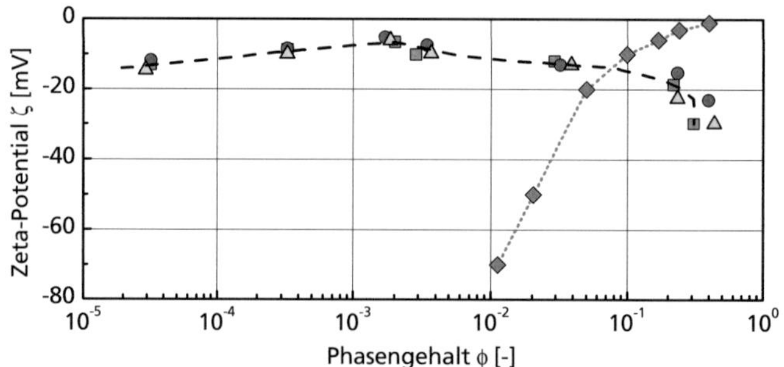

Abb. 2-6   Zeta-Potential von Portlandzement in Abhängigkeit vom Phasengehalt ϕ für unterschiedliche Zeitpunkte nach Wasserzugabe (15 min (■), 60 min (●) und 120 min (△)) nach NÄGELE [114] und DARWIN et al. (◆) [35]

Ein weiterer Schwerpunkt der Untersuchungen zum Zeta-Potential von Zement liegt auf der Ionenkonzentration und Ionenstärke der Trägerflüssigkeit. Das Zeta-Potential wird demnach maßgeblich durch Na^+- und K^+-Ionen sowie durch OH^--Ionen bestimmt [115, 110, 112]. In der Fachliteratur wird hier der Begriff „Zeta determining Ion" (ZDI) verwendet. Der Einfluss der genannten Anionen geht dabei mit zunehmender OH^--Konzentration stark zurück. Andere Kationen, wie beispielsweise Chloride, Cl^-, haben hingegen einen vernachlässigbaren Einfluss auf das Zeta-Potential.

Neuere elektroakustische Untersuchungen von FLATT et al. [56] bestätigen diese Tendenz und weisen auf den ausgeprägten Einfluss der Ca^{2+}-Ionen sowohl auf die Leitfähigkeit der Suspension als auch auf das Zeta-Potential der Partikel hin. Die Wirkungsweise auf das Zeta-Potential steht demnach in engem Zusammenhang mit der Ausbildung von CSH-Phasen sowie deren Morphologie. Bei Ca^{2+}-Konzentrationen unter 20 mmol/dm³ ist nach [56] lediglich das an Calcium relativ arme β-CSH stabil, das wiederum ein geringes Zeta-Potential aufweist. β-CSH wird mit zunehmender Ca^{2+}-Konzentration in der Lösung durch γ-CSH verdrängt. Gleichzeitig kommt es zur Ausfällung von Ca^{2+} aus der Lösung in Form von Calciumhydroxid ($Ca(OH)_2$) bei Erreichen des Sättigungsgrads. Dadurch sinken sowohl die Leitfähigkeit als auch die Werte für das von der Suspension generierte ESA-Ultraschallsignal. Vor dem Hintergrund der obigen Ausführungen muss bei Messungen an Zement zwingend die reaktive Natur dieses Materials berücksichtigt werden. Insbesondere zu Beginn der Ruhephase ist daher mit einer ausgeprägten Änderung der Oberflächenstruktur und damit des Potentials eines Zementpartikels zu rechnen.

Der **isoelektrische Punkt** – der pH-Wert, bei dem das Zeta-Potential zu null wird – liegt sowohl für Portland- als auch für Hochofenzement zwischen pH 2 und pH 3 (siehe Abbildung 2-7; [115, 110]). Hierbei sollte beachtet werden, dass diese Werte aufgrund der eingesetzten Messmethodik (Elektrophorese mit sehr geringen Phasenanteilen) nur bedingt belastbar sind [56].

Von großer Bedeutung ist weiterhin die zeitliche Entwicklung des Zeta-Potentials nach Wasserzugabe zum Zement. Nach NÄGELE [109] ist eine experimentelle Bestimmung des Zeta-Potentials während der Induktionsphase aufgrund der hohen Reaktionskinetik der an der Zementoberfläche ablaufenden Reaktions- und Lösungsvorgänge nicht möglich. Die durch die Reaktionen freigesetzten Ionen werden sofort an die umgebende Trägerflüssigkeit abgegeben. Eine stationäre Ausbildung der elektrochemischen Doppelschicht und eine Messung des Zeta-Potentials sind daher erst ca. 3 min nach Wasserzugabe möglich [109, 110].

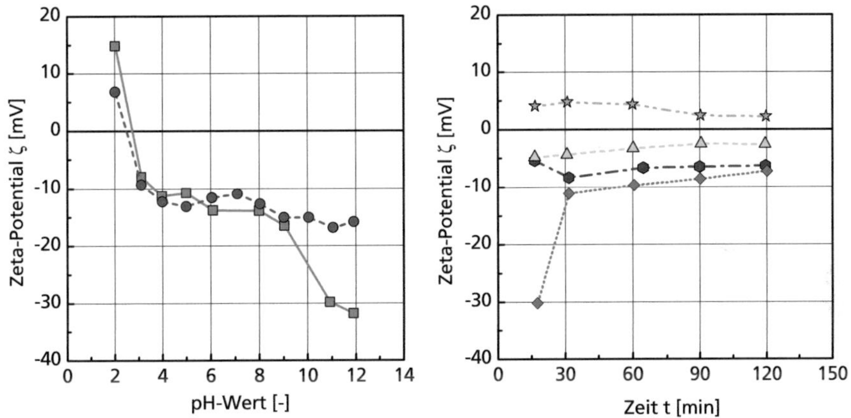

Abb. 2-7 Zeta-Potential von Portland- (■) und Hochofenzement (●) in Wasser in Abhängigkeit vom pH-Wert der Trägerflüssigkeit (links) und für verschiedene Salze (NaCl (☆), KCl (△), KOH (●) bzw. NaOH (◆)) im Elektrolyten mit 10^{-3}-molarer Lösung (rechts) [115]

Abbildung 2-8 zeigt den zeitlichen Verlauf des Zeta-Potentials von Portlandzement im elektrophoretischen Versuch. Deutlich erkennbar ist ein starker betragsmäßiger Abfall der gemessenen Werte während der ersten Minuten nach Wasserzugabe. Dieser scheint sich mit zunehmendem Phasengehalt zu beschleunigen und kann als Folge der zunehmenden Komprimierung des diffusen Teils der Doppelschichthülle interpretiert werden. Darüber hinaus ist von einer zunehmenden Einlagerung von Kationen in der porösen Membran auszugehen, wodurch die messbare Ladung in der Scherebene ebenfalls reduziert wird. Grundsätzlich muss hier jedoch die Frage gestellt werden, inwieweit es sich bei den dargestellten Einflüssen um eine tatsächliche Veränderung des Zeta-Potentials handelt oder ob die beobachteten Änderungen auf eine reduzierte Beweglichkeit der Ionen in der diffusen Doppelschicht zurückzuführen sind. Weiterhin müssen die Einflüsse aus der sich verändernden Morphologie der Zementkornoberfläche beachtet werden (s. o.).

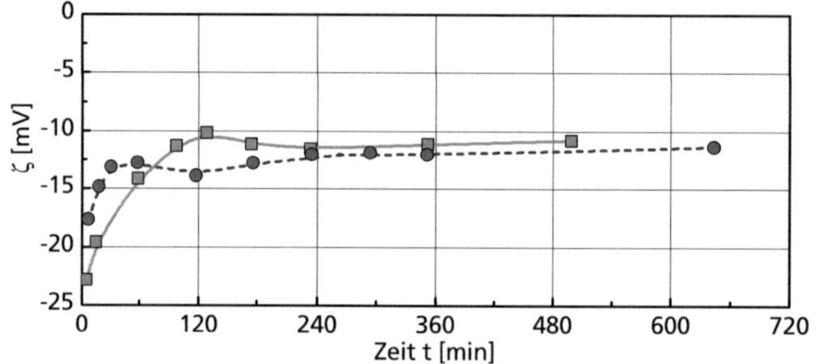

Abb. 2-8 Zeitlicher Verlauf des Zeta-Potentials von Portlandzement mit zwei unterschiedlichen Konzentrationen ($\blacksquare$, 10 g/dm³; $\bullet$, 100 g/dm³) [110]

Grundsätzlich muss bei der Bewertung der in der Literatur verfügbaren Zeta-Potential-Zeitserien der Einfluss des Phasengehalts zwingend berücksichtigt werden. Ergebnisse von FLATT et al. [56] belegen zum Teil erhebliche Unterschiede in der zeitlichen Entwicklung des Zeta-Potentials bzw. des ESA-Signals für unterschiedliche Phasengehalte. Hierbei sei angemerkt, dass in der gesichteten Literatur bislang keine Serien mit realistischen und baupraktisch relevanten Phasengehalten vorliegen.

2.4.7 Elektrochemische Eigenschaften verschiedener Zusatzstoffe

Zu den elektrochemischen Eigenschaften von Zusatzstoffen liegen in der verfügbaren Literatur nur vereinzelte Ergebnisse zu Flugasche und Hüttensand vor [116, 167]. Systematische Untersuchungen wurden lediglich von NÄGELE et al. in [116] vorgestellt.

Die Ausbildung des Oberflächenpotentials von Flugasche unterscheidet sich nach NÄGELE et al. [116] erheblich von derjenigen des Zements. Aufgrund der deutlich langsameren Reaktionskinetik erfolgt der Aufbau der Doppelschicht durch Adsorption von Ionen aus der Trägerflüssigkeit und entspricht somit weitgehend den für inerte Partikelsysteme bekannten Mechanismen. Dementsprechend ausgeprägt ist der Einfluss des Adsorptives auf das Oberflächenpotential der untersuchten Flugasche. Mit zunehmender Calciumhydroxid-Konzentration und damit ansteigendem pH-Wert ist für Flugasche eine Ladungsumkehr von negativen hin zu positiven Zeta-Potentialen zu verzeichnen (siehe Abbildung 2-9, rechts). Der Einfluss von NaOH bzw. KOH ist hingegen im relevanten pH-Bereich geringer ausgeprägt. Dennoch sind Na^+, K^+ sowie Ca^{2+} maßgebend für das Zeta-Potential anzusehen. Hierdurch nicht erklärbar ist jedoch die in Abbildung 2-9 (links) erkennbare Verlaufsumkehr des Zeta-Potentials für $pH \approx 9$.

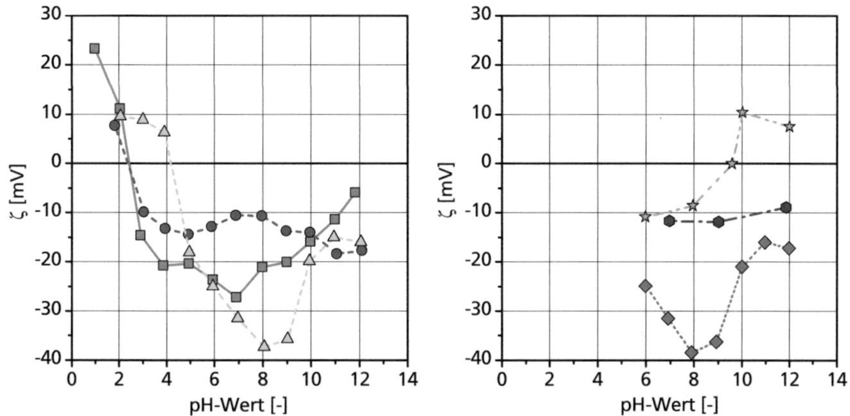

Abb. 2-9   Zeta-Potential in Abhängigkeit vom pH-Wert (links; Einstellung mit NaOH bzw. HCl) für Flugasche (●), Hüttensand (■) und Hüttensandzement (△) und Einfluss des Elektrolyten und der Elektrolytkonzentration (rechts) auf das Zeta-Potential von Flugasche in $Ca(OH)_2$ (☆), KOH (●) bzw. NaOH (◆)

Die wenigen zum Verhalten von Hüttensand vorliegenden Erkenntnisse wurden ebenfalls von NÄGELE et al. [116] mithilfe elektrophoretischer Untersuchungen an reinen Hüttensanden bzw. hüttensandhaltigen Zementen gewonnen (siehe Abbildung 2-9, links). Der isoelektrische Punkt liegt hierbei sowohl für reinen Hüttensand als auch für die Mischung aus Hüttensand und Portlandzement bei pH = 2,2. Nach einem anfänglichen starken Abfall steigt das Zeta-Potential des Hüttensands im relevanten pH-Bereich wieder an, d. h. strebt gegen betragsmäßig kleinere Werte. Dies steht in Übereinstimmung mit den Grundmechanismen der Potentialausbildung. Nach NÄGELE [116] stellen die Eigenschaften hüttensandhaltiger Zemente eine Superposition der Eigenschaften reiner Portlandzemente und Hüttensande dar.

2.4.8 Wirkungsweise verflüssigender Zusatzmittel

Verflüssigende Zusatzmittel beeinflussen bereits in geringen Zugabemengen stark die elektrochemischen Eigenschaften der suspendierten Partikel. Im Rahmen der vorliegenden Arbeit wurden ausgewählte Fließmitteltypen dazu verwendet, gezielt das Zeta-Potential der Zementpartikel bei sonst weitestgehend identischen Randbedingungen zu variieren. Gleichzeitig wurden die rheologischen Eigenschaften der Suspension messtechnisch erfasst. Nicht Gegenstand dieser Arbeit war hingegen eine Studie einzelner Produkte und deren Einfluss auf die Oberflächenphysik bzw. die Rheologie. Vor diesem Hintergrund wird im Folgenden nur kurz auf die verschiedenen Fließmittelarten und deren Wirkungsweise eingegangen.

Die Wirkungsweise von Fließmitteln kann in drei verschiedene Gruppen unterteilt werden [18]:

- Fließmittel, die eine starke betragsmäßige Steigerung des Zeta-Potentials der Partikel bewirken und somit eine gegenseitige Abstoßung zur Folge haben;

- Fließmittel mit einer sterischen Wirkung, die durch Adsorption von nicht-ionischen Polymeren eine räumliche Trennung und damit eine Dispergierung der Partikel bewirken;

- Stoffe, die eine Steigerung der Affinität zwischen der Trägerflüssigkeit und der suspendierten Phase bewirken und aufgrund dessen eine dispergierende Wirkung zur Folge haben.

Die beiden zuerst genannten Wirkungsweisen sind in der Praxis gebräuchlich und bilden einzeln bzw. in Kombination miteinander die Grundlage fast aller am Markt verfügbaren Fließmittel. Zur zuerst genannten Gruppe der Fließmittel mit ionischer Wirkung gehören beispielsweise Ligninsulfonate und sulfonierte Melamin-Formaldehyd- bzw. Naphtalen-Formaldehyd-Kondensate. Eine sterische Wirkung ist hingegen vornehmlich bei Fließmitteln auf Polycarboxylatether-Basis zu verzeichnen [18].

Nach RIXOM et al. [138] und RAMACHANDRAN [130] ist das Adsorptionsvermögen der oben genannten Fließmitteltypen stark vom Verhältnis von Tricalcium- zu Dicalciumsilikat C_3S/C_2S im Zement abhängig. Negativ geladene Fließmittelmoleküle adsorbieren dabei im Wesentlichen an positiv geladene Calcium-Ionen auf der Partikeloberfläche [107, 80]. Die Ausbildung einer elektrochemischen Doppelschichthülle – d. h. also ein geringes Ausgangs-Zeta-Potential – ist somit eine zentrale Voraussetzung für die Anlagerung von Fließmittelmolekülen. Neuere Untersuchungen zeigen darüber hinaus, dass das Adsorptionsvermögen des Zementpartikels für Fließmittelmoleküle im Wesentlichen durch die Ettringitbildung an der Partikeloberfläche kontrolliert wird [127, 55, 2]. Das Zeta-Potential und die Oberflächeneigenschaften von reinem Ettringit sowie anderen Zementbestandteilen und Zementen wurden u. a. in [31, 192, 1, 3] untersucht. Danach adsorbieren die Mineralphasen C_3A und C_4AF größere Fließmittelmengen als die silikatischen Phasen C_3S und C_2S. Besonders interessant ist dabei, dass die Aluminatphasen ein positives und die Silikatphasen ein negatives Zeta-Potential aufweisen [192, 194]. Die Wechselwirkung zwischen dem Zement und dem Molekulargewicht des Fließmittels wurde wiederum eingehend in [4, 138] untersucht. Nach [4] nimmt dabei die Dispergierwirkung von Fließmitteln mit rein elektrostatischer Wirkungsweise mit steigendem Molekulargewicht des Fließmittels zu. Die Wirkprinzipien von Zusatzmitteln mit sterischer Funktion werden u.a. in [169, 127, 55, 138] erläutert.

2.5 Granulometrie und Struktur frischer Zementsuspensionen

Das Wissen über die Struktur frischer Zementsuspensionen ist vergleichsweise gering und beschränkt sich auf wenige rasterelektronenmikroskopische Untersuchungen (REM) aus den letzten 25 Jahren [167, 168, 184, 153, 154, 155, 95].

UCHIKAWA et al. [167] führten hierzu systematische REM-Untersuchungen an stickstoffgekühlten Zementleimproben aus reinem Portlandzement bzw. Portlandkompositzement durch. Der Wasserzementwert betrug für alle Proben 0,35. Weiterhin wurden ausgewählte Proben durch Zugabe eines Fließmittels dispergiert.

Abb. 2-10 REM-Aufnahmen von gefrorenen Zementleimen aus Portlandzement (w/z=0,35) jeweils ohne (links) und mit Fließmittel (Naphthalinsulphonat; rechts) im Alter von 5 min (oben) und 120 min nach Wasserzugabe (unten) [167]

Abbildung 2-10 zeigt ausgewählte Proben mit Portlandzement (BLAINE-Wert 3250 cm²/g) jeweils mit und ohne Fließmittelzugabe im Alter von 5 min bzw. 120 min nach Wasserzugabe. Trotz des vergleichsweise geringen w/z-Werts von 0,35 kann danach eine Strukturbildung – d.h. eine vollständige Vernetzung der einzelnen Zementpartikel – über die gesamte Suspension sicher ausgeschlossen werden. Die einzelnen in Abbildung 2-10 gezeigten Teilchen sind durch dünne Flüssigkeitsmenisken getrennt. Die Aufnahmen bestätigen jedoch auch, dass kleine Zementpartikel mit d kleiner ca. 2 µm nicht mehr vereinzelt, sondern vielmehr in Form von großen Partikelagglomeraten vorliegen. UCHIKAWA et al. [167] führen diese Vernetzung auf die beschleunigte Hydratation insbesondere von kleinen Zementpartikeln zurück. Denkbar ist allerdings auch eine auf physikalische Wechselwirkung zurückzuführende – und damit reversible – Koagulation der feinen Körner.

Der mittlere Abstand zwischen einzelnen Partikeln bzw. Partikelagglomeraten beträgt ca. 3 µm. Mit zunehmendem Alter nimmt die Agglomerierung zu, so dass im vorliegenden Fall ab ca. 120 min keine einzelnen Partikel, sondern nur noch Agglomerate mit d größer ca. 5 bis 10 µm vorliegen. Diese Agglomerate können durch Zugabe dispergierender Zusatzmittel teilweise aufgebrochen werden, so dass es zu einer Verschiebung des effektiven mittleren Teilchendurchmessers $d_{50,\,is}$ kommt. Weiterhin zeigt sich, dass dispergierende Zusatzmittel die dennoch eintretende Koagulation von Partikeln in fortgeschrittenem Probenalter verändern und eine verstärkte Einbindung von Wasser und damit eine niederfestere Struktur der Agglomerate zur Folge haben.

Abb. 2-11   REM-Aufnahmen von einem alkaliarmen (links) und einem alkalireichen Zement (rechts) jeweils nach 10 min (oben) bzw. 120 min (unten) Hydratationsdauer [155]

Festgehalten werden sollte hier weiterhin, dass die Mehrzahl der Partikel bzw. Agglomerate eine eckige bis rautenförmige Form und eine äußerst raue Oberfläche besitzt [167, 95]. Die Ergebnisse von UCHIKAWA et al. [167] wurden durch verschiedene weitere Untersuchungen bestätigt [168, 184, 154, 155, 153]. Abbildung 2-11 zeigt beispielsweise rasterelektronenmikroskopische Aufnahmen zweier unterschiedlicher Zemente jeweils nach 10 min bzw. 120 min Hydratationsdauer. Deutlich ersichtlich ist, dass bereits 10 min nach Wasserzugabe Hydratationsprodukte auf die Oberfläche des Zementpartikels aufwachsen und somit dessen Rauheit stark vergrößern. Weiterhin erweist sich die Idealisierung der Partikel als Kugel aufgrund dieser Untersuchungsergebnisse als nicht gerechtfertigt.

Wie bereits erläutert, führt die Koagulation einzelner Zementpartikel zu einer Verschiebung der mittleren Partikelgröße und damit zu einer Veränderung des Partikelabstands in der Suspension. Ausgehend von Sedimentationsversuchen von POWERS [129] und eigenen Untersuchungen gibt BOMBLED [20, 21] eine empirische Beziehung zur Abschätzung des mittleren Partikelabstands z (in µm) in Abhängigkeit vom w/z-Wert und der Mahlfeinheit O_{Blaine} des Zements (BLAINE-Wert; hier in cm²/g) an (siehe Gleichung 2-25).

$$z = 2 \cdot 10^4 \cdot \frac{w/z - 0,12}{O_{\text{Blaine}}} \qquad (2\text{-}25)$$

Für die von UCHIKAWA et al. [167] untersuchten Zementleime ergibt sich nach Gleichung 2-25 ein mittlerer Partikelabstand von 1,42 µm. HELMUTH [69] gibt für einen ähnlichen Zementleim einen Wert von 1,2 µm an. Das BOMBLED-Modell unterschätzt somit den Abstand zwischen einzelnen Partikeln, da es die Verklumpung insbesondere der feinen Zementkörner nicht berücksichtigt. Eine erhebliche Verbesserung des Modells könnte durch die Anpassung der durch die Agglomeration der feinen Partikel veränderten Mahlfeinheit erfolgen.

Weitaus geringere Werte für den mittleren Partikelabstand gibt HUNGER [75] auf Grundlage von Fließversuchen und darauf aufbauenden Finite-Element-Berechnungen an. Für Zementleime mit w/z-Werten zwischen 0,31 und 0,38 – der w/z-Wert wurde gleich dem Wasseranspruch des Zements gewählt – wurden Partikelabstände zwischen 30 bis 50 nm ermittelt. Für derart geringe Abstände ist mit einer dauerhaften Überlappung der diffusen Ionenhüllen und mit einer Wechselwirkung zwischen den Partikeln zu rechnen. Bei den Berechnungen müssen jedoch zwingend die Partikelform [75] und die Packungsdichte [5] berücksichtigt werden.

POWERS [129] stellte darüber hinaus in Sedimentationsversuchen an Zementleimen fest, dass die Sedimentstruktur und die Menge des eingeschlossenen Wassers Funktionen u. a. des Ausgangsphasengehalts sind. Dabei ist das sedimentierte System in der Lage, eine zementspezifische maximale Menge an Wasser in Agglomeraten zu binden. Mit abnehmendem Wassergehalt der Ausgangssuspension reduziert sich die Menge des im Sediment gebundenen Wassers und gleichzeitig steigt die Anzahl der Vernetzungspunkte zwischen den agglomerierten Einzelpartikeln [129].

Ähnliche Modellvorstellungen wurden auch von LEGRAND [93, 94] und KECK [85] entwickelt. KECK stellt darüber hinaus Überlegungen zum Verformungsverhalten solcher Systeme an. Danach sind die einzelnen Agglomerate in der Lage, Kräfte elastisch aufzunehmen. Eine Überschreitung der Agglomeratsfestigkeit führt jedoch zum Bruch der Vernetzungsstellen und somit zu einer Dispergierung eines Teils oder aller im Agglomerat gebundenen Partikel.

Abb. 2-12   Strukturmodell nach HELMUTH für einen vollständig dispergierten Zementleim mit einem *w/z*-Wert von 0,5 und einem Zement mit einer spezifischen Oberfläche von O_{Blaine} = 4300 cm²/g (schwarze Kreisflächen) [69]

Auf der Grundlage der Modellvorstellung von POWERS [129] sowie eigener Arbeiten stellt HELMUTH [69] ein Modell vor, das frischen Zementleim als Kugelhaufwerk beschreibt. Die einzelnen Kugeln sind dabei durch dünne Flüssigkeitsmenisken voneinander getrennt, so dass kein direkter Festkörperkontakt vorliegt (siehe Abbildung 2-12). HELMUTH stellt fest, dass zwischen den einzelnen Kugeln Kräfte wirken müssen, geht jedoch nicht näher auf diese ein. Gleichzeitig führt er die Mechanismen Koagulation und Dispergierung ein und belegt durch experimentelle Untersuchungen, dass diese die Ursache für das thixotrope Verhalten von Zementleimen sind. Die physikalischen Ursachen für die oben genannten Prozesse werden jedoch nicht näher beleuchtet.

Umfangreiche theoretische Überlegungen zur Wechselwirkung zwischen der Struktur und den rheologischen Eigenschaften granularer Suspensionen wurden schließlich von BARTHELMES [15] vorgestellt. Sein Modell baut auf Populationsbilanzen einzelner Agglomeratgrößen auf. In Abhängigkeit von der vorliegenden Scherung werden dabei ständig Agglomerate gebildet bzw. zerstört. Das rein theoretische Modell ist somit mit dem von HATTORI und IZUMI [68] vergleichbar (siehe Abschnitt 2.6.2.2).

2.6 Verformungsverhalten frischer Zementsuspensionen

Die Eigenschaften erhärteter zementgebundener Baustoffe wie Beton, Mörtel oder Estrich werden maßgeblich durch deren Eigenschaften im frischen Zustand beeinflusst [32, 134]. Bereits REINER [131] erkannte, dass das Verformungsverhalten frischer Zementleime und Betone durch eine Überlagerung elastischer und viskoser Eigenschaften geprägt ist und diese Materialien somit als viskoelastisch einzuordnen sind. Umfangreiche Untersuchungen zum Verformungsverhalten von Zementleimen bzw. Betonen wurden u. a. von VOM BERG [174, 175] und TATTERSALL [162] vorgelegt. Darüber hinaus konnten erhebliche Fortschritte bei der Beschreibung des rheologischen Verhaltens dieser Stoffe im Rahmen der Entwicklung moderner Betonzusatzmittel [153, 87] und Hochleistungsbetone, insbesondere des selbstverdichtenden Betons [124, 177], erzielt werden. Neben Modellen zur Beschreibung des Fließverhaltens dieser Systeme (siehe u. a. [74, 40, 189, 190]) wurden in diesem Zusammenhang vereinzelte Ansätze vorgestellt, die eine Mischungsentwicklung auf der Basis rheologischer Kenngrößen gestatten [50] bzw. sich mit Entmischungs- [128, 141, 27, 188] und Kriechvorgängen [87, 19] in zementgebundenen Baustoffen beschäftigen.

2.6.1 Grundlagen

Das Verformungsverhalten eines Werkstoffs kann im einfachsten Fall entweder als ideal-elastisch oder aber als ideal-viskos beschrieben werden [14]. Während das ideal-elastische Materialverhalten durch einen linearen Zusammenhang zwischen der Scherung γ und der Spannung τ geprägt ist (HOOKE'sches Gesetz; siehe Gleichung 2-26), sind im ideal-viskosen Fall Schergeschwindigkeit $\dot{\gamma}$ und Spannung τ in der Probe proportional (NEWTON'sches Gesetz; siehe Gleichung 2-27).

$$\tau = G \cdot \gamma \qquad (2\text{-}26)$$

$$\tau = \eta \cdot \dot{\gamma} \qquad (2\text{-}27)$$

Hierin bezeichnen G den Schubmodul und η die dynamische Viskosität.

Frische Zementsuspensionen weisen sowohl elastische als auch viskose Verformungsanteile auf. Hinzu kommen zeit- und belastungsabhängige Strukturveränderungen, so dass ihr Verformungsverhalten als nicht-linear viskoelastisch zu bezeichnen ist. Die Beschreibung zugehöriger Verformungsvorgänge kann dementsprechend nur noch mittels nicht-linearer, gekoppelter Differenzialgleichungen erfolgen und gestaltet sich als äußerst schwierig [14, 132, 133].

Vor diesem Hintergrund hat es sich in der Praxis bewährt, das Deformationsverhalten derartiger Stoffe entkoppelt von strukturellen Veränderungen innerhalb der Probe zu betrachten [174, 177, 85]. Zur Beschreibung dieses Verhaltens kann die allgemeine Differenzialgleichung für linear viskoelastische Stoffe nach Gleichung 2-28 herangezogen werden (α_i und β_i mit $i = 1...n$ bezeichnen hierin Materialkonstanten bzw. -funktionen) [14, 133].

$$\left(1 + \alpha_1 \frac{\partial}{\partial t} + \alpha_2 \frac{\partial^2}{\partial t^2} + \ldots + \alpha_n \frac{\partial^n}{\partial t^n}\right)\tau \qquad (2\text{-}28)$$

$$= \left(\beta_0 + \beta_1 \frac{\partial}{\partial t} + \beta_2 \frac{\partial^2}{\partial t^2} + \ldots + \beta_n \frac{\partial^n}{\partial t^n}\right)\gamma$$

Die Ursache für die ausgeprägte Viskoelastizität frischer zementhaltiger Baustoffsuspensionen ist in chemischen und physikalischen Wechselwirkungen zwischen einzelnen Feststoffpartikeln während des Fließvorgangs zu suchen. Bislang liegen für Zement jedoch keine systematischen Untersuchungen zu dieser Problematik vor (siehe auch Abschnitte 2.3 und 2.4). Grundsätzlich gut untersucht für Zement sind hingegen die makroskopischen Auswirkungen der aufgeführten Mechanismen bei hohen Schergeschwindigkeiten ($\dot{\gamma} \gg 10 \text{ s}^{-1}$).

Das Wechselspiel aus anziehenden und abstoßenden Kräften führt in ungeschertem Zementleim zur Ausbildung einer netzwerkartigen Struktur aus Zementpartikeln, die in der Lage ist, ein bestimmtes Maß an Spannungen elastisch aufzunehmen [162, 85, 19]. Diese Grenzspannung wird als Fließgrenze τ_0 bezeichnet.

Neuere Untersuchungen (siehe [64, 95, 105, 164, 108]) belegen jedoch, dass bereits bei sehr geringen Spannungen unterhalb der Fließgrenze das Verformungsverhalten von frischem Zementleim hoch viskoelastisch ist und die anziehenden interpartikulären Kräfte somit nur von geringer räumlicher Reichweite sein können. Die bei derartigen Untersuchungen gemessenen Schergeschwindigkeiten $\dot{\gamma}$ sind jedoch sehr gering und können daher nur mit Hochleistungsrheometern erfasst werden. Interessant ist, dass bereits BARNES et al. [13] die Existenz einer Fließgrenze gänzlich bezweifeln. Sie führen die in der Literatur belegten Werte für diesen Kennwert auf eine mangelnde Messgenauigkeit sowie auf die hohe Elastizität bzw. Bruchdehnung der Materialien bei sehr langsamen Verformungsvorgängen zurück.

In der internationalen Literatur finden sich zum rheologischen Verhalten zementhaltiger Suspensionen bei geringen Schergeschwindigkeiten bzw. -belastungen nur vereinzelte Hinweise. STRUBLE et al. [159, 95, 160] sowie NACHBAUR et al. [108] führten Untersuchungen zur Strukturentwicklung in frischen Zementleimen durch. Im Vordergrund stand hier jedoch der Übergangsbereich zwischen frischem und jungem Beton, d. h. die zeitliche Veränderung der rheologischen Eigenschaften von Zementleim infolge der Hydratation (siehe auch [80]). WALLEVIK [176] legte aufbauend auf Arbeiten von HATTORI et al. [68] ein Modell vor, mit dem die physikalischen Veränderungen in einer Probe infolge einer Scherung beschrieben werden können. Er beschränkt seine Untersuchungen jedoch auf die Beschreibung des Fließvorganges bei überkritischer Scherbelastung (d. h. oberhalb der Fließgrenze τ_0). Auch KHAYAT et al. [189] haben die Bedeutung des viskoelastischen Materialverhaltens von Zementsuspensionen erkannt und stellen ein neues Verfahren zur Ermittlung der Fließgrenze vor. SAASEN et al. [143, 73] führen einzelne Untersuchungen zum viskoelastischen Verhalten von Zementleimen für die Bohrlochzementation durch, die sich jedoch auf die Betrachtung der Geschwindigkeitsabhängigkeit der Stoffeigenschaften beschränken. Weitere Ansätze für das viskoelastische Verhalten von Suspensionen liefern Beiträge aus der Verfahrenstechnik (siehe z. B. [38]), die jedoch nur bedingt auf frische Baustoffsuspensionen übertragen werden können.

Trotz seiner enormen Bedeutung für eine Vielzahl praxisrelevanter Prozesse, wie Entmischungsvorgänge, das Entlüftungsverhalten von Beton oder z. B. das Sackungsverhalten von Fliesenklebern oder Putzen, sind das Verformungsverhalten von frischen Zementsuspensionen bei geringen Scherbelastungen und seine Einflussgrößen noch weitgehend unbekannt.

Gleiches gilt für strukturelle Veränderungen, die aus einer geringen überkritischen Scherbelastung resultieren. Bei Erreichen der Fließgrenze wird i.d.R. nur ein geringer Teil der Flockenstruktur des Leims aufgebrochen [85, 108, 176]. Eine Mehrzahl der Partikel ist hingegen weiterhin in Agglomeraten gebunden und wird erst mit der Zeit dispergiert. Mit zunehmender Belastung und Messdauer ist dabei ein Rückgang der dynamischen Viskosität η – im Folgenden als **strukturviskoses Verhalten** bezeichnet – verbunden [131, 174, 162, 19, 68, 57]. Diesem dispergierenden Effekt stehen gleichzeitig koagulierende Prozesse gegenüber, die einen Strukturaufbau in der Probe bewirken (siehe [177, 176]). Während dieser Vorgang bei hohen Scherbelastungen i.d.R. vernachlässigt werden kann, ist er besonders im Ruhezustand nach einer Scherung bzw. bei geringen Scherbelastungen im Bereich der Fließgrenze von Bedeutung [141]. Nimmt die dynamische Viskosität η der Proben hingegen mit zunehmender Schergeschwindigkeit zu, so liegt ein **dilatantes Materialverhalten** vor.

Für alle Angaben zur Struktur frischer Zementsuspensionen im Ruhezustand bzw. bei Scherbelastung gilt, dass diese aus Ergebnissen rheologischer Untersuchungen geschlussfolgert wurden. Eine analytische Messmethode, die eine Charakterisierung der Struktur der Suspension bei einer gleichzeitigen Scherbelastung gestattet, lag bislang nicht vor und wurde im Rahmen der vorliegenden Arbeit entwickelt (siehe Abschnitt 3.3).

2.6.2 Modellierung des Verformungsverhaltens

Das Erkenntnisdefizit in Bezug auf das Verformungsverhalten von Zementsuspensionen bei geringen Scherbelastungen spiegelt sich nicht zuletzt in den dazu vorliegenden Materialmodellen wider. Hierbei muss zwischen zwei Arten von Modellen unterschieden werden:

Tab. 2-1 Rheologische Modelle zur Beschreibung des Verformungsverhaltens von Zementleim und deren Bewertung

| Typ | Modell | Gleichung | Gl. Nr. | Parameter | | | Dimen-sion | Eignung für $\dot{\gamma}$ [s^{-1}] | | | Eignung für Dilatanz |
				An-zahl	Sym-bol	Bedeutung		$\leq 0{,}01$	$> 0{,}01$ ≤ 10	> 10	
Kontinuumsmodelle	BINGHAM	$\tau(\dot{\gamma}) = \tau_0 + \mu \cdot \dot{\gamma}$	**(2-29)**	2	τ_0	Fließgrenze	[Pa]	nein	nein	nein	nein
					μ, μ_1	plastische Viskosität	[Pa·s]				
	HERSCHEL-BULKLEY	$\tau(\dot{\gamma}) = \tau_0 + \mu \cdot \dot{\gamma}^{n}$	**(2-30)**	3	n	Herschel-Bulkley Index	[-]	nein	nein	ja	ja
	mod. BINGHAM	$\tau(\dot{\gamma}) = \tau_0 + \mu_1 \cdot \dot{\gamma} + \mu_2 \cdot \dot{\gamma}^{2}$	**(2-31)**	3	μ_2	nicht-lin. plast. Visk.	[Pa·s^2]	nein	nein	ja	ja
	VOM BERG	$\tau(\dot{\gamma}) = \tau_0 + A \cdot \mathrm{Arsinh}(\dot{\gamma}/B)$	**(2-32)**	3	A	Konstante	[Pa]	nein	bed.	ja	nein
					B	Konstante	[s^{-1}]				
	WINDHAB	$\tau(\dot{\gamma}) = \tau_1 + (\tau_0 - \tau_1) \cdot$ $\left[1 - \exp\left(-\dfrac{\dot{\gamma}}{\dot{\gamma}^{*}}\right)\right] + \eta_{\infty} \cdot \dot{\gamma}$	**(2-33)**	4	τ_1	reale Fließgrenze	[Pa]	nein	ja	ja	nein
					$\dot{\gamma}^{*}$	$\dot{\gamma} > \dot{\gamma}^{*}$ lin. Verlauf	[s^{-1}]				
					η_{∞}	Grenzvisk. für hohe $\dot{\gamma}$	[Pa·s]				
	CROSS	$\eta_{\mathrm{Cross}} = \dfrac{\eta_0 - \eta_{\infty}}{1 + (c \cdot \dot{\gamma})^{\mathrm{p}}} + \eta_{\infty}$	**(2-34)**	4	η_0	Grenzvisk. geringe $\dot{\gamma}$	[Pa·s]	ja	ja	ja	nein
					c	Konstante	[s]				
					p	Konstante	[-]				
Partikelmodelle	HATTORI-IZUMI/WALLEVIK	$\eta_{\mathrm{Hattori}} = B \cdot J_t^{2/3}$	**(2-35)**	2	B, B_i	Reibungsbeiwert	[N/s]	ja	ja	ja	ja
					J_t, J_i	Vernetzungen/Volumen[1]	[m^{-3}]				
	COSTA	$\eta_{\mathrm{Costa}} = B_1 \cdot J_1^{2/3} + B_2 \cdot J_2^{2/3} + B_3 \cdot (J_3 u)^{2/3}$	**(2-36)**	7	u	Gesamtvernetzungsgrad[1]	[-]	ja	ja	ja	ja

1) Berechnung nur numerisch möglich

- **Kontinuumsmodelle**: Als Kontinuumsmodelle werden im Folgenden Modelle bezeichnet, die Zementleim als homogene Substanz idealisieren. Die *Abbildung des Verformungsverhaltens* kann wahlweise durch rheologische oder mathematische Modelle erfolgen. Durch Koppelung der Modellparameter mit Kenngrößen der Zusammensetzung oder der Ausgangsstoffe der Leime ist eine *Vorhersage des Verformungsverhaltens* möglich. Diese Prognose entbehrt jedoch i. d. R. physikalischer Grundlagen.

- **Partikelmodelle** berücksichtigen den Einfluss der physikalischen Wechselwirkung der suspendierten Teilchen untereinander bzw. mit der Trägerflüssigkeit. Unter Kenntnis der Materialeigenschaften der Ausgangsstoffe sind sie daher besser zur Prognose der rheologischen Eigenschaften des Leims geeignet. Die Anwendung der Partikelmodelle ist jedoch i. d. R. sehr komplex.

Tabelle 2-1 gibt einen Überblick über die für Zementleim gebräuchlichen Modelle, einschließlich einer Bewertung für unterschiedliche Scherratenbereiche.

2.6.2.1 Kontinuumsmodelle

Die Sichtung der vorliegenden Literaturergebnisse zeigt, dass reine Kontinuumsmodelle mit einer großen Abbildungsunsicherheit behaftet sind. Die Mehrzahl aller Studien konzentriert sich auf die Auswertung von Fließversuchen $\tau = f(\gamma)$ an Zementleimen oder Mörteln. Um Vergleichbarkeit zwischen einzelnen Versuchen zu ermöglichen, werden die Daten mit Hilfe von Regressionsfunktionen angenähert. Da zum Verhalten der Zementleime bei sehr geringen Scherbelastungen i. d. R. keine bzw. nur sehr wenige Messdaten vorliegen, müssen für den funktionalen Verlauf der Regressionsfunktion in diesem Abszissenbereich Annahmen getroffen werden. Gängig ist beispielsweise die Abbildung viskoelastischer Eigenschaften mittels einer konstanten Fließgrenze τ_0 oder einer konstanten Grenzviskosität η_0. Weitere Annahmen betreffen den Verlauf der Fließkurve für hohe Schergeschwindigkeiten, beispielsweise ob es sich um einen linearen, exponentiellen oder hyperbolischen Anstieg handelt. Hierbei müssen zwingend auch Einschränkungen aus der eingesetzten Messmimik berücksichtigt werden, die zu einer Verfälschung des Messergebnisses führen können (siehe Abschnitt 2.6.3). Einen guten Überblick über die wichtigsten, für Zement relevanten Modelle, teilweise einschließlich einer statistischen Bewertung für ausgewählte Zementleime, geben beispielsweise ATZENI et al. [6], PAPO [126], KECK [85], JONES et al. [81] und VIKAN et al. [173].

Als Ergebnis seiner Studie hält PAPO [126] fest, dass die Abbildungsgenauigkeit aller gängigen baustoffrelevanten Stoffgesetze mit zunehmendem Phasengehalt (d. h. mit abnehmendem w/z-Wert) abnimmt (vgl. [190, 6]). Nach Ansicht des Autors ist dies auf die damit verbundene Zunahme der elastischen Eigenschaften der Suspension zurückzuführen. Alle gängigen Kontinuumsmodelle vernachlässigen den Anteil der elastischen Verformung an der Gesamtverformung. Für hohe Schergeschwindigkeiten ist dies zulässig und führt nur zu einem geringen statistischen Fehler. Für geringe Schergeschwindigkeiten überwiegt hingegen der elastische Verformungsanteil. Dementsprechend fehlerbehaftet ist die Vorhersage des entsprechenden Modells. Dies gilt insbesondere für das von der Mehrzahl aller Autoren verwendete BINGHAM-Modell [17] (siehe Gleichung 2-29) oder das HERSCHEL-BULKLEY-Modell (siehe Gleichung 2-30 mit $n \neq 1$) [34, 12, 88, 9].

Beide Regressionsmodelle bilden das Materialverhalten eines Zementleims im Fließversuch ab. Entscheidend für das rheologische Verhalten einer Baustoffsuspension ist jedoch allein deren dynamische Viskosität η. Dieser physikalische Kennwert kann aus Gleichung 2-30 mit Hilfe von Gleichung 2-27 ermittelt werden (siehe Gleichung 2-37).

$$\eta(\dot{\gamma}) = \frac{\tau(\dot{\gamma})}{\dot{\gamma}} = \frac{\tau_0}{\dot{\gamma}} + \mu \cdot \dot{\gamma}^{n-1} \qquad (2\text{-}37)$$

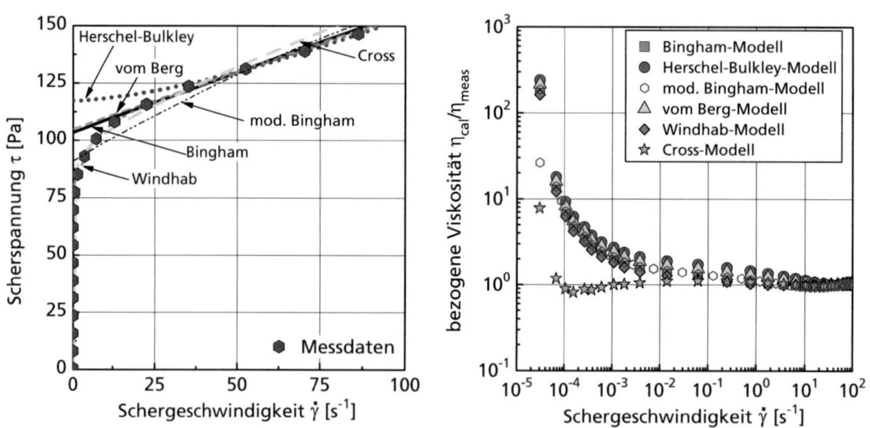

Abb. 2-13 Fließkurve (links) von Zementleim mit einem Phasengehalt ϕ von 0,36 sowie zugehörige Regressionen nach BINGHAM (Gleichung 2-29), HERSCHEL-BULKLEY (Gleichung 2-30, $n \neq 1$), mod. BINGHAM (Gleichung 2-31), VOM BERG (Gleichung 2-32), WINDHAB (Gleichung 2-33) und CROSS (Gleichung 2-34) und Vergleich (rechts) der durch diese Funktionen vorhergesagten dynamischen Viskosität η_{cal} mit der gemessenen Viskosität η_{meas} des Leims jeweils in Abhängigkeit von der Schergeschwindigkeit γ

Mithilfe von Gleichung 2-37 ist es weiterhin möglich, die Vorhersagegüte der oben genannten Modelle zu bewerten. Abbildung 2-13 (links) zeigt die Fließkurve für einen Zementleim mit einem Phasengehalt von $\phi = 0,36$ sowie verschiedene Regressionsfunktionen. Es wird deutlich, dass insbesondere für geringe Schergeschwindigkeiten die Vorhersagen des BINGHAM- und des HERSCHEL-BULKLEY-Modells signifikant vom realen Materialverhalten abweichen.

Bildet man den Quotienten aus der vorhergesagten und der gemessenen dynamischen Viskosität η_{cal} bzw. η_{meas}, so wird die Abweichung noch deutlicher (siehe Abbildung 2-13, rechts). Im hier exemplarisch gezeigten Fall überschätzen die beiden genannten Modelle die dynamische Viskosität η der untersuchten Zementleime für geringe Scherraten ($\dot{\gamma} < 10 \text{ s}^{-1}$) signifikant. Derartig große Regressionsunsicherheiten stellen insbesondere für eine zielsichere Beurteilung der Kriechneigung solcher Systeme – und damit ihrer Entmischungsneigung – ein erhebliches Problem dar. Das Versagen der inneren Struktur des Zementleims wird somit weder durch das BINGHAM- noch durch das HERSCHEL-BULKLEY-Modell richtig abgebildet.

Darüber hinaus muss berücksichtigt werden, dass lediglich das BINGHAM-Modell dimensionsrein und damit physikalisch korrekt ist. Für $n \neq 1$ in Gleichung 2-30 besitzt μ eine von n abhängige Dimension Pa s^n. Trotz guter mathematischer Übereinstimmung mit den Messergebnissen sollte daher von der Verwendung des HERSCHEL-BULKLEY-Modells abgesehen werden. Alternativ hierzu empfehlen KAYAT et al. [87] die Anwendung des sogenannten modifizierten BINGHAM-Modells (siehe Gleichung 2-31). Dieses besteht in der Erweiterung des BINGHAM-Ansatzes um ein Glied zweiter Ordnung und ist somit eine polynome Entwicklung des realen Kurvenverlaufs.

Das modifizierte BINGHAM-Modell ist vom Grundsatz primär auf die Abbildung des rheologischen Verhaltens der Proben bei hohen Scherbelastungen bzw. Schergeschwindigkeiten ausgerichtet. Insbesondere ist es in der Lage sowohl strukturviskoses als auch dilatantes Materialverhalten zu quantifizieren. Vor diesem Hintergrund wurde es im Rahmen der vorliegenden Arbeit zur Beschreibung des Materialverhaltens bei hohen Schergeschwindigkeiten herangezogen. Schwächen weist das Modell hingegen bei der Beschreibung des Übergangsbereichs zwischen dem Ruhezustand und dem Fließvorgang auf (siehe Abbildung 2-13).

Weiterführende Modelle, wie beispielsweise das von VOM BERG (siehe Gleichung 2-32, [174]), wurden gezielt für die Anwendung auf Zementleim entwickelt. Sie ermöglichen zwar eine bessere Regression auch bei geringeren w/z-Werten, bilden aber die elastischen Materialeigenschaften ebenfalls durch Einführung einer Fließgrenze ab. In der Analogie eines rheologischen Modells handelt es sich hierbei nicht um ein elastisches Federelement, sondern vielmehr um ein dissipatives Reibelement. Wie aus Abbildung 2-13 deutlich wird, unterliegt damit auch das VOM BERG-Modell den gleichen Einschränkungen wie das BINGHAM-Modell und ist somit lediglich zur Beschreibung des Fließverhaltens bei erhöhter, überkritischer Scherbelastung geeignet [190, 40, 29, 141, 74]. Gleiches gilt für die für Zementleime gelegentlich verwendeten Modelle von CASSON und ROBERTSON (hier nicht dargestellt; [141]).

Besonders gut geeignet zur Beschreibung des Übergangsbereichs zwischen einer elastischen Verformung und viskosem Fließen bei geringen Scherbelastungen ist schließlich das WINDHAB-Modell (siehe Gleichung 2-33). Hierbei muss berücksichtigt werden, dass auch dieses Modell für $\dot{\gamma} \rightarrow 0$ gegen einen konstanten Wert τ_0 strebt und somit Kriechverformungen bei geringen Scherbelastungen mit diesem Modell nicht erklärt werden können (vgl. Abbildung 2-13).

Allen genannten Modellen ist gemein, dass sie von der Existenz einer Fließgrenze ausgehen. Alternativ liegen jedoch auch Modelle vor, die statt dessen eine sogenannte Null-Viskosität η_0 bei geringen Scherbelastungen annehmen. Dies bedeutet, dass die dynamische Viskosität η mit abnehmender Schergeschwindigkeit $\dot{\gamma}$ bzw. Scherbelastung τ zunächst stark zunimmt, im Gegensatz zu Modellen mit einer Fließgrenze dann jedoch gegen einen Grenzwert η_0 strebt. Als Beispiel hierfür ist in Gleichung 2-34 das CROSS-Modell [100] dargestellt. Wie Abbildung 2-13 zeigt, ist dieses Modell in der Lage, das Fließverhalten von Zementleimen nicht nur bei hohen, sondern auch bei sehr geringen Scherbelastungen – d.h. also das Kriechverhalten – abzubilden [99, 181]. Der Nachteil des Modells ist jedoch in der vollständigen Vernachlässigung elastischer Verformungsanteile zu sehen. Eine elastische Rückverformung der Proben bei Entlastung – wie sie bei Zementleim auftritt – kann durch das CROSS-Modell grundsätzlich nicht abgebildet werden.

Die Mehrzahl der in der Literatur dokumentierten Modelle beschränkt sich auf die Beschreibung des spannungs- bzw. schergeschwindigkeitsabhängigen Materialverhaltens. Das zeitabhängige Materialverhalten wird von KECK [85] mit Hilfe von drei unabhängigen Exponentialfunktionen beschrieben. Diese stehen exemplarisch für Koagulations-, Hydratations- und Dispergierungsprozesse. Danach führen die beiden zuerst genannten Vorgänge zu einem Anstieg des Scherwiderstands der Proben, wohingegen die Dispergierung dessen Rückgang zur Folge hat.

Vorhersage des Verformungsverhaltens

Aufbauend auf die bereits beschriebenen Kontinuumsmodelle ist durch den Vergleich der so ermittelten Modellkennwerte mit Materialeigenschaften des Zements bzw. der Zusammensetzung der Mischung eine Vorhersage des Verformungsverhaltens der Suspension möglich [14, 135, 185, 21, 174]. Exemplarisch sei hier auf die Ergebnisse von VOM BERG [174] verwiesen, der die in seinem Modell verwendeten Parameter τ_0, A und B (siehe Gleichung 2-32) als Funktion der spezifischen Oberfläche O_{Blaine} (BLAINE-Wert; in cm²/g) und der Zementdichte (in g/cm³) sowie des Phasengehalts ϕ angibt. Für das von ihm verwendete Messprofil (d.h. die zeitliche Abfolge von Be- und Entlastung) gibt VOM BERG daher folgende Beziehung für fallende Schubspannungen (Entlastungsast) an:

$$\left.\begin{aligned}
\tau_0 &= 1{,}18 \cdot 10^{-3} \cdot \exp(22{,}0 \cdot \phi) \cdot (O_{\text{Blaine}} \cdot \rho \cdot 10^{-4})^{3,44} \\
A &= 1{,}34 \cdot 10^{-2} \cdot \exp(19{,}8 \cdot \phi) \cdot (O_{\text{Blaine}} \cdot \rho \cdot 10^{-4})^{1,32} \\
B &= 382 \cdot (O_{\text{Blaine}} \cdot \rho \cdot 10^{-4})^{-0,95} \\
\eta_0 &= 3{,}52 \cdot 10^{-5} \cdot \exp(19{,}8 \cdot \phi) \cdot (O_{\text{Blaine}} \cdot \rho \cdot 10^{-4})^{2,27}
\end{aligned}\right\} . \qquad \textbf{(2-38)}$$

Wendet man Gleichung 2-38 für einen Zementleim mit einem Phasengehalt ϕ von 0,40 und Portlandzement CEM I 42,5 R mit einem BLAINE-Wert von 4300 cm²/g und einer Rohdichte von ρ = 3,1 g/cm³ an, so ergeben sich eine Fließgrenze τ_0 von ca. 22 Pa und eine Grenzviskosität η_0 = 0,20 Pa s für hohe Schergeschwindigkeiten (mit $\eta_0 = A/B$). Diese Werte entsprechen den Erwartungen. Auf der Grundlage eines umfangreichen Modellvergleichs kritisiert jedoch PAPO [126], dass bereits das zugrunde liegende Modell (siehe Gleichung 2-32) stark fehlerbehaftet ist und somit mit ausgeprägten Fehlern bei der Parametervorhersage zu rechnen ist (vgl. auch Abbildung 2-13).

2.6.2.2 Partikelmodelle

Allen bislang aufgeführten Modellen ist gemein, dass sie Zementsuspensionen als Kontinuum ansehen und die tatsächlich während einer Scherung bzw. im Ruhezustand ablaufenden physikalischen Prozesse funktional nicht abbilden. Hierbei handelt es sich zum einen um den Vorgang der Dispergierung infolge einer Scherbelastung und zum anderen um die Koagulation von Partikeln im Ruhezustand.

HATTORI et al. [68] zufolge ist der nicht-NEWTON'sche Charakter von Zementleimen auf Reibung zwischen den suspendierten Zementpartikeln zurückzuführen. Diese Partikel können sowohl einzeln als auch vernetzt in Form von Agglomeraten vorliegen. Mit zunehmender Agglomeration, d.h. somit auch mit zunehmender Vernetzung J_t zwischen einzelnen Partikeln, geht gleichzeitig ein Anstieg der dynamischen Viskosität η einher. Die Proportionalität zwischen der Vernetzungsanzahl J_t – d.h. der Anzahl der Vernetzungsstellen pro Volumeneinheit der Suspension – und der Viskosität η beschreiben HATTORI et al. mithilfe eines Produktansatzes durch Einführung des konstanten Reibungsbeiwerts B (siehe Gleichung 2-35). Grundsätzlich gehen die Autoren dabei davon aus, dass die dynamische Viskosität mit zunehmender Vernetzung der Partikel ansteigt.

Die Vernetzungsanzahl J_t zwischen den einzelnen Zementpartikeln in der Suspension wird als eine Funktion von strukturaufbauenden und strukturzerstörenden Vorgängen angesehen (siehe Gleichung 2-40). Im Ruhezustand $\dot\gamma = 0\ \text{s}^{-1}$ sind die Partikel der BROWN'schen Bewegung sowie der Schwerkraft unterworfen. Durch Kollisionen zwischen einzelnen Partikeln während einer Ruhephase $t_{\dot\gamma=0}$ werden ggf. wirkende abstoßende Kräfte (siehe Abschnitt 2.4.4) überwunden, und es kommt zu einer auf VAN-DER-WAALS'sche Wechselwirkung zurückzuführende Anziehung und damit Agglomeration der Partikel J_{coag} (siehe Gleichung 2-40). Maßgebend für diesen Vorgang ist die sogenannte Koagulationsrate H, die nach der Koagulationstheorie von SMOLUCHOVSKI [152] als Funktion aus dem totalen Oberflächenpotential V_{tot} (siehe Abschnitt 2.4.4) und der SMOLUCHOWSKI-Koagulationskonstante $K_{\text{sm}} = (4kT)/(3\eta_{\text{Fluid}})$, dem Radius r und der Anzahl n_3 der einzelnen Partikel sowie dem DEBYE-HÜCKEL-Parameter κ, der BOLTZMANN-Konstante k und der Viskosität η_{Fluid} der Trägerflüssigkeit entsprechend Gleichung 2-39 berechnet werden kann.

$$H = \frac{4K_{sm}rn_3}{(2/\kappa)\exp(V_{tot}/(kT))} \qquad (2\text{-}39)$$

Gleichzeitig muss jedoch berücksichtigt werden, dass eine Scherung der Suspension über die Zeitdauer $t_{\dot{\gamma}>0}$ eine Dispergierung einzelner Partikel bzw. Partikelagglomerate zur Folge hat. Beide Prozesse betrachten HATTORI et al. [68] in ihrer ursprünglichen Theorie als voneinander unabhängig und schlagen daher die in Gleichung 2-40 wiedergegebenen, entkoppelten Gleichungen vor.

$$\left. \begin{aligned} J_{t,\,\text{Coag}} &= n_3 \cdot \frac{H \cdot t_{\dot{\gamma}=0}}{H \cdot t_{\dot{\gamma}=0} + 1} \qquad, \dot{\gamma} = 0 \\[2em] J_{t,\,\text{Disp}} &= n_3 \cdot \left(1 - \frac{\dot{\gamma} \cdot t_{\dot{\gamma}>0}}{\dot{\gamma} \cdot t_{\dot{\gamma}>0} + 1}\right), \dot{\gamma} \neq 0 \end{aligned} \right\} \qquad (2\text{-}40)$$

Nach WALLEVIK [176] führt jedoch auch eine Scherung der Probe zu einem Impulsaustausch zwischen den Partikeln und damit zu einer Verstärkung der Koagulation. Alternativ zum in Gleichung 2-40 gezeigten Ansatz für J_t schlägt er daher die in Gleichung 2-41 angegebene Beziehung vor, die sowohl dispergierende als auch koagulierende Prozesse im Ruhezustand sowie unter Schereinfluss berücksichtigt. Die Variable t bezeichnet dabei die Zeitdauer in Sekunden, in der die Scherbelastung konstant ist.

$$\eta_{\text{Wallevik}} = B \cdot J_t^{2/3} = B\left[\frac{n_3[U_0(\dot{\gamma}Ht^2 + 1) + H \cdot t]}{(H \cdot t + 1) \cdot (\dot{\gamma}t + 1)}\right]^{2/3} \qquad (2\text{-}41)$$

Der Parameter n_3 gibt die Anzahl einzelner Partikel in der Suspension an, und U_0 bezeichnet den Vernetzungsgrad dieser Partikel, d. h. den Quotienten aus der Anzahl von Verbindungen zwischen einzelnen Partikeln und der Anzahl der Partikel n_3. Weiterhin sind H die Koagulationsrate, $\dot{\gamma}$ die Schergeschwindigkeit und t die Versuchsdauer.

Das oben vorgestellte Modell wurde von WALLEVIK erfolgreich auf Zementsuspensionen angewendet. Im Vordergrund des Interesses standen jedoch Untersuchungen zu hohen Schergeschwindigkeiten. Die Kalibrierung des Modells erfolgt durch Anpassung des Reibungsbeiwerts B in Gleichung 2-41, durch den die Kornform und Rauheit der Zementpartikel berücksichtigt werden.

Ein Defizit des HATTORI-IZUMI-Modells wird aus einer Grenzwertbetrachtung $J_t \to 0$ deutlich. Der Anteil der viskosen Reibung der Trägerflüssigkeit wird hier vollständig vernachlässigt. Dies ist für hohe Phasengehalte ϕ sicherlich gerechtfertigt, führt jedoch bei abnehmendem ϕ oder aber der Anwesenheit von dispergierenden Zusatzmitteln und damit guter Dispergierung zu einer zunehmenden Verfälschung der Modellvorhersage.

Diesem Defizit begegnen COSTA et al. [33] mit einer Erweiterung des HATTORI-IZUMI-Modells um Reibungsanteile aus der Trägerflüssigkeit und der Elastizität der Agglomerate (siehe Gleichung 2-42).

$$\eta_{\text{Costa}} = B_1 \cdot n_1^{2/3} + B_2 \cdot n_2^{2/3} + B_3 \cdot (n_3 u)^{2/3} \tag{2-42}$$

Hierin bezeichnen B_i Reibungsbeiwerte, n_i die Anzahl der Kontaktstellen zwischen den Partikeln der Sorten 1, 2 oder 3 und u den Vernetzungsgrad der Partikel bezogen auf die Gesamtanzahl der Partikel.

Trotz der oben beschriebenen Einschränkungen sind die Modelle von HATTORI und IZUMI, von WALLEVIK und von COSTA et al. derzeit die einzigen, die potenziell in der Lage sind, das rheologische Verhalten eines Zementleims oder auch Betons in Abhängigkeit von seiner Schergeschichte für unterschiedliche Scherraten vorherzusagen. Aufgrund ihrer physikalischen Basis sind sie darüber hinaus geeignet, den Einfluss moderner Betonzusatzstoffe und -mittel zu berücksichtigen. Der Nachteil derartiger Partikelmodelle ist jedoch in der enormen Komplexität der zugrundeliegenden Berechnungen zu sehen. Dabei müssen konsequent alle Koagulations- und Dispergierungsprozesse über die Zeitdauer der gesamten Schergeschichte erfasst werden. Dies ist nur mithilfe rechnergestützter Verfahren bei Betrachtung auf Partikelebene möglich.

Eine Vereinfachung des HATTORI-IZUMI-Modells stellen die Ansätze von LEONG (siehe [38]), DE KRETSER et al. [38] und NGUYEN et al. [118] für Bauxit- und Kohle-Suspensionen dar. Ähnlich wie HATTORI et al. nutzen die Autoren hier ein physikalisches Modell, beschränken dieses jedoch auf die Beschreibung bzw. die Vorhersage der Fließgrenze von grobdispersen Suspensionen. Eine Erweiterung dieser Modelle für sehr geringe Schubspannungen bzw. Schergeschwindigkeiten ist der Ansatz von KHANDAL et al. (siehe [86]), der eine Vorhersage des zeitlichen Verlaufs des Schubmoduls G gestattet.

2.6.3 Messung des Verformungsverhaltens

Zur messtechnischen Bestimmung rheologischer Kenngrößen existieren verschiedene Verfahren, die unterschiedlich gut für die Untersuchung von Baustoffsuspensionen geeignet sind. Grundsätzlich gilt, dass die eingesetzte Methode den geplanten Anwendungsfall und die entsprechenden Randbedingungen möglichst modellhaft abbilden sollte. Dies betrifft neben dem Versuchsaufbau insbesondere die Größe der angelegten Scherspannungen und Schergeschwindigkeiten.

Besonders gut für Untersuchungen an Baustoffsuspensionen sind Rotationsrheometer geeignet. Hierbei wird die Probe durch Rotation um eine starre Achse einer definierten Scherung unterzogen. Man unterscheidet dabei Geräte vom COUETTE-Prinzip, bei denen Probenbehälter und Probe rotieren, während der Messsensor fest eingespannt gelagert ist, und Geräte vom SEARLE-Prinzip, bei denen der Messsensor in einer ruhenden Probe rotiert. Vereinfachend werden beide Arten von Messsensoren im Folgenden als **Rotor** bezeichnet.

Rotationsrheometer sind i.d.R. auf den Einsatz an Baustoffsuspensionen mit einem Größtkorn von maximal 3 mm beschränkt. Hinweise zu Messungen an Mischungen mit größerem Größtkorn geben folgende Autoren [162, 51-54, 8, 9, 27, 188, 63-65, 11].

Grundsätzlich gilt für alle rheologischen Messsysteme, dass diese folgende Bedingungen erfüllen müssen:

(i)   **Laminare Strömung:** Innerhalb der Probe muss eine laminare Schichtenströmung vorliegen. Die mit dem Übergang von laminarem zu turbulentem Strömungsverhalten verbundene Energiedissipation kann andernfalls zu einer Überbewertung der dynamischen Viskosität führen oder sich in einem dilatanten Materialverhalten äußern.

(ii) **Stationärer Strömungszustand:** Da es sich bei frischen Zementleimen um reaktive Systeme handelt, ist diese Bedingung grundsätzlich nur bedingt erfüllt. Daher sollte die Messdauer im rheologischen Versuch im Vergleich zur Erstarrungszeit des Zements möglichst kurz gewählt werden. Weiterhin muss eine ausreichende und andauernde Homogenität der Probe gewährleistet sein (siehe iii).

(iii) **Wandhaftung und Homogenität der Probe:** Wie bereits erläutert, neigen frische Zementsuspensionen zu einer scherbedingten Entmischung. Dieser Vorgang wird auch als **Gleitschichtbildung** bezeichnet [139, 141]. Tritt diese in der Kontaktzone zwischen dem Probenbehälter und dem Zementleim auf, so wird das Messergebnis dadurch stark verfälscht [53]. Weiterhin unterliegen frische Zementleime der Sedimentation. Die Messdauer muss somit im Vergleich zur Sinkgeschwindigkeit eines Zementpartikels entsprechend kurz gewählt werden.

Tabelle 2-2 zeigt, dass **Absolutmesssysteme** (d.h. Systeme, die eine definierte Scherfläche und einen definierten Schergradienten aufweisen), wie sie die NORM DIN 53019-1 vorschreibt, die obigen Bedingungen nur zum Teil erfüllen und somit für Untersuchungen an Zementsuspensionen ungeeignet sind [150]. Dementsprechend haben sich in den vergangenen Jahren **Relativmesssysteme** – d.h. Systeme ohne definierte Scherfläche bzw. Schergradient – durchgesetzt [66]. Am weitesten verbreitet sind dabei das Messsystem nach BRABAENDER [186] bzw. SCHLEIBINGER [187, 170, 101-103, 62] sowie die Rheometer der Fa. BML/CONTEC [176, 57, 178, 177]. Die Ausbildung von Gleitschichten (Bedingung iii) wird in diesen Systemen durch die Verwendung paddelartiger Rotoren oder durch Verwendung stark profilierter, zylindrischer Rotoren gewährleistet. Dabei wird häufig eine Verletzung von Bedingung (i) in Kauf genommen. Dies äußerst sich häufig in einem scheinbar dilatanten Materialverhalten.

Tab. 2-2   Übersicht über die am Markt verfügbaren rheologischen Messsysteme und deren technische Leistungsfähigkeit

Gerät		Typ	Messsystem		def. Scher-fläche	def. Scher-gradient	Mess-dauer	Größt-korn [mm]	Messung bei $\dot{\gamma} < 1\ s^{-1}$	Bedingung			Eignung für Zement-suspensionen
			Proben-behälter	Rotor/ Fallkörper						(i)	(ii)	(iii)	
Kegel-Platte-Messsystem nach DIN 53019-1	Rotationsrheometer, Absolutmesssysteme	Searle	Platte	Kegel	ja	ja	begrenzt auf wenige Umdrehungen durch Gleitschichtbildung	0,02	ja	ja	Einzelmessung hinreichend kurz wählen	nein	nein
Platte-Platte-Messsystem nach DIN 53019-1		Searle	Platte	Platte	ja	ja		0,10	ja	ja		nein	
Koaxiales Zylin-dermesssystem nach DIN 53019-1		Searle	Zylinder, unprofiliert	Zylinder, un-/profi-liert	ja	ja		0,10	ja	ja		nein	
BML/Contec	Rotationsrheometer, Relativmesssysteme	Couette	Zylinder, profiliert	Zylinder, profiliert	nein	nein		16[3]	nein	bed.		bed.[2]	bedingt[2]
FANN/CHAN		Couette	Zylinder, unprofiliert	Zylinder, unprofiliert	ja	nein		1,0	nein	ja		nein	
TYRACH-MÜLLER		Searle	Zylinder, unprofiliert	exzentrisch rotierende Kugel	nein	nein		3,0	ja	bed.		bed.[2]	
BRABAENDER/ SCHLEIBINGER		Couette	Zylinder, unprofiliert	Paddel	nein	nein	begrenzt durch Sedimentation	3,0	nein	bed.		ja	ja
Baustoffzelle [1] (HAIST/MÜLLER)		Searle	Zylinder, variabel profiliert	Paddel	nein	nein		3,0	ja	ja		ja	
BUCHENAU	Kugelfallvis-kosimeter		Zylinder, unprofiliert	Kugel	nein	nein	nicht variabel	32	nein	ja		-	ja

1) hier verwendet; 2) eingeschränkte Messdauer, laut Herstellerangaben auf wenige Umdrehungen beschränkt; 3) in Abhängigkeit vom verwendeten Typ

Dieses Problem umgeht das im Bereich der Ölförderindustrie verbreitete FANN-Messsystem, das auch zur Untersuchung von Zementsuspensionen eingesetzt wird [82, 143, 117]. Statt dessen sind hier wiederum Einschränkungen der Messgenauigkeit aus einer Gleitschichtbildung (Bedingung iii) zu erwarten (s. Tabelle 2-2).

COUETTE-Systeme eignen sich trotz der erwähnten Einschränkungen gut zur Untersuchung der rheologischen Eigenschaften von Zementsuspensionen und Mörteln bei hohen Scherbelastungen bzw. Schergeschwindigkeiten. Erhebliche Schwächen zeigen diese Systeme jedoch bei hoch dynamischen Messungen oder Untersuchungen bei sehr geringen Belastungen. Dies ist auf die Tatsache zurückzuführen, dass bei jeder Beschleunigung der Probe die Masseträgheit des gesamten Messsystems (d.h. der Probe und des Behälters) überwunden werden muss. Insbesondere zur Durchführung oszillatorischer Untersuchungen sind daher nur Geräte vom SEARLE-Typ geeignet [158, 160, 148, 143, 10].

Hierzu wurde vom Autor ein Messsystem, bestehend aus einem variabel profilierbaren Probenbehälter und einem paddelartigen Rotor, entwickelt. Die sogenannte **Baustoffzelle** (siehe Tabelle 2-2, [64]) ist derzeit das einzige verfügbare Messsystem, das sowohl rotatorische als auch oszillatorische Messungen im kompletten Scherspannungs- bzw. Scherratenbereich ohne die Gefahr einer Gleitschichtbildung ermöglicht. Weiterhin erfüllt das System alle drei Grundbedingungen (i - iii) für die Durchführung rheologischer Messungen. Die Messdauer kann prinzipiell beliebig lang gewählt werden, vorausgesetzt, dass die Probe in diesem Zeitraum nicht sedimentiert. Die Konstruktionsweise der Zelle ermöglicht schließlich eine flexible Anpassung der Profilierungstiefe an alle Arten von Baustoffsuspensionen (siehe Abschnitt 3.3.3; [64, 65, 104, 105, 146, 147]).

Bedingt für Untersuchungen an Zementsuspensionen geeignet ist nach Ansicht des Autors das System nach TYRACH-MÜLLER [19, 183]. Hierbei wird eine exzentrisch zur Drehachse angebrachte Kugel entsprechend dem SEARLE-Prinzip durch die Probe bewegt (siehe Tabelle 2-2). Die Messung ist jedoch auf eine geringe Anzahl an Umdrehungen beschränkt, um eine Gleitschichtbildung und damit eine Verletzung von Grundbedingung iii auszuschließen. Für die Untersuchung von Sedimentationsvorgängen kann alternativ zu einem Rotationsrheometer auch ein Kugelfallviskosimeter herangezogen werden [27]. Darüber hinaus existieren verschiedene empirische Versuchsaufbauten zur Bestimmung rheologischer Kenngrößen, wie beispielsweise Fließ- und Auslaufversuche [142, 61, 28].

2.7 Zusammenfassung

In der vorliegenden Literatursichtung wurde der Stand der Kenntnisse zu den rheologischen Eigenschaften frischer Zementsuspensionen sowie zu den elektrochemischen und -physikalischen Eigenschaften der suspendierten Partikel und deren Wechselwirkung untereinander sowie mit der Trägerflüssigkeit wiedergegeben. Weiterhin wurden die Erkenntnisse zur Struktur frischer Baustoffsuspensionen und zur Messung der rheologischen Eigenschaften solcher Mischungen vorgestellt.

Die rheologischen Eigenschaften einer Zementsuspension sind danach eine Funktion der Eigenschaften der suspendierten Teilchen und der zwischen diesen auftretenden Wechselwirkungen. Hierbei muss zwischen vier voneinander unabhängigen Wechselwirkungsmechanismen unterschieden werden.

(i) **Elektrostatische Abstoßung:** Bei einer Annäherung zweier Partikel auf ca. 10 nm bis 30 nm wirken abstoßende, elektrostatische Kräfte, die mit abnehmendem Partikelabstand bis zu einem oberen Grenzwert zunehmen (siehe Abschnitt 2.4.1). Maßzahl für die Größe der elektrostatischen Abstoßung ist das sogenannte Zeta-Potential, das aus unterschiedlichen Energiedichten im Partikel bzw. in der Trägerflüssigkeit resultiert und die Dimension einer elektrischen Spannung besitzt.

Das Zeta-Potential wird stark durch Ionen, die an der Partikeloberfläche angelagert sind, beeinflusst. Die Hülle aus Ionen wird dabei als elektrochemische Doppelschicht bezeichnet. Maßgebend für die Stärke der Abstoßung zwischen zwei Partikeln ist neben dem Gehalt insbesondere die Valenz der in der Lösung vorliegenden Ionen. Beide Kenngrößen werden wiederum durch die chemische Zusammensetzung und Löslichkeit des Zements beeinflusst (siehe Abschnitt 2.4.6).

Über die technischen Möglichkeiten zur Messung des Zeta-Potentials, insbesondere von Zementen und Betonzusatzstoffen, wird eingehend in den Abschnitten 2.4.5 bis 2.4.7 berichtet. Als besonders geeignet haben sich hierbei elektroakustische Messverfahren erwiesen (siehe auch Anhang A).

(ii) **VAN-DER-WAALS-Anziehung:** Kommt es zur Kollision zweier Teilchen und wird dabei eine kritische Distanz zwischen ca. 1 nm und 10 nm unterschritten, so werden die abstoßenden Doppelschichtkräfte stark durch anziehende VAN-DER-WAALS-KRÄFTE überlagert. Dies äußert sich in einer Koagulation einzelner Partikel zu Partikelagglomeraten (siehe Abschnitt 2.4.2).

(iii) **Sterische Wechselwirkung:** Eine freie Annäherung einzelner Partikel wird u.a. durch eine starke Oberflächenrauheit sowie durch längliche Hydratationsprodukte behindert. Über diese Erhebungen der Partikeloberfläche ist eine punktuelle Kraftübertragung und damit eine

Wechselwirkung möglich. Zu den Abmessungen der Hydratationsprodukte, zur Oberflächenrauheit des Partikels und zur Stärke der daraus resultierenden Wechselwirkung liegen in der gesichteten Literatur jedoch nur vereinzelte und teilweise widersprüchliche Ergebnisse vor.

(iv) **Hydrodynamische Strömungskräfte:** Die suspendierten Partikel erfahren bei der Umströmung durch die Trägerflüssigkeit eine hydrodynamische Strömungskraft. Hierzu wurden von einer Reihe von Autoren Sedimentationsversuche an Zementleimen durchgeführt (siehe Abschnitt 2.5).

Die Überlagerung anziehender und abstoßender Kräfte (Wechselwirkungsmechanismen i bis iii) kann mithilfe der DLVO-Theorie (siehe Abschnitt 2.4.4) beschrieben werden. Danach können anziehende, abstoßende und sterische Kräfte in Abhängigkeit vom Partikelabstand z superponiert werden. Die Gesamtheit der Partikelwechselwirkungen äußert sich schließlich in der Ausbildung einer Struktur im Zementleim (siehe Abschnitt 2.5). Diese ermöglicht eine elastische Übertragung von Schubspannungen.

Uneinigkeit herrscht in der gesichteten Literatur hinsichtlich der Art dieser Struktur. Die Mehrzahl der Autoren betrachtet Zementleim als ein Haufwerk aus einzelnen Partikeln bzw. Partikelagglomeraten mit wassergefüllten Zwischenräumen, dessen Struktur durch eine Schubbelastung gestört wird (siehe Abschnitt 2.5). Ein Beweis für die Gültigkeit dieser Hypothese konnte bislang jedoch noch nicht erbracht werden. Dies bestätigen auch die in Abschnitt 2.6 zusammengefassten Ergebnisse zum rheologischen Verhalten solcher Suspensionen.

Bis auf wenige Ausnahmen beschränken fast alle Autoren ihre Untersuchungen auf Versuche bei hohen Schubbelastungen bzw. Schergeschwindigkeiten. Für diesen Belastungsbereich liegen dementsprechend viele Daten und Materialgesetze zur Beschreibung bzw. zur Vorhersage des Verformungsverhaltens vor. Von zumindest gleicher oder sogar größerer technischer Bedeutung ist jedoch das Verformungsverhalten bei geringen Scherbelastungen bzw. Schergeschwindigkeiten. Beispielweise werden hier Stoffgesetze zur Beschreibung der Entmischungsstabilität von Mörteln und Betonen oder aber dem Sackungsverhalten von Fließenklebern benötigt (siehe Abschnitt 2.6). Auch sind im Moment die Mechanismen der Strukturbildung und Strukturzerstörung in Baustoffsuspensionen noch vollkommen unbekannt (siehe Abschnitt 2.5). Das eingehende Verständnis dieser Vorgänge ist jedoch eine Grundvoraussetzung für die Entwicklung moderner Konstruktionsbetone und Betonzusatzmittel. Hierzu müssen auch geeignete Messmethoden entwickelt werden (siehe Abschnitt 2.6.3).

Kapitel 3
Untersuchungsprogramm und Methoden

3.1 Überblick über das Untersuchungsprogramm

Ziel des vorliegenden Untersuchungsprogramms war es, das Verformungsverhalten frischer Zementsuspensionen in Abhängigkeit von der anliegenden Schubspannung, den elektrochemischen Eigenschaften der Zementpartikel sowie der Granulometrie der suspendierten Phase zu charakterisieren. Hierzu wurde zunächst eine Messtechnik zur zeitgleichen Erfassung der genannten Eigenschaften entwickelt (siehe Abschnitt 3.3). Diese Messtechnik wurde in umfangreichen Vorversuchen getestet (siehe Tabelle 3-1, **Abschnitt 0**).

Im Rahmen der Hauptuntersuchungen wurde anschließend der Einfluss der Eigenschaften der Ausgangsstoffe und der Mischungszusammensetzung auf die oben genannten Materialeigenschaften untersucht (Untersuchungsabschnitte I-IV). Als wichtigste Kenngrößen wurden dabei die Zementart und der Phasengehalt erachtet. Zunächst wurde daher in **Untersuchungsabschnitt I** die Zementart bei konstantem Phasengehalt ϕ variiert. Trotz teilweise ähnlicher Granulometrie konnten hierbei signifikante Unterschiede in den elektrochemischen Eigenschaften der Zemente und den rheologischen Eigenschaften der daraus hergestellten Leime festgestellt werden.

Darauf aufbauend wurde in **Untersuchungsabschnitt II** die Mahlfeinheit des Zements bei annähernd identischer Zementzusammensetzung variiert. Hierzu wurde Zement mit üblicher spezifischer Oberfläche (BLAINE-Wert zwischen 3000 und 5500 cm²/g) durch einen mineralogisch identischen Mikrozement (BLAINE-Wert ca. 8100 cm²/g) ausgetauscht bzw. Zemente unterschiedlicher Mahlfeinheit, aber ähnlicher mineralogischer Zusammensetzung gemischt.

Durch Austausch von Zementklinker durch Zumahl- bzw. Zusatzstoffe konnte in **Untersuchungsabschnitt III** der Einfluss dieser Stoffe auf die untersuchten Eigenschaften quantifiziert werden. Gegenstand von **Untersuchungsabschnitt IV** war schließlich die Ermittlung des Einflusses des Sulfatgehalts im Zement bzw. verschiedener Fließmittelarten und -dosierungen auf die untersuchten Kenngrößen.

Tab. 3-1   Überblick über das Untersuchungsprogramm (Abschnitte 0 und I bis IV) einschließlich variierter Parameter

Abschn.	Untersuchung	Zement Art [-]	n	Mikrozement, Zumahl-/Zusatzstoff, Sulfat Art [-]	Dosierung[1] [Vol.-%]	n	Fließmittel Art [-]	Dosierung[4] [M.-%]	n	Phasengehalt ϕ [-]	n	π	Σ
0	Voruntersuchungen zum Einfluss der Messmimik und zur Art der Ausgangsstoffe												110
	Wiederholungsversuche												16
I	Einfluss der Zementart und des Phasengehalts	alle	10							0,42	1	10	23
		Z121, Z131	2							0,36-0,44	4	8	
		Z211	1							0,40-0,46	3	3	
		Z221	1							0,40-0,44	2	2	
II	Einfluss der Packungsdichte der Partikel	Z121/Z131[2]	3							0,42	1	3	22
		Z211/Z221[2]	3							0,42	1	3	
		Z121, Z131	2	Mikrozement	25, 50, 75[3], 100[3]	4				0,36; 0,40	2	16	
III	Einfluss von Zumahl- und Zusatzstoffen	Z221	1	Kalksteinmehl	5 – 25	5				0,42	1	5	17
		Z221	1	Hüttensand	5 – 25	5				0,42	1	5	
		Z121	1	Flugasche	10 – 40	4				0,42	1	4	
		Z121	1	Mikrosilika	5 – 15	3				0,42	1	3	
IV	Einfluss des Sulfatgehalts und der Art und Dosierung von Zusatzmitteln	Z621	1	Gips/Anhydrit	2,0 – 4,0[5]	5				0,40	1	5	13
		Z621	1	Gips/Anhydrit	2,5 – 4,0[5]	4	Naphthalin	0-0,40	1	0,40	1	4	
		Z121	1				Naphthalin	0-0,40	1	0,44; 0,46	2	2	
		Z121	1				PCE	0-0,40	1	0,44; 0,46	2	2	
	Gesamtanzahl der Versuche (ohne Vorversuche):												75

1) volumetrischer Anteil am Feststoffvolumen
2) Mischungen aus den genannten Zementen; Mischungsverhältnis (Volumenanteile): 3/1, 1/1, 1/3
3) nur bei reduziertem Phasengehalt messbar
4) schrittweise Zugabe (6 Stufen)
5) Gesamt SO_3-Gehalt in M.-% vom Zementgewicht unter Berücksichtigung des SO_3-Gehalts des reinen Klinkers (einschließlich Chromatreduzierer)

3.2 Ausgangsstoffe und untersuchte Zusammensetzungen

3.2.1 Ausgangsstoffe

Im Rahmen des Versuchsprogramms wurden zehn verschiedene Zemente, ein Mikrozement, zwei Zumahlstoffe und zwei Zusatzstoffe untersucht. Hinzu kamen Untersuchungen an einem reinen Klinker in Kombination mit verschiedenen Sulfatdosierungen sowie Versuche mit verschiedenen Fließmitteln und ausgewählten Zementen. Die Auswahl der Stoffe erfolgte unter den nachfolgend aufgeführten Kriterien.

3.2.1.1 Zemente

Alle im Rahmen des Forschungsprogramms verwendeten Zemente wurden vor ihrer Verwendung einer umfassenden Charakterisierung unterzogen. Die hierbei eingesetzten Untersuchungsmethoden sind in Tabelle 3-2 aufgeführt.

Tab. 3-2 Prüfverfahren und Normen für die Bestimmung einzelner Materialkennwerte

Kennwert	Norm/Prüfverfahren	Bemerkungen
Dichte	DIN 66137-2	Helium-Pyknometrie an Pulver
Packungsdichte	DAfStb-Rili „SVB“, PUNTKE-Verfahren	Berechnung aus Wasseranspruch entsprechend der Beziehung $\phi_p = 100 - Wa_{Puntke}$
Mahlfeinheit (nach BLAINE)	DIN EN 196-6	–
Erstarrungsbeginn	DIN EN 196-3	–
Erstarrungsende		
Raumbeständigkeit		
Druckfestigkeit f_{c2d}	DIN EN 196-1	–
Druckfestigkeit f_{c28d}		
Partikeldurchmesser d_{50}	–	Lasergranulometrie in Wasser (stark verdünnt)
RRSB-Äquivalent-$\varnothing\ d'$	DIN 66145	Auswertung von lasergranulometrischen Daten nach ROSIN, RAMMLER, SPERLING, BENNET (RRSB)
RRSB-Steigungsmaß n		
Mineralogische Zusammensetzung	–	Röntgendiffraktometrische Untersuchung mit angeschlossener RIETVELD-Analyse

Da eine Variation der Partikelgrößenverteilung der Zemente durch eigene Mahlung aus technischen Gründen nicht möglich war, wurden im Rahmen einer umfangreichen Marktrecherche zwei Zemente identifiziert, die großtechnisch durch Sichtung aus einem einzelnen Ausgangsklinker hergestellt und durch anschließende Zugabe von Gips und Anhydrit entsprechend ausgesteuert werden (Mikrozement Z100 und Portlandzement CEM I 42,5 R, Kurzbezeichnung Z121; siehe Tabelle 3-3). Der Vergleich der mineralogischen Kenndaten belegt die identische Herkunft der Produkte. Die beobachteten Unterschiede zwischen diesen Zementen liegen in der Mahlhärte der einzelnen Klinkerphasen begründet (siehe Abschnitt 2.2). Deutlich zu erkennen ist weiterhin der gravierende Einfluss der Mahlfeinheit auf die Packungsdichte der Proben. Diese beträgt beim Zement Z121 55,3 Vol.-% und nimmt für den reinen Mikrozement auf 41,7 Vol.-% ab. Mit der Verschiebung der Partikelgrößenverteilung hin zu kleineren Werten geht gleichzeitig auch eine Veränderung der Reaktivität einher. Dies äußert sich beispielsweise in den veränderten Erstarrungszeiten, aber auch in der zeitlichen Entwicklung sowie der absoluten Größe der Druckfestigkeit der mit diesen Zementen hergestellten Proben (siehe Tabelle 3-3). Im frühen Alter muss zusätzlich der reduzierte Sulfatgehalt des Mikrozements berücksichtigt werden. Mit Ausnahme des zuletzt genannten Faktors sind dies jedoch systemimmanente Einflussgrößen, die auch in kommerziellen Zementen in dieser Form angetroffen werden. Von einer gesonderten Berücksichtigung dieses Einflusses im Rahmen des Untersuchungsprogramms wurde daher abgesehen.

Aus demselben Werk wurde weiterhin der Zement CEM I 52,5 R (Kurzbezeichnung Z131) beschafft, der bezüglich seiner Mineralogie große Ähnlichkeit mit den bereits genannten Zementen aufwies (siehe Tabelle 3-3). Zur Einstellung verschiedener Partikelgrößenverteilungen und Packungsdichten wurden die beiden Zemente Z121 und Z131 jeweils mit Mikrozement Z100 in unterschiedlichen Gehalten in den Stufen 0, 25 und 50 Vol.-% Mikrozementanteil an der festen Phase vermischt und anschließend untersucht (siehe Tabelle 3-3). Durch die geschilderte Vorgehensweise konnte der mittlere Partikeldurchmesser d_{50} zwischen 4,6 und 11 µm und das RRSB-Steigungsmaß n zwischen 0,982 und ca. 1,0 bei konstantem Phasengehalt ϕ variiert werden (Ergebnisse siehe Abschnitt B.2). Für höhere Mikrozementanteile musste aus Gründen der Verarbeitbarkeit der Phasengehalt deutlich reduziert werden. Weiterhin wurden Mischungen aus den beiden Zementen Z121 und Z131 hergestellt und untersucht. Der mittlere Partikeldurchmesser d_{50} variierte bei diesen Mischungen zwischen 5,9 und 11 µm.

Eine weitere Untersuchungsgruppe bildeten die Zemente CEM I 32,5 R (Kurzbezeichnung Z211) und CEM I 42,5 R-HS (Kurzbezeichnung Z222). Aufgrund ihrer mineralogisch ähnlichen Zusammensetzung konnte an diesen Zementen der Einfluss der Granulometrie der Phase auf die rheologischen Eigenschaften damit hergestellter Suspensionen ermittelt werden (siehe Abschnitt B.2).

Neben der Granulometrie der Zemente wurde darüber hinaus auch der Einfluss der Mineralogie der Zemente auf die rheologischen Eigenschaften erfasst. Hierzu wurden technische Zemente mit möglichst ausgeprägten Unterschieden in der mineralogischen Zusammensetzung ausgewählt (siehe Tabelle 3-3).

Tab. 3-3 Physikalische Kennwerte und mineralogische Zusammensetzung der untersuchten Zemente

Produkt	Dimension	CEM I 42,5 R	CEM I 52,5 R	CEM I 32,5 R	CEM I 42,5 R	CEM I 42,5 R HS	CEM I 42,5 N NA	CEM I 52,5 R (ft)	CEM I 52,5 R HS	CEM I 42,5 R	CEM I 32,5 R	Klinker 42,5 R	Mikrozement
Kurzbezeichnung[1]		Z121	Z131	Z211	Z221	Z222	Z223	Z231	Z232	Z321	Z511	Z621	Z100
physikalische Kennwerte													
Dichte ρ_p	[g/cm³]	3,130	3,153	3,127	3,106	3,154	3,167	3,131	3,175	3,118	3,136	3,166	3,126
Packungsdichte ϕ_p	[Vol.-%]	55,3	53,7	59,1	53,9	56,9	60,6	51,3	56,0	55,9	56,8	52,9	41,7
BLAINE-Wert	[cm²/g]	4612	5535	3035	4330	3591	3776	5052	5075	4585	3696	4476	8083
Erstarrungsbeginn	[min]	72	107	137	127	190	180	102	180	65	n.b.	75	90
Erstarrungsende	[min]	117	147	182	197	245	267	200	240	155	n.b.	165	145
Druckfestigkeit f_{c28d}	[N/mm²]	86,7	91,9	74,6	87,4	96,6	89,8	100,6	92,5	38,6	n.b.	59,3	101,1
Partikeldurchmesser d_{50}	[µm]	11,33	5,77	16,89	12,69	13,78	8,28	6,04	8,57	9,3	11,13	8,4	2,62
RRSB-Äquiv.durchm. d'	[-]	15,72	8,85	23,17	17,13	18,20	13,35	9,11	11,65	13,21	16,38	11,80	3,41
RRSB-Steigungsmaß n	[m]	0,982	0,874	0,911	1,027	1,046	0,834	0,920	1,139	0,952	0,871	0,995	1,005
mineralogische Kennwerte													
Tricalciumsilikat C_3S	[M.-%]	63,3	67,4	64,2	67,9	64,2	66,8	61,6	71,9	58,0	44,2	62,5	63,7
Dicalciumsilikat β-C_2S		6,0	6,4	11,2	9,0	11,2	8,1	13,6	8,7	10,3	24,0	12,0	7,3
Tricalciumaluminat C_3A		5,9	6,6	1,2	7,4	1,2	1,1	6,4	0,7	7,2	7,8	9,3	5,7
Tetracalciumaluminatferrit C_4AF		12,6	12,9	12,6	5,8	12,6	12,4	7,5	12,0	11,3	8,2	11,6	13,2
Arcanite K_2SO_4		1,8	1,9	-	-	-	-	0,8	-	1,5	2,0	1,2	3,0
Bassanite $Ca[SO_4]\cdot 0.5\,H_2O$		1,6	1,3	1,7	1,7	1,7	2,7	1,6	0,6	3,3	2,5	-	3,2
Anhydrit $CaSO_4$		4,0	3,4	3,0	2,3	3,0	2,5	3,3	2,0	1,3	3,0	-	2,8
Calcit $CaCO_3$		4,7	-	3,3	3,7	3,3	4,8	3,3	4,1	4,5	1,5	-	-
Quarz SiO_2		0,4	-	-	-	-	-	-	-	-	0,6	-	-

1) $Zabc$, mit a - Herstellwerk, b - Festigkeitsklasse und c - laufender Zähler

Besonderes Augenmerk lag dabei auf den Aluminatphasen C_3A und C_4AF, da diese nach Abschnitt 2.2 maßgeblich an den Reaktionsvorgängen in der Induktionsperiode und der Ruhephase beteiligt sind. Den geringsten Tricalciumaluminatgehalt weist hierbei der Zement Z232 mit 0,7 M.-% auf. Gleichzeitig enthält dieser CEM I 52,5 R-HS einen entsprechend hohen Tricalciumsilikat-Gehalt von fast 72 M.-% (siehe Tabelle 3-3). Trotz ausgeprägter Unterschiede im C_2S-Gehalt bildete dieser Zement zusammen mit dem Zement Z121 eine Kontrollgruppe, da beide Zemente stark unterschiedliche C_3A-Gehalte bei annähernd gleichen C_4AF-Gehalten aufweisen. Ebenfalls zu dieser Gruppe wird der Zement CEM I 42,5 R (Kurzbezeichnung Z221) gezählt, der sich vom Zement Z232 stark im Verhältnis C_3A zu C_4AF unterscheidet.

Weiterhin in das Untersuchungsprogramm aufgenommen wurden die Zemente CEM I 42,5 R-HS (Kurzbezeichnung Z222) und CEM I 42,5 N-NA (Kurzbezeichnung Z223), die starke Unterschiede im β-C_2S-Gehalt bei annähernd konstantem Aluminatgehalt aufweisen. Zu dieser Gruppe kann mit Einschränkungen bezüglich der Vergleichbarkeit im Aluminatgehalt auch der Zement CEM I 52,5 R (ft) (Kurzbezeichnung Z231; ft - hohe Frühfestigkeit) gezählt werden.

Entsprechend den Ausführungen in Abschnitt 2.2 wurde im Vorfeld der Untersuchungen davon ausgegangen, dass Unterschiede in der Mineralogie der Zemente neben Einflüssen aus der Granulometrie auch durch Unterschiede im Sulfatangebot überlagert werden. Vor diesem Hintergrund wurde ein reines Klinkermehl (Kurzbezeichnung Z621) in das Untersuchungsprogramm aufgenommen und dieses durch Zugabe von Gips und Anhydrit ausgesteuert. Der Sulfatgehalt (Ausgedrückt als SO_3) im Gemisch wurde hierbei in Stufen von 0,5 M.-% zwischen 2,0 und 4 M.-% entsprechend NORM DIN EN 197-1 variiert. Aufgrund der unterschiedlichen SO_3-Gehalte von Gips bzw. Anhydrit wurden diese im Massenverhältnis 2:1 zugegeben. Weiterhin musste bei der Berechnung der Zugabemenge der Sulfatgehalt des Klinkers von ca. 0,94 M.-% berücksichtigt werden. Dieser resultiert u. a. aus dem mit dem Klinkermehl vermahlenen Chromatreduzierer. Als Kontrollzement wurde schließlich ein großtechnisch aus diesem Klinkermehl hergestellter Zement CEM I 42,5 R (Kurzbezeichnung Z321) untersucht.

3.2.1.2 Zumahl- und Zusatzstoffe

Zur gezielten Herstellung von Kompositzementen CEM II wurden ausgewählte Zemente aus Tabelle 3-3 mit Hüttensand bzw. Kalksteinmehl gemischt. Beide Zumahlstoffe lagen in der Mahlfeinheit vor, wie sie auch in Kompositzementen (beispielsweise nach einer gemeinsamen Vermahlung mit dem Klinker) vorliegt. Das Kalksteinmehl weist trotz hoher Mahlfeinheit von 6700 cm²/g eine sehr hohe Packungsdichte von ca. 65 Vol.-% auf. Der mittlere Partikeldurchmesser beträgt dabei 6,4 µm (siehe Tabelle 3-4). Eine deutlich geringere Mahlfeinheit wurde beim Hüttensand festgestellt. Dies steht im Einklang mit dem relativ großen mittleren Partikeldurchmesser d_{50} von 16,3 μm. Im Vergleich zu Zementen mit identischer Mahlfeinheit weist Hüttensand eine ähnliche Packungsdichte auf.

Die als Zusatzstoff eingesetzte Flugasche ist durch eine hohe Packungsdichte gekennzeichnet (siehe Tabelle 3-4). Dies ist auf die Form der Flugaschepartikel und die Breite der Korngrößenverteilung zurückzuführen (RRSB-Steigungsmaß $n = 0{,}718$). Der mittlere Partikeldurchmesser beträgt ca. 19 μm.

Tab. 3-4 Physikalische Kennwerte und chemische Zusammensetzung der untersuchten Zumahl- und Zusatzstoffe

Produkt		Dimension	Kalkstein-mehl	Hüttensand	Flugasche	Mikrosilika
physikalische Kennwerte	Dichte ρ_p	[g/cm³]	2,737	2,900	2,325	2,283
	Packungsdichte ϕ_p	[Vol.-%]	64,6	57,2	68,0	49,9
	Mahlfeinheit O_{Blaine}	[cm²/g]	6700	3388	-	-
	Partikeldurchmesser d_{50}	[μm]	6,39	16,29	19,01	10,04 [1]
	RRSB-Äquivalent-$\varnothing$ d'	[-]	9,244	20,594	27,257	15,745
	RRSB-Steigungsmaß n	[m]	0,886	1,092	0,718	0,834

1) Prüfung mit verschiedenen Methoden mehrfach wiederholt. Mittelwert aus sechs Prüfungen.

Die geringste Packungsdichte weist schließlich der verwendete Silikastaub mit ca. 50 Vol.-% auf. Die Ursache hierfür ist unklar. Erstaunlich ist jedoch die Größe des mittleren Partikeldurchmessers. Als Ursache hierfür wird eine Agglomerierung der Partikel während der lasergranulometrischen Untersuchung vermutet.

3.2.1.3 Zusatzmittel

Im Rahmen einer zusätzlichen Versuchsserie wurde der Einfluss verflüssigender Zusatzmittel untersucht. Dazu wurden ein Fließmittel mit ausschließlich elektrostatischer Wirkungsweise (Fließmittel 1) und ein weiteres Produkt mit elektrostatisch-sterischer Wirkungsweise (Fließmittel 2) eingesetzt. Die Dosierung der flüssigen Produkte erfolgte unter Berücksichtigung des Wirkstoffgehalts bezogen auf den gravimetrischen Zementgehalt der Suspension.

Tab. 3-5 Wirkstoffart und physikalische Kennwerte der Fließmittel

Produkt	Dimension	Fließmittel 1	Fließmittel 2
Dichte	[g/cm³]	1,19	1,07
Feststoffgehalt	[M.-%]	38,7	30,8
Wirkstoffbasis	-	Naphthalin-Sulphonat	Polycarboxylatether (PCE)

3.2.1.4 Wasser

Für die Herstellung aller Mischungen wurde entionisiertes Wasser mit einer Leitfähigkeit < 10 µS/cm verwendet. Um die durch den Mischvorgang stattfindende Erwärmung des Zementleims zu kompensieren, wurde das Anmachwasser auf eine konstante Temperatur von 9 °C gekühlt und somit eine Leimtemperatur nach Mischende von 20 °C sichergestellt.

3.2.2 Untersuchte Zusammensetzungen

Im Rahmen des Versuchsprogramms wurden 75 verschiedene Zementleimzusammensetzungen untersucht. Hinzu kommen weitere 16 Mischungen für Wiederholungsversuche und 110 Mischungen, die im Rahmen von Vorversuchen geprüft wurden. Der Mischungsentwurf für alle Mischungen erfolgte dabei auf volumetrischer Basis. Als Kernparameter dienten der volumetrische Phasengehalt ϕ – das Verhältnis von Feststoffvolumen zum Gesamtvolumen der Suspension – und der volumetrische Anteil einzelner (fester) Ausgangsstoffe am gesamten Feststoffvolumen. Weiterhin vorgegeben wurde in Abhängigkeit vom Versuchsziel die Art der verwendeten Ausgangsstoffe. Das Mischungsvolumen betrug in allen Versuchen 2,4 dm³.

Die Zusammenstellung der Rezepturen erfolgte entsprechend dem in Tabelle 3-1 dargestellten Untersuchungsprogramm. Auf die einzelnen Mischungen sowie auf die daran ermittelten Kennwerte wird in Kapitel 4 ausführlich eingegangen.

3.3 Versuchs- und Messtechnik

3.3.1 Allgemeines

Eine zentrale Anforderung an die eingesetzte Versuchs- und Messtechnik war, dass damit gleichzeitig das Verformungsverhalten der Suspension und das Agglomerierungsverhalten sowie die elektrochemischen Eigenschaften der Partikel erfasst werden sollten. Dabei musste davon ausgegangen werden, dass insbesondere die beiden zuerst genannten Kenngrößen – d.h. das Verformungs- und Agglomerierungsverhalten – in einer ausgeprägten Wechselwirkung stehen. Hierzu wurde im Rahmen der vorliegenden Arbeit ein Messsystem entwickelt, das eine derartige Messung durch Kombination rheologischer und elektroakustischer Messmethoden zeitgleich an derselben Probe ermöglicht. Zusätzlich wurden ionenchromatographische Untersuchungen an abfiltriertem Anmachwasser zur Erfassung von chemischen Veränderungen in der Probe durchgeführt. Ergänzt wurden diese Messungen durch die Bestimmung des pH-Werts, der Leitfähigkeit und der Temperatur sowohl des Zementleims als auch des Filtrats.

3.3.2 Probenherstellung und Grundcharakterisierung

Alle untersuchten Zementleime wurden entsprechend dem in Tabelle 3-6 angegebenen Ablauf mit einem Mörtelmischer entsprechend der NORM DIN EN 196-1 hergestellt. Das angesetzte Volumen betrug 2,4 dm³ (4 Rheometerversuche und 4 Filtrationen à jew. 0,3 dm³). Die Ausgangsstoffe der Mischungen wurden zuvor in einem Klimaraum bei einer Temperatur von 20 °C unter Luftabschluss gelagert. Alle im Versuch benötigten Geräte wurden auf 20 °C temperiert.

Im Anschluss an die Probenherstellung wurden die Dichte der Leime nach der NORM DIN EN 1015-6 und das Mörtel-Ausbreitmaß (HAEGERMANN-Verfahren) nach der NORM DIN EN 1015-3 bestimmt sowie die Temperatur des Leims ermittelt. Mithilfe der Dichte wurde anschließend die Einwaage für 301 cm³ Zementleim (siehe Abschnitt 3.3.3.2) zur Durchführung der rheologischen Untersuchungen errechnet und in die Probebehälter eingewogen. Die rheologischen Messungen wurden 13 min nach Zugabe des Anmachwassers zu den trockenen Ausgangsstoffen begonnen.

Tab. 3-6   Mischablauf für die untersuchten Zementleime

Vorgang und zugegebener Stoff	Mischintensität	Dauer
Homogenisierung der trockenen Ausgangsstoffe	Stufe 1	60 s
Zugabe von Wasser und Mischen (Start der Zeitmessung)	Stufe 1	60 s
Ruhephase (manuelle Rückführung von Anbackungen in das Mischgut)	-	90 s
Zugabe von Fließmittel (falls vorgesehen) und Mischen	Stufe 2	60 s
Ruhephase (manuelle Rückführung von Anbackungen in das Mischgut)	-	30 s
Mischen	Stufe 2	120 s

3.3.3 Rheologische Untersuchungsmethoden

3.3.3.1 Grundlagen

Bei der Messung der rheologischen Eigenschaften frischer Zementsuspensionen muss der physikalischen und chemischen Heterogenität dieser Stoffe Rechnung getragen werden. Insbesondere müssen große Gradienten in der Schergeschwindigkeit $\dot{\gamma}$ über die Probenhöhe zwingend vermieden werden, um die Gefahr einer Gleitschichtbildung zu minimieren. Herkömmliche Messgeometrien, wie das Kegel-Platte- oder Platte-Platte-Messsystem (siehe Abschnitt 2.6.3), sind daher für Zementsuspensionen nicht geeignet. Gleiches gilt für herkömmliche Zylindergeometrien sowohl mit zylindrischen als auch flügelförmigen Rotoren.

Vor diesem Hintergrund wurde im Rahmen der vorliegenden Arbeit ein speziell auf Zementsuspensionen und Mörtel angepasstes Messsystem entwickelt. Dieses besteht aus einem Probenbehälter, in den frischer Zementleim eingefüllt wird, einem paddelförmigen Rotor und einem Hochleistungsrheometer, in das die Einheit aus Probenbehälter und Rotor eingebaut wird (siehe auch Abschnitt 3.3.3.2).

Im Rahmen der vorliegenden Arbeit wurden sowohl oszillatorische als auch rotatorische Messungen durchgeführt. Bei den oszillatorischen Versuchen wurden das auf den Rotor einwirkende Drehmoment M_d entsprechend einer Sinusschwingung variiert und die resultierende Winkelamplitude φ_A und Phasenverschiebung δ gemessen (siehe Abschnitt 3.3.3.3). Im Gegensatz dazu wurde bei rotatorischen Messungen die Probe einem statischen, abschnittsweise konstanten Drehmoment M_d ausgesetzt und die resultierende Verformung φ bzw. Verformungsgeschwindigkeit Ω gemessen (siehe Abschnitt 3.3.3.4). Darüber hinaus wurden reine Kriechversuche durchgeführt, bei denen die Probe mit einer konstanten Belastung im viskoelastischen Bereich beaufschlagt und die resultierende Winkeländerung des Rotors φ ermittelt wurde. Auf die Umrechnung dieser gerätespezifischen Kenngrößen in geometrieunabhängige Kennwerte wie Spannungen τ, Dehnungen γ oder die dynamische Viskosität η wird in Abschnitt 3.3.3.6 eingegangen.

3.3.3.2 Versuchsaufbau und Messgeometrie

Für die Messung der Verformungseigenschaften der Leime wurden zwei Rheometer gleichzeitig eingesetzt. Abbildung 3-1 zeigt die verwendeten Geräte *Haake Rheostress 600* und *Haake MARS* [165, 166]. Das verwendete Messsystem – d.h. die Kombination aus Probenbehälter und Rotor – war bei beiden Geräten identisch und bestand aus einem zylindrischen Edelstahlbehälter mit einem Innendurchmesser von 74 mm und einem paddelförmigen Rotor (siehe Abbildungen 3-1 und 3-2). Die Wandung des Behälters ist im Abstand von jeweils 15° mit insgesamt 24 Schlitzen mit einer Spaltweite von 2 mm und einer Höhe von 108 mm versehen. In diese können nach Bedarf Edelstahllamellen eingesteckt werden, die je nach Blechart zwischen null und zwei Millimeter in den Probenbehälter hinein ragen. Im vorliegenden Fall wurde die Profiltiefe zu 1,5 mm gewählt, da bei diesem Wert die Ausbildung einer Gleitschicht für alle untersuchten Leime sicher ausgeschlossen werden konnte. Die Lagesicherung der einzelnen Lamellen erfolgt durch einen äußeren Edelstahlbehälter, an dessen Unterseite gleichzeitig die elektroakustische ESA-Messeinheit (siehe Abschnitt 3.3.4) über ein Gewinde angeschraubt werden kann (siehe Abbildung 3-3; nur *Haake MARS*). Im Gerät *Haake Rheostress 600* wurde der Behälterboden durch eine abschraubbare, glatte Edelstahlplatte ausgeführt.

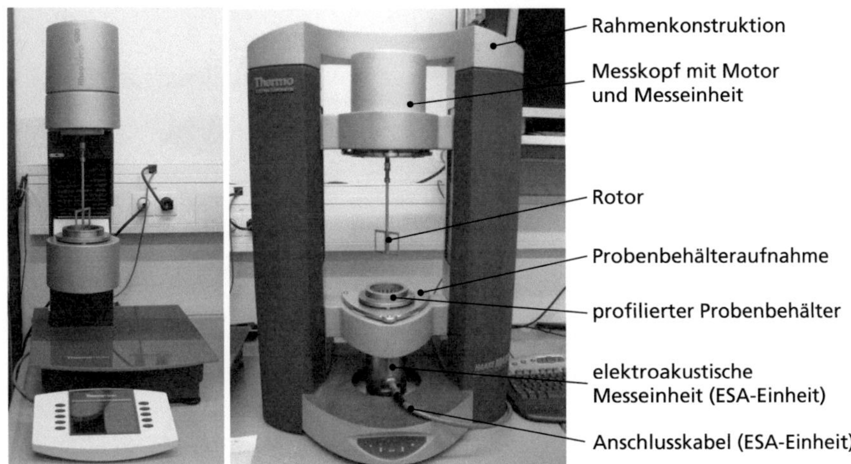

Abb. 3-1 *Haake Rheostress* 600 (links) und *Haake MARS* Rheometer (rechts) jeweils mit Probenbehälter und Rotor

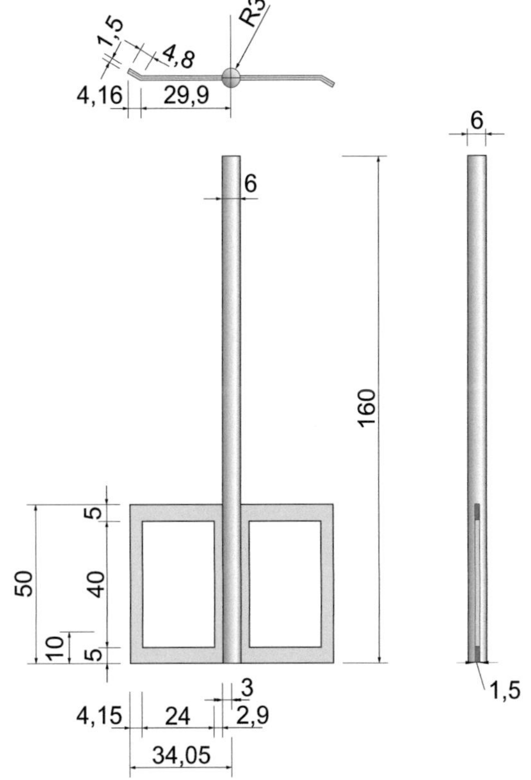

Abb. 3-2 Abmessungen des verwendeten Rotors (identisch für beide Rheometer)

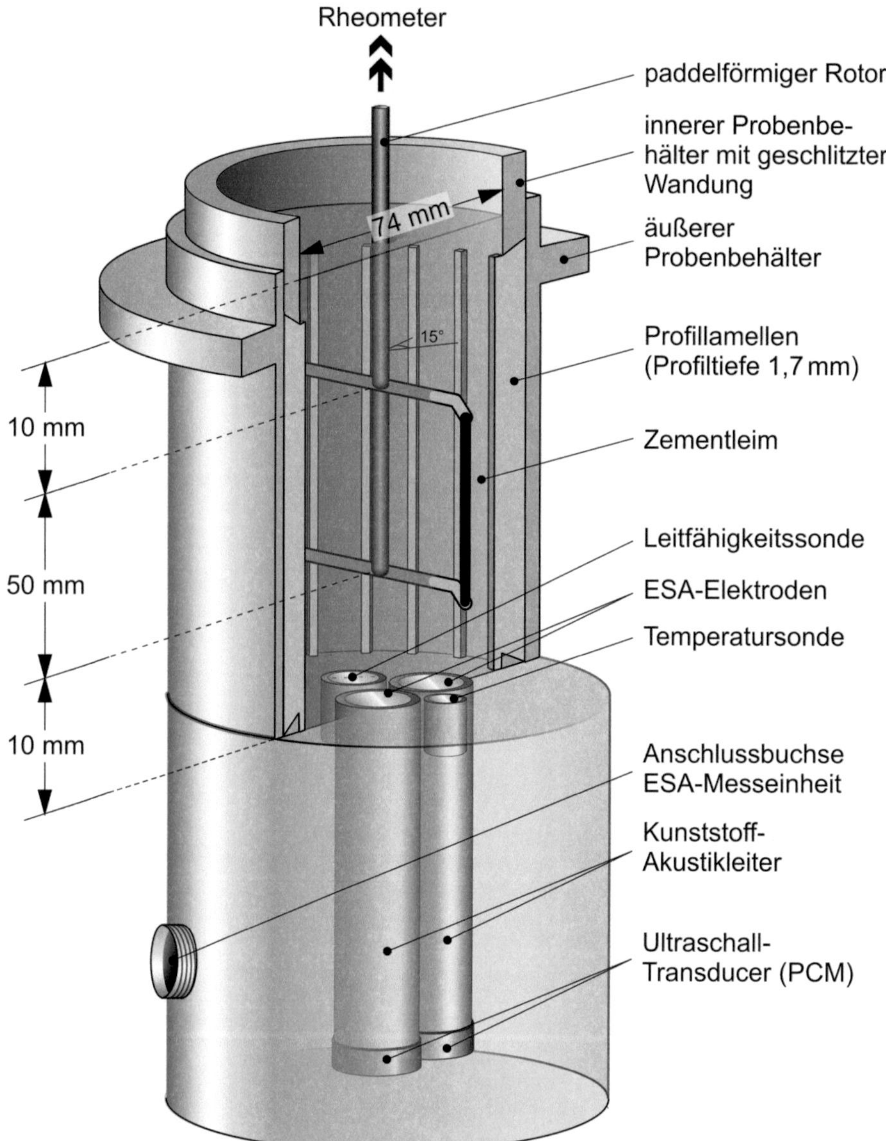

Abb. 3-3 Schematische Darstellung des Messsystems einschließlich ESA-Messeinheit (im Rheometer *Haake MARS*; Aufbau im Rheometer *Haake Rheostress 600* identisch, jedoch ohne ESA-Messeinheit)

Nach der Befüllung des Probenbehälters mit 301 cm³ Mehlkornleim, entsprechend einer Füllhöhe von 70 mm, und Einbau des Probenbehälters in den Rheometer, wird der Rotor in die Probe eingetaucht. Dieser besteht aus einer Welle, an die im unteren Bereich rahmenartige Paddel angebracht sind, und ist aus säurebeständigem Edelstahl gefertigt. Zusätzlich sind die Paddel an der Außenkante um 30° in Drehrichtung angewinkelt, um einer Gleitschichtbildung im Randbereich entgegenzuwirken. Die Welle des Rotors wird über eine Kupplung torsionssteif mit dem Rheometer verbunden. Die Abmessungen des Rotors sind Abbildung 3-2 zu entnehmen.

Während des Eintauchens des Rotors in den frischen Zementleim muss sichergestellt sein, dass dieser frei beweglich ist und somit keine Zwangspannungen zwischen Rotor und Probe auftreten (siehe Abschnitt 3.3.3.7). Der Abstand zwischen der Unterkante des Rotors und dem Boden des Probenbehälters bzw. der Oberkante der elektroakustischen Messeinheit betrug bei allen Messungen $10 \pm 0{,}005$ mm. Aufgrund des vorgegebenen Füllvolumens war weiterhin eine Überdeckung des Rotors mit Mehlkornleim von 10 mm über die gesamte Versuchsdauer sichergestellt. Der Probenbehälter wurde schließlich mit einer Plexiglasabdeckung verschlossen, um eine übermäßige Verdunstung auszuschließen.

3.3.3.3 Oszillatorische Messungen

Bei der Bestimmung des elastischen Dehnungsverhaltens einer Zementsuspension ist es zwingend notwendig, dass deren Fließgrenze nicht überschritten wird. Hierzu haben sich oszillatorische Messmethoden als besonders geeignet erwiesen, bei denen scherinduzierte Entmischungen nahezu ausgeschlossen sind.

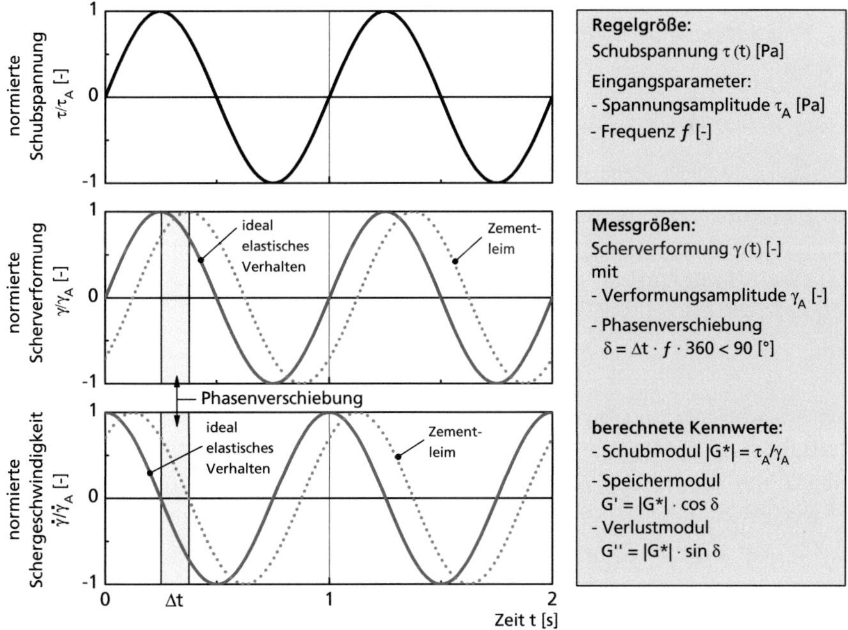

Abb. 3-4   Exemplarische Darstellung einer oszillatorischen Scherung für einen ideal-elastischen Werkstoff und für Zementleim

Wie in Abbildung 3-4 (oben) dargestellt, werden dabei Proben unter Vorgabe einer Frequenz f und einer Spannungsamplitude τ_A einer oszillatorischen Scherung ausgesetzt. Alternativ kann der Versuch auch verformungsgesteuert erfolgen, wobei anstelle der Spannungsamplitude τ_A eine Winkelamplitude γ_A vorgegeben wird (siehe auch Abschnitt 3.3.3.6). Als Ergebnis stellt sich das in Abbildung 3-4 (Mitte, unten) dargestellte Antwortspektrum mit einer bestimmten Winkelamplitude γ_A bzw. Schergeschwindigkeitsamplitude $\dot\gamma_A$ ein.

Im Falle eines ideal-elastischen Stoffes sind dabei die Winkel- und Spannungsschwingung in Phase und der Zeitverlauf der Winkelgeschwindigkeit (auch als Schergeschwindigkeit bezeichnet) ist um 90° bzw. $\pi/2$ versetzt. Umgekehrt verhält sich dies bei einem ideal-viskosen Werkstoff. Hier sind die zeitlichen Verläufe der Spannungs- und Winkelschwingung um 90° versetzt, während sich die Schergeschwindigkeit in Phase mit der Spannungsschwingung befindet. Die Winkelverschiebung zwischen der Vorgabe- und der Ergebniskurve wird als **Phasenverschiebung** δ bezeichnet und kann aus der zeitlichen Verschiebung Δt zwischen Regel- und Messgröße berechnet werden zu

$$\delta = \Delta t \cdot 360 \cdot f . \qquad (3\text{-}1)$$

Für viskoelastische Stoffe wie z. B. Mehlkornsuspensionen nimmt δ Werte zwischen 0° und 90° an (siehe Abbildung 3-4).

Diese Eigenschaft wird bei der Modellierung des Dehnungsverhaltens durch eine Erweiterung des HOOKE'schen Gesetzes um einen komplexen Elastizitätsmodul (im Folgenden als **Schubmodul G*** bezeichnet; siehe Gleichung 3-2) berücksichtigt:

$$\tau(t) = G^* \cdot \gamma(t) \text{ bzw. } |G^*| = \frac{\tau_A}{\gamma_A} \qquad (3\text{-}2)$$

Zur besseren Anschaulichkeit lässt sich der komplexe Schubmodul G^* als Summe aus einem Realteil – im Folgenden als **Speichermodul** G' bezeichnet – und einem Imaginärteil – nachfolgend als **Verlustmodul** G'' bezeichnet – darstellen (siehe Gleichung 3-3).

$$G^* = G' + G'' \qquad (3\text{-}3)$$

Der Speichermodul G' bezeichnet dabei den in Phase befindlichen Anteil der Steifigkeit des Materials und kann mit der Phasenverschiebung δ, der Spannungsamplitude τ_A und der Dehnungsamplitude γ_A nach Gleichung 3-4 berechnet werden zu

$$G' = \frac{\tau_A}{\gamma_A} \cdot \cos\delta . \qquad (3\text{-}4)$$

Der Verlustmodul G'' berücksichtigt hingegen die phasenverschobenen Verformungsanteile – d. h. die viskosen Anteile der Verformung (siehe Gleichung 3-5).

$$G'' = \frac{\tau_A}{\gamma_A} \cdot \sin\delta \; . \tag{3-5}$$

Mithilfe der oben aufgeführten Schubmoduln G' und G'' und der Phasenverschiebung δ ist eine umfassende Beschreibung des Deformationsverhaltens von Mehlkornsuspensionen möglich. Gleichzeitig können durch Vorgabe z. B. einer konstanten Spannungsamplitude τ_A Koagulations- und Dispergierungsvorgänge und deren Auswirkung auf die elastischen und viskosen Eigenschaften des Stoffes untersucht werden.

Eine zentrale Rolle bei der Charakterisierung des viskoelastischen Verhaltens von Zementsuspensionen spielt der sogenannte **Amplitudensweepversuch**. Im vorliegenden Fall wurde dabei die Spannungsamplitude τ_A von einem Startwert $\tau_{A,Start} = 0{,}5\,\mathrm{Pa}$ in insgesamt 30 logarithmisch verteilten Schritten ($\log\tau_{A,i} = \log 0{,}5 + 0{,}1 \cdot i$ mit dem Schrittzähler i) auf einen Endwert von $\tau_{A,End} = 500\,\mathrm{Pa}$ gesteigert. Die Frequenz f der Schwingung blieb über den gesamten Versuch konstant und wurde zu $f = 1{,}0\,\mathrm{Hz}$ gewählt.

Weiteren Aufschluss über die Materialstruktur liefert die Variation der Frequenz f der oszillatorischen Schwingung, der sogenannte **Frequenzsweepversuch**. Die Frequenz f geht umgerechnet als Kreisfrequenz $\omega = 2\pi \cdot f$ über die Verformungsamplitude γ direkt in die Verformungsgeschwindigkeit $\dot{\gamma}$ ein und beeinflusst somit maßgeblich das Ergebnis (siehe Abbildung 3-4). Im sogenannten Frequenzsweep wurde die Messfrequenz f_i von einem Startwert von 0,5 Hz auf 10 Hz in acht logarithmisch verteilten Stufen ($\log f_i = \log 0{,}5 + 0{,}16 \cdot i$ mit dem Schrittzähler i) gesteigert. Die Scherbelastung wurde hier konstant zu $\tau_A = 3{,}0\,\mathrm{Pa}$ gewählt.

3.3.3.4 Rotatorische Messungen

In Anlehnung an das oszillatorische Messverfahren wird bei rotatorischen Messungen der Rotor durch Vorgabe einer Spannung τ in Drehung versetzt und die Schergeschwindigkeit $\dot{\gamma}$ aufgezeichnet (alternativ kann auch die Schergeschwindigkeit vorgegeben werden). Die grafische Darstellung beider Kenngrößen wird als Fließkurve bezeichnet und dient in der vorliegenden Arbeit als Grundlage für die rheologische Modellierung mit dem modifizierten BINGHAM-Modell (siehe Gleichung 2-31, Abschnitt 2.6). Durch die Scherung der Probe wird gleichzeitig ein Strukturbruch in dieser hervorgerufen. Dessen Intensität ist von der Dauer und der Größe der aufgebrachten Scherung abhängig. Das Dispergierungsverhalten in einer Probe lässt sich somit ebenfalls messtechnisch erfassen.

3.3.3.5 Kriechversuche

Zusätzlich zu den oszillatorischen und rotatorischen Messungen wurden Kriechversuche bei jeweils konstanter, vorgegebener Scherspannung τ durchgeführt. Insgesamt wurden dabei sechs Spannungsstufen mit $\tau_i = 2{,}5\,\mathrm{Pa}$, $5{,}0\,\mathrm{Pa}$, $7{,}5\,\mathrm{Pa}$, 10 Pa, 20 Pa und 30 Pa untersucht. Die infolge der Scherbelastung resultierende

Auslenkung des Messpaddels γ wurde über die Versuchsdauer aufgezeichnet. Im Anschluss an jede Belastungsstufe wurde die Probe schlagartig entlastet (τ = 0 Pa) und so die elastische Rückverformung und das Rückkriechen der Probe ebenfalls erfasst. Um den Einfluss von Strukturveränderungen, die beispielsweise aus einer vorangegangenen Kriechbelastung resultieren können, auf das Messergebnis zu begrenzen, wurden zeitgleich zwei Rheometer eingesetzt und so die Anzahl der Laststufen (d.h. der kriecherzeugenden Spannungen) auf maximal vier pro Probe begrenzt. Die Belastungsdauer betrug jeweils 180 s, gefolgt von einer Messdauer nach Entlastung von 60 s. Umfangreiche Voruntersuchungen hatten gezeigt, dass eine Verlängerung dieser Untersuchungszeiträume nicht möglich ist, da sonst das Messergebnis zunehmend durch Alterungseffekte in der Probe beeinflusst wird.

3.3.3.6 Regel- und Messgrößen

Bei den in den vorangegangen Abschnitten beschriebenen Kennwerten, wie der Schubspannung τ, der Scherung γ und der Schergeschwindigkeit $\dot\gamma$ sowie dem Schubmodul G^* und der dynamischen Viskosität η, handelt es sich um berechnete Größen, die aus folgenden Messgrößen ermittelt werden können:

- Zeit t [s]

- Drehmoment M_d [Nm]

- Winkelauslenkung φ (bzw. φ_{Korr}) [rad] und Drehgeschwindigkeit Ω [1/min]

- im Oszillationsversuch zusätzlich: Frequenz f [Hz] bzw. Kreisfrequenz ω [rad/s]

Das Drehmoment M_d und die gemessene Winkelauslenkung φ_{meas} können mithilfe gerätespezifischer Kalibrierfaktoren A_{rheo} und M_{rheo} in geräteunabhängige Spannungen τ, Dehnungen γ bzw. Dehngeschwindigkeiten $\dot\gamma$ entsprechend Gleichungen 3-6 bis 3-8 umgerechnet werden.

$$\tau = M_d \cdot A_{rheo} \qquad (3\text{-}6)$$

$$\gamma = \varphi_{meas} \cdot M_{rheo} \qquad (3\text{-}7)$$

$$\dot\gamma = \Omega_{meas} \cdot M_{rheo} \cdot \frac{2\pi}{60} \qquad (3\text{-}8)$$

Für die im Rahmen der Untersuchungen eingesetzte Messgeometrie betrugen die Kalibrierfaktoren A_{rheo} = 4847 Pa/Nm und M_{rheo} = 7,288 $(s^{-1})/(rad^{-1})$ und wurden an einer strukturviskosen Referenzsubstanz (handelsübliches Ultraschallgel) ermittelt und durch Messungen an geeichten Silikonölen (AK 100, 1000, 5000) überprüft. Hierzu wurden zunächst die rheologischen Kennwerte des verwendeten Ultraschallgels mithilfe eines Absolutmesssystems (Kegel-Platte-System, siehe Tabelle 2-2) ermittelt und diese anschließend mit den Ergebnissen der hier vorliegenden Messgeometrie verglichen.

Bei allen Untersuchungen muss beachtet werden, dass bereits die reinen Messgrößen mit einem Fehler behaftet sind und ggf. (soweit möglich) korrigiert werden müssen. Dies gilt insbesondere für oszillatorische Messungen mit kleinen Drehmomenten M_d. Aufgrund der für strukturviskose Materialien vergleichsweise sehr hohen Steifigkeit G sind die im Oszillationsversuch gemessenen Winkelauslenkungen φ z. T. sehr klein und betragen i. d. R. zwischen 10^{-6} und 10^{-3} rad. Die im Rahmen des Untersuchungsprogramms eingesetzten Rheometer mussten daher über eine hohe Messgenauigkeit (hier $1{,}2 \cdot 10^{-8}$ rad) und eine hohe Winkelauflösung (hier 10^{-9} rad) besitzen. Das maximal aufbringbare Drehmoment M_d betrug bei beiden Geräten 0,20 Nm bei einer Auflösung von 10^{-9} Nm.

Weiterhin wurde in Voruntersuchungen die Torsionssteifigkeit der verwendeten Rotoren experimentell zu 0,017 rad/Nm bestimmt und die Winkelauslenkung φ um die Torsion der Wellen der Rotoren bzw. um die Biegung der rahmenartigen Paddel entsprechend Gleichung 3-9 korrigiert.

$$\varphi_\mathrm{korr} = \varphi_\mathrm{meas} - M_d \cdot 0{,}017 \tag{3-9}$$

Für alle Untersuchungen wurden darüber hinaus die Massenträgheiten des Motors I_Rheo und des Rotors I_Rotor des jeweiligen Rheometers berücksichtigt. Die Trägheit allein der Rotoren betrug $8{,}17 \cdot 10^{-6}$ kg m^2 und war für beide identisch. Weiterhin wurde die Motorträgheit des Rheometers *Rheostress 600* zu $9{,}609 \cdot 10^{-6}$ kg m^2 und die des Rheometers *Haake MARS* zu $9{,}617 \cdot 10^{-6}$ kg m^2 bestimmt. Hierzu wurde die Drehzahl des Rheometers zunächst ohne und dann mit eingebautem Rotor schrittweise gesteigert und das resultierende Drehmoment aufgezeichnet. Die Auswertung dieses Versuchs ist in der Gerätesoftware implementiert.

Während das vorgegebene Drehmoment M_d und die gemessene Winkelauslenkung φ_korr und somit auch der komplexe Schubmodul G^* unabhängig von der Trägheit des Rheometermotors und des Rotors sind, muss die Phasenverschiebung δ um Trägheitseffekte entsprechend Gleichung 3-10 korrigiert werden [165, 166].

$$\tan\delta_\mathrm{Korr} = \frac{\dfrac{M_d}{\varphi_\mathrm{korr}} \cdot \sin\delta_\mathrm{meas} - D \cdot \omega}{\dfrac{M_d}{\varphi_\mathrm{korr}} \cdot \cos\delta_\mathrm{meas} + I \cdot \omega^2 + K} \tag{3-10}$$

Hierin bezeichnen M_d das angelegte Drehmoment, φ_korr die gemessene Winkelauslenkung des Messsensors nach Gleichung 3-9, δ_meas die gemessene Phasenverschiebung, $I = I_\mathrm{Rheo} + I_\mathrm{Rotor}$ das Trägheitsmoment des gesamten Messsystems, ω die Winkelfrequenz, K die Federkonstante und η_rheo die Dämpfungskonstante des Messsystems. Dabei wurden die beiden zuletzt genannten Kenngrößen konstant zu $K = 59$ Nm/rad und $D = 30$ % angesetzt (Hersteller-angaben). Darüber hinaus wird das Messergebnis automatisch durch das Rheometer bezüglich elektromagnetischer Fehlereinflüsse korrigiert.

3.3.3.7 Messprofil

Als **Messprofil** wird die Abfolge von einzelnen rheologischen Untersuchungen bezeichnet, die nacheinander an derselben Probe durchgeführt werden. Dabei muss sichergestellt sein, dass sich die einzelnen Untersuchungen – auch als **Messsegmente** bezeichnet – so wenig wie möglich untereinander beeinflussen. Beispielsweise kann die innere Struktur eines Zementleims im Ruhezustand nur dann untersucht werden, wenn sichergestellt ist, dass die Materialstruktur des Leims nicht durch die vorangegangenen Messungen gestört wurde.

Tabelle 3-7 gibt eine Übersicht über die eingesetzten Messprofile.

Leime ohne Fließmittelzugabe

Zielsetzung der Versuche war es, mithilfe der durchgeführten rheologischen Untersuchungen eine umfassende Beschreibung des viskoelastischen Material-verhaltens von Zementleimen bei unterkritischen Scherbelastungen zu ermögli-chen. Darüber hinaus sollte auch das zeitabhängige Verformungsverhalten der Suspensionen bei einer derartigen Belastung untersucht werden. Da sowohl das Kriechverhalten als auch die viskoelastischen Kennwerte eine Funktion des Strukturierungsgrades der Probe sind, mussten diese Parameter durch unter-schiedliche Vorscherungen des Zementleims ebenfalls im Messprofil berücksich-tigt werden. Um eine Ankoppelung an bestehende Materialmodelle, wie das BINGHAM-Modell und dessen modifizierte Form (siehe Gleichung 2-31) sicher-zustellen, wurde das Messprofil schließlich um einen spannungsgesteuerten Fließversuch erweitert.

Tabelle 3-7 zeigt die beiden Messprofile für die Rheometer *Haake MARS* und *Haake Rheostress 600*. Nach dem Einbau der Probe bzw. des Probenbehälters in die Aufnahmevorrichtung des Rheometers wurde der Rotor zunächst in eine opti-male Winkelposition gedreht, um zuvor ermittelte Störungen aus einer Lagerrei-bung oder aus elektromagnetischen Einflüssen zu minimieren (siehe auch Abschnitt 3.3.3.6). Anschließend wurde die Probe in die Messposition gefahren und der Rotor somit in den Zementleim eingetaucht (Segment 0).

Aufgrund des sehr geringen elastischen Verformungsvermögens von Zementleim muss vor Beginn der eigentlichen Messungen sichergestellt sein, dass keine Zwangspannungen zwischen der Probe und dem Rotor auftreten. Daher wurde in Segment 1 die Scherspannung kontrolliert auf 0 Pa für eine Dauer von 30 s ein-gestellt. Der darauf folgende Amplitudensweepversuch diente der Charakterisie-rung der viskoelastischen Eigenschaften der ungestörten Probe (Segment 2; siehe auch Abschnitt 3.3.3.3). Zusammen mit dem anschließenden Frequenzsweep (Segment 3) bildeten diese Messungen die Grundlage für eine Beschreibung der

Tab. 3-7 Messprofile für die Rheometer *Haake MARS* und *Haake Rheostress 600*

Seg.	*Haake MARS*			*Haake Rheostress 600*		
	Typ	Dauer [s]	weitere Einstellungen	Typ	Dauer [s]	weitere Einstellungen
0	Lift	10	Rotor in optimale Position drehen, Probe in Messposition verfahren; Winkel und Messzeit zurücksetzen			
1	Osz-Zeit	30	$\tau = 0{,}487$ Pa, $f = 1{,}0$ Hz			
2	Osz-AS	90	$\tau = 0{,}487 \div 485$ Pa, 30 Punkte logarithmisch verteilt., $f = 1{,}0$ Hz			
3	Osz-FS	30	$\tau = 3$ Pa, $f = 0{,}5 \div 10$ Hz, 30 Punkte logarithmisch verteilt			
4	Rot-RL	30	Rückkriechen: Dauer t = 30 s, $\tau = 0$ Pa	Rot-RL	30	Rückkriechen: Dauer t = 30 s, $\tau = 0$ Pa
5	Rot-CR	180	Kriechversuch: Dauer t = 180 s, $\tau = 2{,}5$ Pa	Rot-CR	180	Kriechversuch: Dauer t = 180 s, $\tau = 7{,}5$ Pa
6	Rot-RL	60	Rückkriechen: Dauer t = 60 s, $\tau = 0$ Pa	Rot-RL	60	Rückkriechen: Dauer t = 60 s, $\tau = 0$ Pa
7	Rot-CR	180	Kriechversuch: Dauer t = 180 s, $\tau = 5$ Pa	Rot-CR	180	Kriechversuch: Dauer t = 180 s, $\tau = 20$ Pa
8	Rot-RL	60	Rückkriechen: Dauer t = 60 s, $\tau = 0$ Pa	Rot-RL	60	Rückkriechen: Dauer t = 60 s, $\tau = 0$ Pa
9	Rot-CR	180	Kriechversuch: Dauer t = 180 s, $\tau = 10$ Pa	Rot-CR	180	Kriechversuch: Dauer t = 180 s, $\tau = 40$ Pa
10	Rot-RL	60	Rückkriechen: Dauer t = 60 s, $\tau = 0$ Pa	Rot-RL	60	Rückkriechen: Dauer t = 60 s, $\tau = 0$ Pa
11	Rot-CR	180	Kriechversuch: Dauer t = 180 s, $\tau = 30$ Pa	Rot-Zeit	30	Rotation Zeitkurve: Dauer t = 30 s, $\dot{\gamma} = 38{,}16$ s^{-1}
12	Rot-RL	60	Rückkriechen: Dauer t = 60 s, $\tau = 0$ Pa	Osz-AS	90	$\tau = 0{,}487 \div 485$ Pa, $f = 1{,}0$ Hz
13	Rot-Ramp	180	$\tau = 0{,}487 \div 873$ Pa, linear	Rot-RL	120	Rückkriechen: Dauer t = 120 s, $\tau = 0$ Pa
14	Rot-Zeit	120	$\tau = 873$ Pa	Osz-AS	90	$\tau = 0{,}487 \div 485$ Pa, $f = 1{,}0$ Hz
15	Rot-Ramp	120	$\tau = 873 \div 0{,}4847$ Pa, linear	Rot-Zeit	60	$\dot{\gamma} = 38{,}16$ s^{-1}
16	Osz-As	90	$\tau = 0{,}487 \div 485$ Pa, log., $f = 1$ Hz	Osz-AS	90	$\tau = 0{,}487 \div 485$ Pa, $f = 1{,}0$ Hz
17				Rot-RL	120	$\tau = 0$ Pa
18				Osz-AS	90	$\tau = 0{,}487 \div 485$ Pa, $f = 1{,}0$ Hz

Abhängigkeit der rheologischen Kenngrößen vom Grad der Belastung und von der Belastungsgeschwindigkeit (siehe auch Abschnitt 3.3.3.3). Durch entsprechende Abbruchkriterien bei beiden Segmenten (maximal zulässige Winkelauslenkung $\varphi < 0,1$ rad) wurde sichergestellt, dass die Leimprobe durch die Untersuchung keine Störung der inneren Struktur erfuhr.

Die anschließend folgenden Kriechversuche bestanden aus jeweils zwei Segmenten: Nach der Belastung der Probe mit einer konstanten Scherspannung über eine Zeitdauer von 180 s folgte ein Messsegment, bei dem die Scherspannung kontrolliert auf 0 Pa geregelt wurde. Hierdurch konnten die elastische Rückverformung und das Rückkriechen erfasst werden. Die Kombination beider Versuche wurde mit steigender Belastung an derselben Probe mehrfach wiederholt (siehe Segmente 5 bis 12 für *Haake MARS* und 5 bis 10 für *Haake Rheostress 600*). Als Belastungsgrade wurden τ = 2,5 Pa, 5,0 Pa, 7,5 Pa, 10 Pa, 20 Pa und 30 Pa gewählt. Die aus dieser schrittweisen Steigerung des Belastungsgrads resultierende Veränderung der Probe wurde durch den gleichzeitigen Einsatz von zwei Rheometern minimiert. Hierdurch konnte die Anzahl der Belastungsgrade pro Probe auf maximal vier reduziert werden (*Haake MARS* 2,5; 5; 10; 30 Pa; *Rheostress 600* 7,5; 20; 40 Pa).

Um den Einfluss des Strukturierungsgrads zu erfassen, wurden die im Rheometer *Haake Rheostress 600* untersuchten Leime definierten Vorscherungen unterzogen. Dazu wurden die Proben zunächst einer konstanten Scherung bei einer definierten Schergeschwindigkeit von $\dot{\gamma} = 38,2$ s^{-1} für eine Zeitdauer von 30 s, 60 s und 120 s ausgesetzt und jeweils anschließend ein Amplitudensweep mit den bereits bekannten Einstellungen durchgeführt (*Haake Rheostress 600*, Segmente 11 bis 18).

Die Erfassung einer klassischen Hysteresekurve erfolgte zeitgleich mit dem Gerät *Haake MARS*. Dazu wurde die Scherspannung über eine Zeitdauer von 180 s von einer Vorlast von 0,5 Pa bis auf 873 Pa (entsprechend dem maximalen Drehmoment des Rheometers) gesteigert, diese Spannung anschließend für 120 s konstant gehalten und wiederum über eine Dauer von 120 s auf null reduziert. Der abwärtsgerichtete Ast der Fließkurve wurde zur Auswertung mithilfe des modifizierten BINGHAM-Modells (siehe Gleichung 2-32 und Abschnitt 3.3.3.8) genutzt.

Nach Abschluss aller Messungen wurden die Proben ausgebaut und die Messgeräte gereinigt.

Leime mit Fließmittelzugabe

Im Rahmen von Untersuchungsabschnitt IV (siehe Tabelle 3-1) wurde der Einfluss verschiedener Fließmittel auf das rheologische bzw. elektrochemische Verhalten ausgewählter Zementleime untersucht. Die dispergierende Wirkung der Zusatzmittel kann durch das hier eingesetzte Messsystem – d.h. die kombinierte

Messung sowohl der rheologischen Eigenschaften, des Zeta-Potentials ζ und der mittleren in-situ Partikelgröße $d_{50,is}$ im Gerät *Haake MARS* – in Abhängigkeit von der anliegenden Scherung erstmals direkt gemessen werden.

Tab. 3-8 Messprofil für das Rheometer *Haake MARS* für Messungen mit Fließmittelzugabe

Seg.	Typ	Dauer [s]	weitere Einstellungen
0	Lift	10	Rotor in optimale Position drehen, Probe in Messposition verfahren; Winkel und Messzeit zurücksetzen
1	Osz-Zeit	30	$\tau = 0{,}487\ \mathrm{Pa}$, $f = 1{,}0\ \mathrm{Hz}$
2	Osz-AS	90	$\tau = 0{,}487 \div 485\ \mathrm{Pa}$, log, $f = 1{,}0\ \mathrm{Hz}$
3	Osz-FS	30	$\tau = 3\ \mathrm{Pa}$, $f = 0{,}5 \div 10\ \mathrm{Hz}$, log
4	Rot-Ramp	30	$\dot{\gamma} = 0 \div 300\ \mathrm{s}^{-1}$
5	Rot-Zeit	60	$\dot{\gamma} = 300\ \mathrm{s}^{-1}$
6	Zugabe 1	-	Zugabe von 2/7 der Fließmittelmenge
6	Rot-Ramp	30	$\dot{\gamma} = 0 \div 300\ \mathrm{s}^{-1}$
7	Rot-Zeit	420	$\dot{\gamma} = 300\ \mathrm{s}^{-1}$
8	Rot-RL	30	$\tau = 0\ \mathrm{Pa}$
9	Osz-As	90	$\tau = 0{,}487 \div 485\ \mathrm{Pa}$, $f = 1\ \mathrm{Hz}$
10	Zugabe 2	-	Zugabe von 1/7 der Fließmittelmenge
10	Rot-Zeit	420	$\dot{\gamma} = 300\ \mathrm{s}^{-1}$
11	Rot-RL	30	$\tau = 0\ \mathrm{Pa}$
12	Osz-As	90	$\tau = 0{,}487 \div 485\ \mathrm{Pa}$, $f = 1\ \mathrm{Hz}$
...	3 Wiederholungen der Segmente 10-12		
22	Zugabe 6	-	Zugabe von 1/7 der Fließmittelmenge
22	Rot-Zeit	5000	$\dot{\gamma} = 300\ \mathrm{s}^{-1}$
23	Osz-As	90	$\tau = 0{,}487 \div 485\ \mathrm{Pa}$, $f = 1\ \mathrm{Hz}$

In Anlehnung an das bereits oben für Leime ohne Zusatzmittel beschriebene Verfahren wurden ausgewählte Zementleime mit dem Zement Z121 und einem Phasengehalt ϕ von 0,44 bzw. 0,46 hergestellt, analog zu den Ausführungen in Abschnitt 3.3.3.2 in das Rheometer *Haake MARS* eingebaut und zunächst auf seine viskoelastischen Eigenschaften (Amplitudensweep-, Frequenzsweepversuch, siehe Abschnitt 3.3.3.3) sowie auf sein Verformungsverhalten bei hohen Schergeschwindigkeiten (siehe Tabelle 3-8, Seg. 4+5) untersucht. Anschließend wurde entsprechend Tabelle 3-8 eine Menge von 0,11 M.-% vom Zement des Fließmittelwirkstoffs über eine Kanüle in die Probe injiziert und der Rotor in einer rotatorischen Rampe innerhalb von 30 s auf eine Schergeschwindigkeit $\dot{\gamma}$ von 300 s^{-1} beschleunigt (Seg. 6). Diese Scherrate wurde für eine Dauer von 420 s aufrecht erhalten (Seg. 7). Die resultierende Ausgleichsviskosität

$\eta = \tau/\dot{\gamma} = \tau/300 \text{ s}^{-1}$ am Ende dieses Messsegments dient als ein Kennwert zur Beurteilung der Verflüssigungsleistung des Fließmittels. Zusätzlich wurde der so verflüssigte Leim nach einer kurzen Ruhephase von 30 s (Seg. 8) einem erneuten Amplitudensweep unterzogen (Seg. 9), bevor weitere 0,058 M.-% des Fließmittelwirkstoffs (dies entspricht 1/7 der gesamten Zugabemenge) zugesetzt wurden. Analog zur bereits ausgeführten Vorgehensweise wurde die Probe erneut bei $\dot{\gamma} = 300 \text{ s}^{-1}$ für eine Dauer von 420 s geschert und dann einem Amplitudensweep unterzogen. Dieses Prozedere, bestehend aus Fließmittelzugabe, konstanter Scherung, kurzer Ruhephase und anschließendem Amplitudensweep, wurde insgesamt dreimal wiederholt. Weiterhin wurden Mischungen aus reinem Klinker und unterschiedlichen Sulfatträgerdosierungen auf ihre Wechselwirkung mit Zusatzmitteln untersucht.

3.3.3.8 Kennwertermittlung

Aus den so ermittelten und entsprechend Abschnitt 3.3.3.6 korrigierten Messdaten wurden in einem nächsten Schritt rheologische Kennwerte berechnet. Dabei muss unterschieden werden zwischen Kenngrößen, die direkt aus den Messgrößen berechnet werden können (Viskosität η und Schubmoduln G^*, G', G''; siehe Abschnitt 3.3.3.3 und 3.3.3.4), und Kennwerten, die mit Hilfe von Regressionsverfahren oder anderen Methoden aus den Messdaten oder aber den berechneten Kenngrößen ermittelt werden.

Viskoelastisches Verhalten – Amplitudensweepversuch

Abbildung 3-5 zeigt das viskoelastische Verhalten eines repräsentativen Zementleims im Amplitudensweepversuch (siehe Abschnitt 3.3.3.3 sowie Tabelle 3-7, Messsegmente 2 und 16 *Haake MARS* bzw. 2, 12, 14, 16 und 18 *Rheostress 600*). Hierbei wird der komplexe Schubmodul $|G^*| = \tau_A/\gamma_A$ (da komplex hier als Betrag $|G^*|$ dargestellt) in Abhängigkeit von der Schubspannung τ ermittelt. Für geringe Schubspannungen ist das Verhalten durch eine ausgeprägt hohe und von der Belastung unabhängige Steifigkeit mit $|G^*|$-Werten zwischen ca. 8000 und 100 000 Pa gekennzeichnet. Dieser Wert wird im Folgenden als **unterkritischer Strukturmodul** G_0^* bezeichnet. Ab einem bestimmten Wert der Schubspannung – hier als **Strukturgrenze** τ_s bezeichnet – zeigen die untersuchten Zementleime einen starken Abfall des Schubmoduls $|G^*|$. Für höhere Spannungen strebt der Schubmodul wiederum gegen einen Grenzwert mit Werten zwischen 1 und 100 Pa, der hier als **überkritischer Strukturmodul** G_1^* bezeichnet wird.

Die Empfindlichkeit des Strukturbruchverhaltens, d.h. die Spreizung der Strukturbruchzone, wird durch den sogenannten **Strukturindex** n beschrieben.

$$|G^*|(\tau) = G_0^* \cdot \exp\left\{-\left[\frac{\tau}{\tau_s}\right]^n\right\} + G_1^* \tag{3-11}$$

Die in Gleichung 3-11 dargestellte Exponentialfunktion bildet den Amplitudensweepversuch und insbesondere den Übergangsbereich zwischen dem unterkritischen Strukturmodul G_0^* und der Strukturbruchzone im Bereich der Strukturgrenze τ_s sehr gut ab. Für geringe Schubspannungen $\tau < \tau_s$ liefert Gleichung 3-11 den Wert $G_0^* + G_1^*$. Da jedoch $G_0^* \gg G_1^*$ gilt, wird im Folgenden der aus G_1^* resultierende Steifigkeitsanteil für geringe Schubspannungen vernachlässigt. Der dabei begangene Fehler beträgt i.d.R. weniger als 3 ‰.

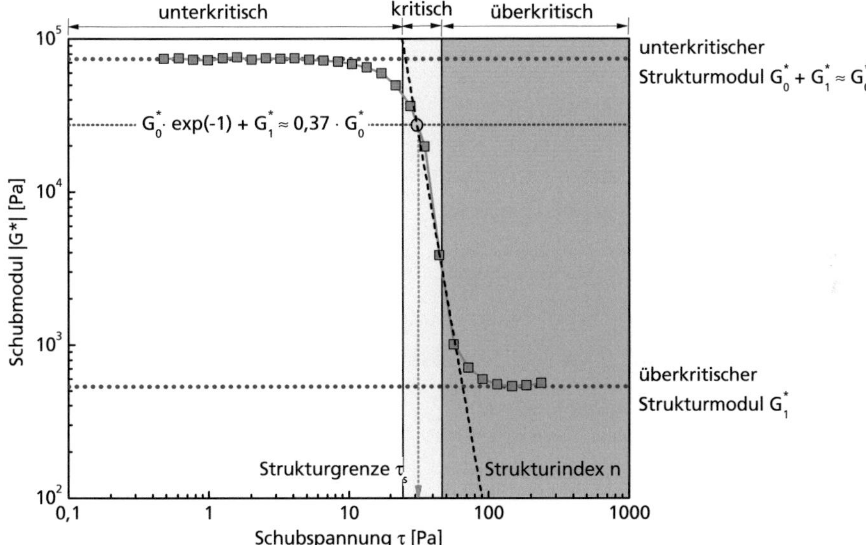

Abb. 3-5 Exemplarische Darstellung der Ergebnisse eines Amplitudensweepversuchs an Zementleim mit Regressionsfunktion entsprechend Gleichung 3-11

Defizite weist die gewählte Funktion hingegen bei der Abbildung des Übergangsbereichs zwischen der Strukturbruchzone und dem unteren Schubmodulplateau auf. Dieser Bereich ist jedoch im Hinblick auf das Untersuchungsziel von untergeordneter Bedeutung. Darüber hinaus muss beachtet werden, dass die ermittelten Schubmoduln $|G^*|$ mit zunehmendem $\tau > \tau_s$ auch zunehmend fehlerbehaftet sind. Dies ist auf die Tatsache zurückzuführen, dass es bei einer Überschreitung der elastischen Eigenschaften der untersuchten Probe zu einem viskosen Fließen kommt. Für Werte $\tau > \tau_s$ weicht somit die Antwortfunktion $\gamma_A(t)$ infolge der oszillatorischen Schubbelastung zunehmend von einer exakten Sinusschwingung ab. Indikator für diesen Messfehler ist der Fehlerindex $\varphi_{rel,3}$, der aus einer FOURIER-Reihenentwicklung für die betrachtete Schwingung gewonnen werden kann.

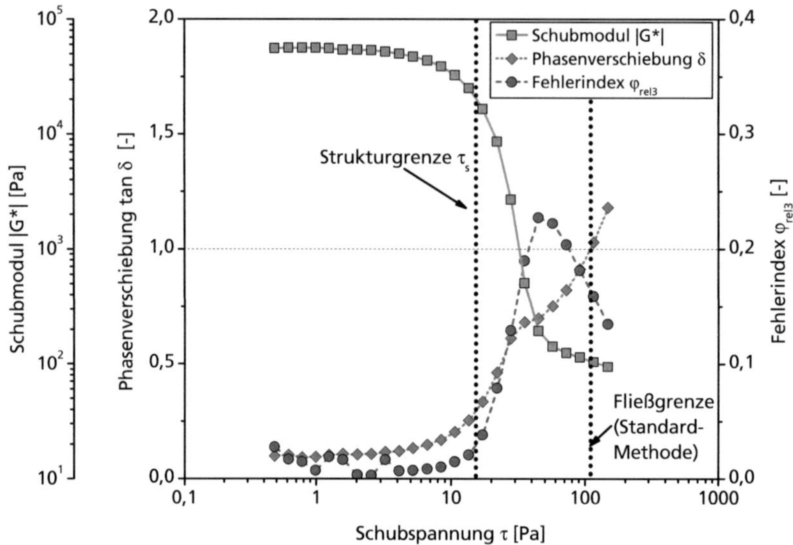

Abb. 3-6   Schubmodul $|G^*|$, Phasenverschiebung δ und Fehlerindex $\varphi_{rel,3}$ für einen repräsentativen Mehlkornleim im Amplitudensweepversuch

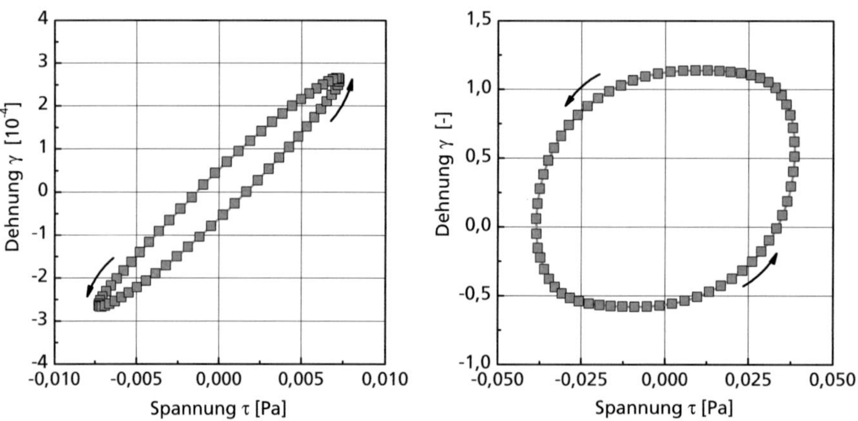

Abb. 3-7   Lissajou-Kurven ($\gamma = f(\tau)$) für ausgewählte Schwingungen im Amplitudensweepversuch bei unterkritischer ($\varphi_{rel,3} < 0{,}01$, links) und stark überkritischer Scherbelastung ($\varphi_{rel,3} > 0{,}2$, rechts, beachte: unterschiedliche Skalierung)

Abbildung 3-6 zeigt den Schubmodul $|G^*|$, die Phasenverschiebung δ und den Fehlerindex $\varphi_{rel,3}$ für einen repräsentativen Mehlkornleim im Amplitudensweepversuch. Nach anfänglichem Rauschen steigt $\varphi_{rel,3}$ bei Erreichen der Strukturgrenze τ_s kontinuierlich an. Die Qualität der Messdaten, insbesondere im Strukturbruchbereich und darüber hinaus, wird somit kontinuierlich schlechter und sollte für eine weitergehende Auswertung nur unter Vorbehalt herangezogen werden. Dies zeigt sich auch bei der Betrachtung der Oszillations-Rohdaten (siehe Abbildung 3-7). In der LISSAJOU-Darstellung mit $\gamma = f(\tau)$ einer einzelnen Sinusschwingung wird deutlich, dass die Kurven für kleine Werte von $\varphi_{\mathrm{rel},3}$ von elliptischer Form sind und die eingeschlossene Hysteresefläche – diese ist ein Maß für den Strukturbruch, den die Probe während einer Schwingung erfährt – klein ist. Mit zunehmendem Übergang zu viskosem Fließverhalten weichen die LISSAJOU-Kurven stark von einer elliptischen Grundform ab und die Hysteresefläche steigt entsprechend stark an.

Auch die Grenzwertbetrachtungen $\tau \to 0$ und $\tau \to \infty$ zeigen, dass sowohl für sehr geringe als auch sehr große Scherbelastungen der Betrag des komplexen Schubmoduls $|G^*|$ gegen $G_0^* + G_1^* \approx G_0^*$ bzw. gegen G_1^* strebt und somit das tatsächliche Materialverhalten im Grenzbereich fest-flüssig ebenfalls gut abbildet.

Die Ermittlung der Funktionsparameter G_0^*, G_1^*, τ_s und n in Gleichung 3-11 erfolgt mithilfe der Methode der kleinsten Quadrate nach dem LEVENBERG-MARQUARDT-Algorithmus. Als Startwert für die Parameter G_0^* und G_1^* wurden jeweils der größte bzw. kleinste Messwert für $|G^*|$ gewählt. Für τ_s und n wurden die Startwerte zu jeweils 1,0 vorgegeben. Die Güte der Regression wurde mit Hilfe des Bestimmtheitsmaßes R² beurteilt. Es wurden nur solche Regressionen weiter verwendet, bei denen $R^2 > 0,8$ und der Vorhersagefehler bezogen auf die Vorhersage weniger als 30 % betrug.

Viskoelastisches Verhalten – Frequenzsweepversuch

Entsprechend den Ausführungen in Abschnitt 2.6 ist das Verformungsverhalten frischer Zementsuspensionen nicht nur eine Funktion des Belastungsgrades, sondern auch der Belastungsgeschwindigkeit. Für unterkritische Scherbelastungen (Definition siehe Abbildung 3-5) kann dieses Verhalten mithilfe des sog. Frequenzsweepversuchs untersucht werden (siehe Tabelle 3-7, Messsegment 3). Hierbei wird schrittweise die Oszillationsfrequenz f bei einer konstanten Spannungsamplitude τ_A gesteigert und die resultierende Winkelamplitude γ_A und daraus der komplexe Schubmodul $|G^*| = \tau_A / \gamma_A$ ermittelt.

Abbildung 3-8 zeigt, dass der komplexe Schubmodul $|G^*|$ mit zunehmender Messfrequenz zunächst stark ansteigt und für Frequenzen $> 1,0$ Hz gegen einen oberen Grenzwert $G_{f=\infty}^*$ strebt. Dies bedeutet, dass die untersuchten Zementleime sehr langsam ablaufenden Scherprozessen, wie z. B. Entmischungsvorgängen, nur einen relativ geringen Widerstand entgegensetzen. Dies steht in Einklang mit den Ergebnissen der durchgeführten Kriechuntersuchungen.

$$|G^*|[f] = G_{f=\infty}^* \cdot (1 - \exp(-n \cdot f)) \qquad \textbf{(3-12)}$$

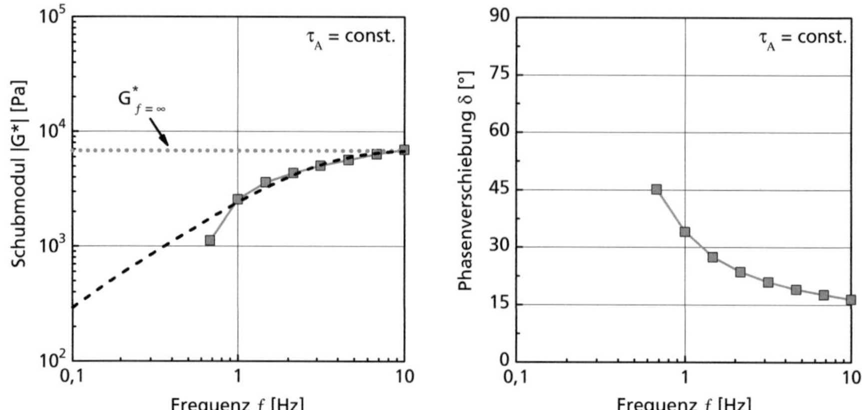

Abb. 3-8 Exemplarische Darstellung des Schubmoduls $|G^*|$ mit zugehöriger Regressionsfunktion entsprechend Gleichung 3-12 und Grenzwert für hohe Messfrequenzen $G^*_{f=\infty}$ (links) sowie der Phasenverschiebung δ (rechts) jeweils in Abhängigkeit von der Oszillationsfrequenz f im Frequenzsweepversuch an Zementleim bei konstanter Spannungsamplitude

Die Beschreibung dieser Abhängigkeit erfolgt mit der in Gleichung 3-12 dargestellten Exponentialfunktion. Der Parameter n bezeichnet die Empfindlichkeit des Systems gegenüber Änderungen in der Messfrequenz.

Kennwerte für das viskose Fließen – BINGHAM-Kennwerte

Abbildung 3-9 zeigt exemplarisch die Fließkurve eines repräsentativen Zementleims im spannungsgesteuerten Rotationsversuch (siehe Tabelle 3-7, *Haake MARS*, Messsegment 15, abnehmende Schubspannung). Trotz einer vorangegangenen Vorscherung zeigen die untersuchten Suspensionen i. d. R. ein vom idealen BINGHAM-Modell abweichendes, dilatantes Materialverhalten.

Dieses Verhalten ist als charakteristisch für Zementleime anzusehen (siehe auch Abschnitt 2.6) und muss somit vom verwendeten Regressionsmodell berücksichtigt werden. Vor diesem Hintergrund wurde im Rahmen der vorliegenden Arbeit vom linearen BINGHAM-Modell auf eine Beschreibung mittels des modifizierten BINGHAM-Modells nach Gleichung 2-31 übergegangen (siehe Tabelle 2-1). Die Auswertung erfolgte anhand von Messdaten des Segments 15 (*Haake MARS*, siehe Tabelle 3-7) für Werte $\dot{\gamma} > 1,0\ \text{s}^{-1}$. Die Mess(roh)daten wurden entsprechend Abschnitt 3.3.3.6 in die geräteunabhängigen Parameter Schubspannung und Schergeschwindigkeit umgerechnet. Hierzu wurden aus Kalibrierversuchen bekannte Umrechnungsfaktoren (sog. A- und M-Faktoren) herangezogen. Durch die vorangegangene Vorscherung der Probe (Messsegmente 13 und 14, *Haake MARS*) war sichergestellt, dass das Messergebnis weitestgehend unbeeinflusst von einer vorangegangenen Strukturbildung war.

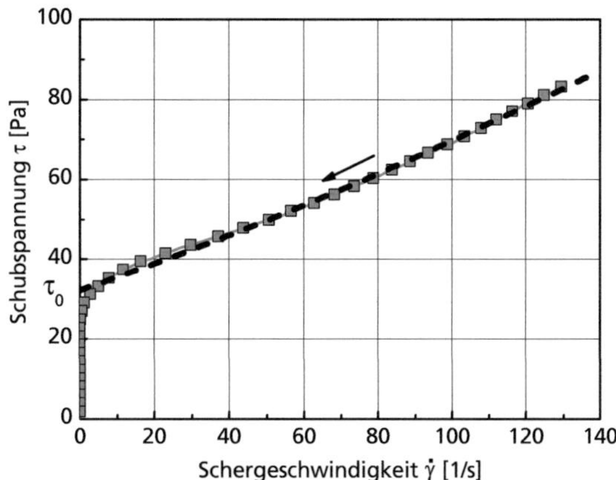

Abb. 3-9 Fließkurve für einen repräsentativen Zementleim und Regression entsprechend Gleichung 2-31 für Funktionswerte $\dot{\gamma} > 1{,}0\ \mathrm{s}^{-1}$

Die Ermittlung der oben genannten Regressionsparameter erfolgte auch hier mit der Methode der kleinsten Quadrate nach dem LEVENBERG-MARQUARDT-Algorithmus für Funktionswerte $\dot{\gamma} > 1\ \mathrm{s}^{-1}$. Der Parameter μ_1 nimmt dabei immer Werte größer 0 Pa/s und μ_2 Werte zwischen -0,1 und 0,1 $\mathrm{Pa/s}^2$ an.

Kriechverformung und Kriechmaß

Wie bereits erläutert wurden alle Proben im Anschluss an den Amplitudensweep- und Frequenzsweep-Versuch mit einer abschnittsweise konstanten Schubspannung τ beaufschlagt und die resultierende Kriechverformung γ ermittelt.

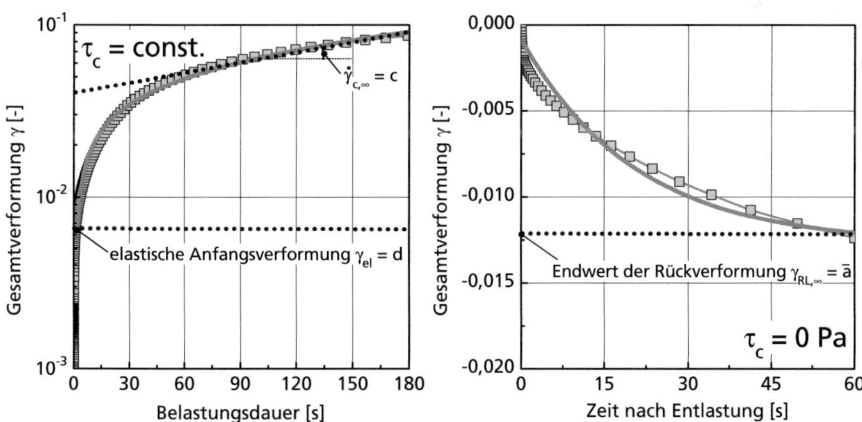

Abb. 3-10 Gesamtverformung von Zementleim im Kriechversuch bei konstanter Belastung (links) und nach anschließender Entlastung (rechts) jeweils mit Regressionsfunktion entsprechend Gleichung 3-13 bzw. Gleichung 3-15

Abbildung 3-10 zeigt exemplarisch die entsprechenden Zeit-Verformungsbeziehungen für einen repräsentativen Zementleim. Die Kurven sind durch eine anfangs sehr rasche, sich dann jedoch stark verlangsamende Zunahme der Verformungen infolge der schlagartigen Beaufschlagung mit einer konstanten Schubspannung gekennzeichnet (siehe Tabelle 3-7, *Haake MARS*, Segmente 5, 7, 9 und 11 sowie *Rheostress 600*, Segmente 5, 7 und 9). Dabei strebt die Verformungsgeschwindigkeit $\dot{\gamma}$ gegen einen spezifischen Endwert. Diesem Umstand musste bei der Entwicklung einer geeigneten Regressionsfunktion zur Beschreibung des Kriechverhaltens Rechnung getragen werden.

$$\gamma(t) = \frac{a}{b} \cdot \ln[1 + bt] + c \cdot t + d$$

$$\dot{\gamma}(t) = \frac{a}{1 + bt} + c \qquad\qquad (3\text{-}13)$$

Gleichung 3-13 zeigt das verwendete Modell zur Beschreibung der Gesamtverformung unter einer schlagartig aufgebrachten konstanten Schubspannung sowie dessen Ableitung nach der Zeit. Aus den in Gleichung 3-14 gezeigten Grenzwertbetrachtungen für $t \to 0$ und $t \to \infty$ für die Gesamtverformung und die Verformungsgeschwindigkeit im Kriechversuch wird deutlich, dass es sich bei den Parametern a, b und c um Größen mit der Dimension einer Schergeschwindigkeit $[\mathrm{s}^{-1}]$ handelt. Lediglich der Parameter d besitzt die Dimension einer Scherverformung [-].

$$\lim_{t \to 0} \gamma(t) = d \qquad\qquad \lim_{t \to 0} \dot{\gamma}(t) = a + c$$
$$\text{und}$$
$$\lim_{t \to \infty} \gamma(t) = \infty \qquad\qquad \lim_{t \to \infty} \dot{\gamma}(t) = c \qquad\qquad (3\text{-}14)$$

Die zuvor gezeigten Grenzwertbetrachtungen ermöglichen weiterhin eine physikalische Interpretation des Kriechverhaltens von Zementsuspensionen. Zu Versuchsbeginn ($t \leq 0$) befindet sich die Probe im Ruhezustand, und es sind keine Verformungen zu verzeichnen. Für Werte $t > 0$ wird die kriecherzeugende Schubspannung τ_c aufgebracht. Die Probe zeigt eine augenblickliche elastische Verformung vom Betrag d und verformt sich anschließend mit einer Anfangsverformungsgeschwindigkeit $\dot{\gamma} = a + c$. Mit zunehmender Belastungsdauer t geht auch die Verformungsgeschwindigkeit $\dot{\gamma}$ langsam zurück und strebt gegen den Endwert c.

Aus der Dimensionsanalyse wird deutlich, dass auch der Parameter b die Dimension einer Schergeschwindigkeit $[\mathrm{s}^{-1}]$ besitzt. Dieser beschreibt die Geschwindigkeit, mit der die Anfangsverformung infolge der Lastaufbringung abklingt und in reines Kriechen übergeht.

Um festzustellen, welcher Anteil der im Kriechversuch gemessenen Verformungen reversibel ist, wurden die Probe nach 180 s schlagartig entlastet und die resultierenden Verformungen erneut erfasst (siehe Abbildung 3-10). Auch dieser Versuchsabschnitt ist geprägt durch relativ große Anfangsverformungen, die jedoch mit zunehmender Zeit abklingen. Eine Anwendung von Gleichung 3-13 zur Beschreibung des Verlaufs der Gesamtverformungen bei einer Entlastung der Proben erwies sich als nicht zielführend. Dies lag unter anderem darin begründet, dass die Entlastungskurven grundsätzlich gegen einen Endwert streben und mit zunehmender Entlastungsdauer auch die resultierenden Verformungsgeschwindigkeiten gegen null gehen (vgl. Gleichung 3-14). Deutlich geeigneter erscheint hingegen die in Gleichung 3-15 dargestellte Exponentialfunktion zur Beschreibung des oben dargelegten Vorgangs.

$$
\left.
\begin{aligned}
\gamma(t) &= \bar{a} + \bar{b}\exp\left[-\frac{t}{t_1}\right] + \bar{c}\exp\left[-\frac{t}{t_2}\right] \\
\dot{\gamma}(t) &= -\frac{\bar{b}}{t_1}\exp\left[-\frac{t}{t_1}\right] - \frac{\bar{c}}{t_2}\exp\left[-\frac{t}{t_2}\right]
\end{aligned}
\right\}
\qquad \textbf{(3-15)}
$$

Der Parameter $\bar{a}$ in Gleichung 3-15 gibt die verbleibende Restdehnung nach Abschluss des Rückkriechens an. Auch die Parameter $\bar{b}$ und $\bar{c}$ besitzen die Dimension einer Dehnung und lassen sich physikalisch als die elastische Rückdehnung (Parameter $\bar{b}$) und als die rückgewonnene Kriechverformung (Parameter $\bar{c}$) interpretieren. Als Produkt mit der jeweiligen Exponentialfunktion beschreiben die beiden Summanden die Geschwindigkeit der elastischen und der viskosen Rückdehnung. Im Falle der elastischen Rückdehnung ist dabei die charakteristische Zeit t_1 klein im Vergleich zur Zeit t_2, die die Rückbildung der Kriechverformungen beschreibt. Sowohl t_1 als auch t_2 besitzen somit die Dimension einer Zeit.

Sowohl für Gleichung 3-13 als auch für Gleichung 3-15 gilt, dass deren Anpassungsparameter mithilfe einer Regression nach dem Prinzip der kleinsten Quadrate unter Anwendung des LEVENBERG-MARQUARDT-Algorithmus gewonnen werden müssen. Die Güte der Vorhersage wurde auch hier durch einen Mindestwert des Bestimmtheitsmaßes R^2 von 0,80 sichergestellt.

3.3.3.9 Reproduzierbarkeit und Fehlerbetrachtungen

Die Reproduzierbarkeit der Ergebnisse wurde durch eingehende Kontrollmessungen an einem ausgewählten Zementleim (Zement Z121, Phasengehalt $\phi = 0{,}42$) bestätigt. Eine statistische Absicherung aller Untersuchungen war leider nicht möglich. Einzelne Versuche, wie beispielsweise der Amplituden- und der Frequenzsweepversuch, konnten jedoch durch zeitgleiche Messung mit zwei Rheometern abgesichert werden.

Bei der Übertragung der statistischen Streuung eines Einzelversuchs auf die daraus ermittelten Kennwerte muss berücksichtigt werden, dass es sich bei den Einzelergebnissen nicht um einzelne Punkte, sondern um Punktwolken und somit unbekannte Funktionen handelt. Bei der Versuchsdurchführung wurde daher sichergestellt, dass die gewonnenen Messdaten jeweils bei identischen Abszissenabschnitten gewonnen wurden. Dadurch war es möglich, die einzelnen Messpunkte jeweils getrennt nach Abszissenabschnitt statistisch auszuwerten und Mittelwert, Standardabweichung und Variationskoeffizient zu berechnen.

Abbildung 3-11 zeigt das Ergebnis der Wiederholungsprüfungen für verschiedene Untersuchungszeitpunkte im Amplitudensweep- und Frequenzsweepversuch. Deutlich ersichtlich ist, dass für Belastungsgrade – d.h. den Quotienten aus angelegter Schubspannung τ zur Strukturgrenze τ_s des Materials – zwischen 100 % und 300 % die Reproduzierbarkeit der Messdaten im Amplitudensweepversuch deutlich zurückgeht. Dies steht im Einklang mit dem in Abbildung 3-6 gezeigten Anstieg des Fehlerindexes $\varphi_{rel,3}$. Vor diesem Hintergrund wurden bei der Auswertung des Amplitudensweepversuchs lediglich Daten für Belastungsgrade kleiner 100 % herangezogen. In diesem Fall beträgt der Variationskoeffizient v ca. 10 - 15 % und nimmt lediglich mit zunehmendem Alter der Probe zu.

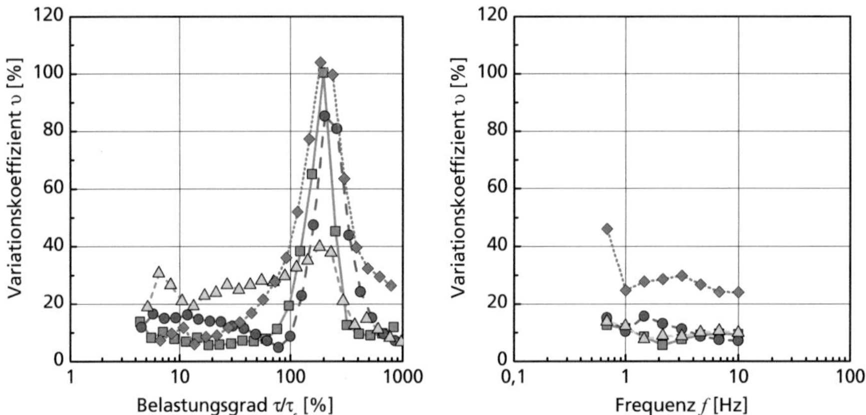

Abb. 3-11 Reproduzierbarkeit im Amplitudensweepversuch (links) und im Frequenzsweepversuch (rechts), ausgedrückt durch den Variationskoeffizienten v in Abhängigkeit vom Belastungsgrad bzw. der Frequenz für unterschiedliche Untersuchungszeitpunkte (■, 15 min; ●, 60 min; △, 120 min; ◆, 180 min)

Da der Frequenzsweep grundsätzlich für unterkritische Belastungsgrade durchgeführt wurde, entspricht der Variationskoeffizient für diesen Versuch dem bereits im Amplitudensweepversuch für $\tau < \tau_s$ ermittelten Wert. Er beträgt maximal 16 % für Proben bis zu einem Alter von 120 min und steigt im Alter von 180 min auf maximal ca. 28 % an.

Der Einfluss auf die daraus ermittelten Kenngrößen ist für die einzelnen Versuche in Tabelle 3-9 dargestellt. Diese zeigt die Streuungen der Kennwerte im Amplitudensweep- und im Kriechversuch sowie die der BINGHAM-Kennwerte im rotatorischen Fließversuch. Besonders große Streuungen sind dabei für den Parameter μ_2 im Fließversuch festzustellen. Dieser Parameter wurde daher nicht im Rahmen der Auswertung herangezogen.

Tab. 3-9   Variationskoeffizient v für die einzelnen Kennwerte

Amplitudensweep		Kriechversuch		BINGHAM-Kennwerte	
Kennwert	v [%]	Kennwert	v [%]	Kennwert	v [%]
G_0^*	8,3	$\eta_{c,\infty}$	11,0	τ_0	4,0
τ_s	11,7	$\eta_{RL,\infty}$	20,0	μ_1	20,0
n	14,3			μ_2	130
G_1^*	11,8				

3.3.4 Elektroakustische Untersuchungsmethoden

3.3.4.1 Versuchsaufbau

Das nachfolgend vorgestellte Messsystem wurde im Rahmen der vorliegenden Arbeit zusammen mit einem Messgerätehersteller (Fa. Partikel-Analytik, Frechen) entwickelt und gestattet eine Kombination rheologischer sowie elektroakustischer Messmethoden. Hierzu wurde das in Abschnitt 3.3.3 vorgestellte rheologische Messsystem im Rheometer *Haake MARS* um eine elektroakustische Messeinheit zur Messung des Zeta-Potentials und der mittleren in-situ Korngröße der Partikel erweitert (siehe Abbildung 3-3). Diese besteht aus einem beidseitig abgeschlossenen Edelstahlzylinder und der darin enthaltenen Messtechnik. Auf die Grundlagen der hier beschriebenen Methodik wurde bereits in Abschnitt 2.4.5 eingegangen.

In die Kontaktfläche zum Zementleim – d.h. den Boden des Probenbehälters für die rheologischen Messungen – sind neben einem Temperaturfühler ($\varnothing = 10\,\text{mm}$) und einer Leitfähigkeitssonde ($\varnothing = 20\,\text{mm}$) zwei kreisrunde Edelstahl-Folienelektroden ($\varnothing = 25\,\text{mm}$) bündig mit dem Behälterboden eingelassen (siehe Abbildung 3-3). An diese Elektroden wird entsprechend den Ausführungen in Abschnitt 3.3.3 eine Wechselspannung mit einer Amplitude von 20 V angelegt und so ein elektrisches Feld der Stärke E in der Suspension erzeugt. Die hier verwendeten Frequenzen betrugen 310 kHz und 850 kHz und wurden vom Gerätehersteller aus einer Eigenfrequenzanalyse des Messsystems abgeleitet.

Das von der Probe emittierte Ultraschallsignal wird ebenfalls von den Folienelektroden aufgenommen. Diese sind jeweils starr mit zwei massiven zylindrischen Kunststoff-Schallleitern verklebt, die den resultierenden Druckimpuls an die am Ende der Leitstäbe angebrachten Blei-Zirkonat-Titanat- (PZT-) Keramik-Transducer leiten. Durch die piezoelektrischen Eigenschaften der PZT-Keramik werden die Druckwellen in eine elektrische Spannung umgewandelt und über ein Interface an den angeschlossenen Messrechner übermittelt. Die beschriebenen Kunststoff-Schallleiter besitzen eine definierte akustische Impedanz (Schalllaufzeit) und ermöglichen somit eine zeitlich vom Erregersignal entkoppelte Messung des Ultraschallimpulses (kein sogenanntes „Übersprechen").

Wie bereits in Abschnitt 2.4.5 erläutert, besteht eine wesentliche Schwierigkeit bei der Ermittlung von absoluten Werten für das Zeta-Potential der suspendierten Partikel in der korrekten Berechnung der elektrischen Feldstärke E sowie der Bestimmung des Druckimpulses p. Hierbei erschweren insbesondere unbekannte Übergangsbedingungen (elektrische und akustische Impedanzen) in den Kontaktflächen Suspension–Edelstahlelektrode, Edelstahlelektrode–Kunststoff-Schallleiter und Schallleiter–PZT-Transducer eine analytisch exakte Berechnung des resultierenden Ultraschallsignals und entsprechend des Zeta-Potentials. Da weiterhin der Messtopf des Rheometers als passive Elektrode genutzt wird, verlaufen die Feldlinien in der Suspension nicht parallel, wodurch die Berechnung der elektrischen Feldstärke zusätzlich erschwert wird.

Eine exakte Ermittlung des Zeta-Potentials der suspendierten Partikel ist jedoch dennoch möglich, wenn das Messsystem mithilfe einer bekannten Suspension, bei der die Partikel definierte Eigenschaften aufweisen, kalibriert wird. Durch eine derartige Referenzmessung kann ein direkter Bezug zwischen dem Zeta-Potential der Partikel und dem durch den PZT-Transducer gemessenen Signal hergestellt werden. Da die anliegende Spannung sowie die Messfrequenzen für alle Versuche konstant gehalten werden, kann durch Vergleich mit der Referenzmessung an der Kalibrierflüssigkeit auf die dynamische Mobilität und entsprechend auf das Zeta-Potential jeder beliebig konzentrierten Feststoffphase geschlossen werden. Eine komplizierte und stark fehleranfällige Vermessung der zuvor aufgeführten Charakteristika des rheologischen Messsystems bzw. der elektrischen und akustischen Übergangsbedingungen zwischen einzelnen Messelementen entfällt dadurch.

Als Kalibrierflüssigkeit für die oben beschriebenen Messungen wurde im Rahmen der Untersuchungen das Produkt Silika-Ludox TM50 des Herstellers SIGMA-ALDRICH verwendet [151]. Hierbei handelt es sich um eine Suspension aus kolloidalen SiO_2-Teilchen, die in Wasser suspendiert sind. Der Phasengehalt der Suspension beträgt 10 Vol.-% und wird durch Verdünnung des Originalprodukts mit entionisiertem Wasser unter Laborbedingungen hergestellt. Die Partikel weisen laut Herstellerangabe und abgesichert durch elektrophoretische Referenzmessungen ein Zeta-Potential von -38 mV und eine Reindichte von 2,20 g/cm³ auf. Der mittlere Partikeldurchmesser d_{50} beträgt ca. 22 nm.

3.3.4.2 Versuchsdurchführung

Sowohl die Messung der rheologischen Eigenschaften als auch die Bestimmung elektroakustischer Kennwerte erfolgte zeitgleich an derselben Zementleimprobe. Pro Versuchstag wurden vor jeder Messung die ESA-Messeinheit, die Leitfähigkeits- und die pH-Sonde mit Referenzflüssigkeiten kalibriert. Nach Abschluss dieser Vorarbeiten wurde täglich eine Referenzmessung an Silika-Ludox durchgeführt. Anschließend konnte mit den eigentlichen Messungen an Zementleim begonnen werden.

Kalibrierung

Die Messeinheit, das Kalibriermittel Silika-Ludox sowie alle weiteren notwendigen Hilfsmittel wurden durch ausreichend lange Lagerung in einem Klimaraum auf $20 \pm 0{,}5$ °C temperiert. Die elektroakustische Messeinheit und der Probenbehälter (siehe Abbildung 3-3) wurden über ein Schraubgewinde miteinander verbunden. Hierbei wurde ein Austritt von Flüssigkeit über die Fuge durch Verwendung eines Dichtungsmittels auf Silikonbasis verhindert.

Nach Einbau des Messsystems entsprechend Abbildung 3-3 in das Rheometer wurde der Abstand zwischen dem Rotor und dem Behälterboden, respektive der Oberfläche der ESA-Messeinheit, kalibriert. Der Probenbehälter wurde nun mit 400 cm³ der Silika-Ludox-Suspension gefüllt und anschließend das Messpaddel in einen lichten Abstand von $10 \pm 0{,}005$ mm zum Boden des Probenbehälters (d.h. zur Oberfläche der ESA-Messeinheit) verfahren. Anschließend wurde die Schergeschwindigkeit auf $\dot{\gamma} = 190$ s^{-1} eingestellt. Dadurch wurde ein Rührkegel in der Probe erzeugt, durch den wiederum das Ultraschallsignal an der Flüssigkeitsoberfläche unregelmäßig reflektiert werden konnte. Dies ist insbesondere für Proben mit geringem Phasengehalt von besonderer Bedeutung, da das Ultraschallsignal in derartigen Proben eine relativ große Reichweite besitzt und resultierende Streusignale das Messergebnis stark beeinflussen können. Bei Zementsuspensionen mit üblichen Phasengehalten ist die Reichweite des Ultraschallsignals hingegen auf 10 mm bis 20 mm beschränkt, so dass Signalreflexionen bereits in der Suspension durch akustische Dämpfung gefiltert werden.

Die Kalibrierung der ESA-Messeinheit erfolgte während des Rührvorgangs durch Messung des ESA-Signals bei 310 kHz (ESA1) bzw. 850 kHz (ESA2). Die so gewonnenen Werte dienten als Referenz für ein Zeta-Potential von -38 mV und wurden automatisch im Gerät hinterlegt. Durch geräteinternen Vergleich mit diesem Referenzwert konnte somit auf das Zeta-Potential beispielsweise von Zement geschlossen werden (vgl. Abschnitt 2.4.5).

In einem nächsten Schritt erfolgte die Kalibrierung der Phasenwinkel φ_{ESA1} und φ_{ESA2}. Hierbei handelt es sich um die Phasenverschiebungen zwischen dem Erregersignal (dem elektrischen Feld E) und dem Ultraschallsignal bei den Messfrequenzen 310 kHz und 850 kHz. Diese können, wie bereits erläutert, zur Ermittlung der Teilchengrößenverteilung in der Suspension herangezogen werden. Mit zunehmender mittlerer Teilchengröße und damit zunehmender Trägheit der Teilchen kommt es zu einer zeitlichen Verzögerung zwischen dem Erreger- und Antwortsignal. Diese Zeitdifferenz, mittels der Frequenz in einen Phasenwinkel umgerechnet, gestattet eine Charakterisierung der Teilchengröße. Da diese für Silika-Ludox – mittlerer Teilchendurchmesser $d_{50} \approx 22$ nm und nahezu vernachlässigbare Masseträgheit – bekannt ist, können auch hier wiederum die Messergebnisse an Ludox als Referenz herangezogen werden.

Im Anschluss an die Kalibration der ESA-Messeinheit wurde die ebenfalls in die Messzelle integrierte Leitfähigkeitsmesssonde durch Messung einer 0,1 molaren KCl-Lösung überprüft bzw. ggf. kalibriert. Gleiches galt für die externe pH-Sonde. Diese wurde über eine Drei-Punkt-Messung an geeichten Pufferlösungen mit pH-Werten von 4, 7 und 10 kalibriert und anschließend durch Messung einer Pufferlösung mit pH 12 überprüft. Im Rahmen dieser Kontrollmessung wurden Abweichungen von maximal $\pm$ 0,025 akzeptiert. Andernfalls wurde die Kalibrierung wiederholt.

Den Abschluss der täglichen Kalibrierung bildeten Temperaturmessungen mit einem geeichten Thermometer, dessen Messwert mit den Angaben des internen Temperaturfühlers verglichen wurde. Weiterhin wurde die Messzelle mit temperiertem Wasser gereinigt, getrocknet und im Klimaraum erneut temperiert. Messungen an Zementleim wurden erst begonnen, sobald die Messzelle erneut die vorgegebene Temperatur von $20 \pm 0,5$ °C aufwies.

Messung an Zementleimen

Die Messung des ESA-Signals an Zementleimen wurde analog zu den Ausführungen bei der Kalibration der Messeinheit durchgeführt. Als Eingangsgrößen für die anschließende Berechnung dienen der Phasengehalt ϕ in Vol.-% sowie die Dichte der Phase ρ_p und der Trägerflüssigkeit ρ_s. Weiterhin wurde als Referenzwert der mittels Lasergranulometrie bestimmte mittlere Partikeldurchmesser der suspendierten Partikel d_{50} angegeben. Hierbei handelt es sich jedoch nur um eine Hilfsgröße, da die tatsächlich vorliegende mittlere Partikelgröße vom Gerät selbst ermittelt wird.

Für die Trägerflüssigkeit Wasser (bei 20 °C) wurde in allen Versuchen eine Dichte von 0,9971 g/cm³, eine dynamische Viskosität von $0,8904 \cdot 10^{-3}$ Pa·s, eine Dielektrizitätskonstante von $\varepsilon_0 = 8,854 \cdot 10^{-12}$ As/(V·m) und eine Permittivitätszahl von $\varepsilon_r = 78,4$ [-] angesetzt. Die Schallgeschwindigkeit in Wasser wurde zu 1490 m/s angenommen. Für alle Kennwerte gilt, dass diese geräteintern um Temperatureinflüsse korrigiert werden.

Die Dauer einer Einzelmessung betrug bei dem hier eingesetzten Messverfahren an Zementleim ca. 15 s. Die Messungen wurden in einem Intervall von 30 s wiederholt. Beginn und Ende jeder Messung wurden durch eine Triggerung durch das angeschlossene Rheometer vorgegeben, so dass eine klare Zuordnung zwischen rheologischen Messergebnissen und der elektrochemischen Charakterisierung möglich war.

Messung an Filtraten

Aufgrund der ausgeprägten Lösungsvorgänge während der Induktions- und Ruhephase weisen Zementleime eine hohe Ionenstärke in der Trägerflüssigkeit auf. Neben den Zementpartikeln tragen auch die hydratisierten Ionen stark zum ESA-Signal bei (siehe Abschnitt 2.4.5). Die Messergebnisse an Zementleimen müssen somit durch Referenzmessungen an der Trägerflüssigkeit korrigiert werden. Hierbei muss beachtet werden, dass diese Messungen bei gleicher Ionenkonzentration erfolgen. Die durch Filtration von Zementleimen gewonnenen Filtrate müssen daher durch Zugabe von entionisiertem Wasser so weit verdünnt werden, bis die gleiche Leitfähigkeit wie beim Original-Zementleim vorliegt. Die notwendige Verdünnung sowie der pH-Wert und die Leitfähigkeit des Filtrats jeweils vor und nach der Verdünnung wurden protokolliert.

Vor Beginn der ESA-Messungen wurde die Messeinheit erneut mithilfe von Silika-Ludox kalibriert. Abweichend von der bereits beschriebenen Vorgehensweise erfolgte die Vermessung der Filtrate nicht im üblichen Messsystem entsprechend Abbildung 3-3, sondern in einer kleineren Kunststoffzelle aus PVC, die über ein Schraubgewinde auf die ESA-Messeinheit geflanscht wurde. Hierdurch konnte die erforderliche Probemenge von 400 cm³ auf unter 80 cm³ reduziert werden. Um den Einfluss von Schallreflexionen an der freien Flüssigkeitsoberfläche zu minimieren, wurde die gesamte Messeinheit während des Versuchs um 25° geneigt. Voruntersuchungen an Silika-Ludox hatten ergeben, dass diese Neigung ausreichend ist, um Schallreflexionen an der freien Flüssigkeitsoberfläche abzulenken und somit eine hohe Messdatengüte sicherzustellen. Die eigentliche Kalibration und Messung der Filtrate erfolgte in der oben beschriebenen Weise. Die Eingangsgrößen für die Berechnung sind bei dieser Art von Messung nicht relevant, da hierzu lediglich die ESA-Amplituden und Phasenwinkel (d.h. die Rohdaten der Messung) herangezogen werden. Für alle Messungen wurden aus Gründen der Vergleichbarkeit die Dichte der Partikel zu ρ_p = 3,1 g/cm³ und der Phasengehalt willkürlich zu ϕ = 40 Vol.-% eingestellt. Die Eingangswerte für die Trägerflüssigkeit blieben konstant (s.o.).

Die Korrektur der Messergebnisse an Zementleim mit den Messdaten der Filtrate erfolgte automatisch durch vektorielle Subtraktion der gewonnenen ESA-Werte (d.h. unter Berücksichtigung des Phasenwinkels).

3.3.4.3 Berechnung des Zeta-Potentials und der mittleren in-situ Partikelgröße

Die Auswertung der Messergebnisse hinsichtlich des Zeta-Potentials und der Partikelgrößenverteilung erfolgte auf Grundlage der Theorie von O'BRIEN [120] (siehe Abschnitt 2.4.5). Hierbei muss beachtet werden, dass diese Theorie zunächst nur für Partikel mit dünner Doppelschicht und Suspensionen mit geringem Phasengehalt $\phi \leq 10$ Vol.-% Gültigkeit besitzt.

Erstere Bedingung ist für Zementpartikel erfüllt. Dementsprechend wird der Korrekturterm für die Ionenbeweglichkeit in der Doppelschicht (tangentiale Ionenbewegung) in Gleichung 2-22 als konstant zu $f(\lambda, \omega') = 0{,}5$ angenommen. Nicht erfüllt ist jedoch in allen Fällen die zweite Bedingung. Der Phasengehalt betrug i. d. R. zwischen 36 und 44 Vol.-%.

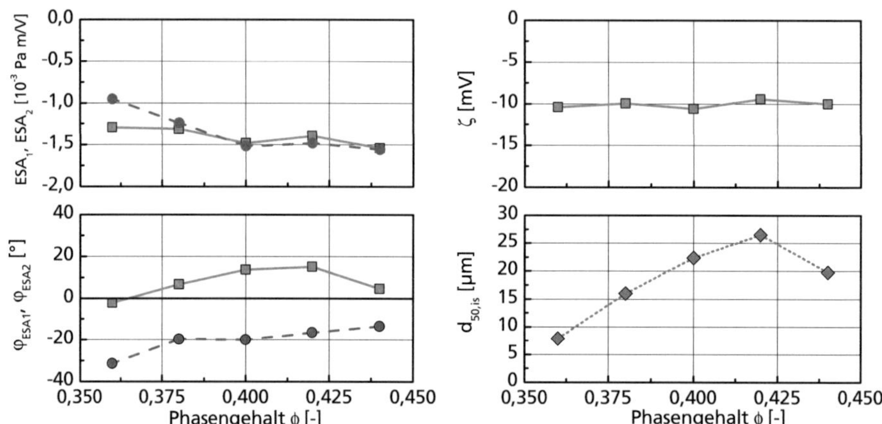

Abb. 3-12 Einfluss des Phasengehalts auf die ESA-Signale ESA1 und ESA2 sowie die Phasenwinkel φ_{ESA1} und φ_{ESA2} bei 310 (■) bzw. 850 kHz (●, links) und auf die daraus berechneten Kenngrößen Zeta-Potential ζ (bei 310 kHz) und mittlerer Partikeldurchmesser $d_{50,is}$ (rechts) für Zement Z121 in entionisiertem Wasser bei 20 °C

Abbildung 3-12 zeigt den Einfluss des Phasengehalts auf die Messgrößen ESA_1, ESA_2 (links, oben), φ_{ESA1} und φ_{ESA2} (links, unten) sowie das aus diesen Größen berechnete Zeta-Potential und den mittleren Partikeldurchmesser. Daraus wird ersichtlich, dass sich der Phasengehalt primär auf die Phasenwinkel φ_{ESA1} und φ_{ESA2} auswirkt. Dies spiegelt sich insbesondere auch in der Veränderung der mittleren in-situ Partikelgröße $d_{50,is}$ wider. Für die Berechnung des Zeta-Potentials ζ wurde im Weiteren lediglich der Wert bei 310 kHz herangezogen, da dieser sich als unabhängig vom verwendeten Phasengehalt erwies.

Die Berechnung des Zeta-Potentials der suspendierten Phase erfolgt entsprechend den Ausführungen in Abschnitt 2.4.5 nach Gleichung 2-24 zu

$$\zeta = \frac{p}{E} \cdot \frac{1}{(\rho_p - \rho_s) \cdot c \cdot \phi} \cdot \frac{\eta_s}{\varepsilon_0 \varepsilon_r} \cdot \frac{1}{G(\alpha)} \tag{2-24}$$

Die Eingangsgrößen für die dynamische Viskosität η und die Dielektrizitätskonstanten ε_0 und ε_r sind in Abschnitt 3.3.4.2 (siehe Seite 84) aufgeführt. Die dynamische Viskosität wird dabei nach Gleichung 3-16 um Temperatureinflüsse korrigiert [24].

$$\eta_T = \eta_{T=298\,K} \cdot (1 - 0{,}02 \cdot (T - 298)) \qquad \text{(3-16)}$$

Die Masseträgheit der Partikel wird durch die Einführung des Korrekturterms $G(\alpha)$ berücksichtigt (siehe Gleichung 3-17) [24].

$$|G(\alpha)| = \sqrt{Re^2 + Im^2} \qquad \text{(3-17)}$$

Hierin bedeuten *Re* und *Im* Real- bzw. Imaginärteil der Trägheitsfunktion entsprechend Gleichung 2-23. Diese können entsprechend der nachfolgenden Beziehung (siehe Gleichung 3-18, [24, 25]) berechnet werden zu

$$\left.\begin{aligned}
Re &= \frac{\left(1+\sqrt{\frac{\alpha}{2}}\right)^2 + \sqrt{\frac{\alpha}{2}} \cdot \left[\frac{\alpha}{9} \cdot \left(3 + 2\frac{\Delta\rho}{\rho}\right) + \sqrt{\frac{\alpha}{2}}\right]}{\left(1+\sqrt{\frac{\alpha}{2}}\right)^2 + \left[\frac{\alpha}{9} \cdot \left(3 + 2\frac{\Delta\rho}{\rho}\right) + \sqrt{\frac{\alpha}{2}}\right]^2} \\[2em]
Im &= \frac{-\left(1+\sqrt{\frac{\alpha}{2}}\right) \cdot \left[\frac{\alpha}{9} \cdot \left(3 + 2\frac{\Delta\rho}{\rho}\right)\right]}{\left(1+\sqrt{\frac{\alpha}{2}}\right)^2 + \left[\frac{\alpha}{9} \cdot \left(3 + 2\frac{\Delta\rho}{\rho}\right) + \sqrt{\frac{\alpha}{2}}\right]^2}
\end{aligned}\right\} \qquad \text{(3-18)}$$

mit $\alpha = \omega \cdot \rho_p \cdot r^2 / \eta_s$.

Abschließend wird die mittlere in-situ Partikelgröße $d_{50,is}$ nach Gleichung 3-19 berechnet.

$$d_{50,is} = \frac{L}{\dfrac{1}{\phi^{1/3}} - 1} \qquad \text{(3-19)}$$

L stellt dabei die Grundkantenlänge des Partikels entsprechend Gleichung 3-20 nach einem Einkristall-Ansatz dar [25].

$$L = \sqrt{\frac{-24 \cdot \left\{\left[2 \cdot \dfrac{\rho_s}{\rho_p} \cdot \left(\dfrac{1}{(\phi/100)^{1/3}} - 1\right)\right] + 1\right\}}{\dfrac{2\pi \cdot f \cdot \rho_s \cdot 10^3}{\eta_s \cdot 10^{-3}}}} \cdot \tan\psi \qquad \text{(3-20)}$$

Hierin bedeuten ψ den zur einzelnen Messfrequenz gehörigen Phasenwinkel, η_s die dynamische Viskosität der Trägerflüssigkeit Wasser, ρ_s und ρ_p die Dichte der Trägerflüssigkeit bzw. der Partikel, ϕ den Phasengehalt und *f* die Messfrequenz.

3.3.4.4 Reproduzierbarkeit und Fehlerbetrachtungen

Die im Rahmen der Voruntersuchungen durchgeführten Wiederholungsversuche belegen auch für die Zeta-Potentialmessungen eine sehr gute Reproduzierbarkeit. Der Variationskoeffizient für das Zeta-Potential lag bis zu einem Probenalter von 120 min unter 10 % und stieg dann auf Werte von ca. 15 % an. Größere Streuungen wurden im Wiederholungsversuch für die Werte der in-situ Partikelgröße beobachtet. Hier betrug der Variationskoeffizient zu allen Untersuchungszeitpunkten i.d.R. weniger als 30 %.

Deutlich schwieriger gestaltet sich hingegen die Bewertung des absoluten Messfehlers. Grundsätzlich liegen die ermittelten Werte für das Zeta-Potential der untersuchten Zemente im erwarteten Bereich (siehe auch Abschnitt 2.4.6). Dennoch muss beachtet werden, dass die hier verwendeten mathematischen Ansätze zur Berechnung von Zeta-Potentialwerten aus ESA-Signalen für die untersuchten Konzentrationsbereiche nur bedingt Gültigkeit besitzen. Insbesondere Einflüsse aus einer Interaktion der Partikel werden bei dieser Betrachtung vernachlässigt. Eine Reduktion des Phasengehalts ist jedoch aus den in Abschnitt 2.4.6 erläuterten Gründen ebenfalls nicht zielführend. Vor diesem Hintergrund müssen die ermittelten Werte als relative Kenngrößen angesehen werden.

3.3.5 Chemische und physikalische Untersuchungsmethoden

Die elektrochemischen Wechselwirkungen zwischen einzelnen Partikeln werden durch die Eigenschaften der Trägerflüssigkeit stark beeinflusst. Infolge von Lösungsvorgängen kommt es in dieser zu einer starken Zunahme der Ionenkonzentration während des Untersuchungszeitraums. Für ausgewählte Zemente wurde daher jeweils 15 min, 60 min, 120 min und 180 min nach Wasserzugabe das Anmachwasser einer Probe von 301 cm³ (entsprechend dem Volumen der Rheometerprobe) mittels einer Filternutsche (sog. BÜCHENER, $\varnothing = 135$ mm, Filterpapier (Porengröße 2,0 µm), Erlenmeyerkolben, Wasserstrahlpumpe) abfiltriert. Die Filtrationsdauer betrug 120 s ungestörter Filtration, gefolgt von 60 s händischem Auspressen von Wasseransammlungen mit einem Stößel. Um den Kontakt mit CO_2 aus der Raumluft und somit eine Karbonatisierung der Proben zu vermeiden, wurden diese sofort im Anschluss mit Stickstoff bespült und in zuvor mit Säure gespülten PE-Probebehältern luftdicht bei 20 °C gelagert.

An allen Proben wurden der pH-Wert und die Leitfähigkeit ermittelt und durch eine Ionenchromatographie der Gehalt an Sulfat SO_4^{2-}, Calcium Ca^{2+}, Kalium K^+ und Natrium Na^+ bestimmt. Hinsichtlich der Methodik dieses Untersuchungsverfahrens wird auf das einschlägige Schrifttum verwiesen [180].

Wie bereits erläutert wurde eine Teilmenge der einzelnen Proben darüber hinaus für Hintergrundmessungen zur Korrektur des ESA-Signals herangezogen (siehe Abschnitt 3.3.4.2).

3.4 Versuchsdurchführung

Die in der vorliegenden Arbeit beschriebenen Versuche umfassen jeweils folgende Arbeitsschritte, die entsprechend einem festgelegten Zeitplan bei konstanten Umgebungsbedingungen ausgeführt wurden:

- Vorbereitung der Ausgangsstoffe
- Kalibration der Messgeräte und Durchführung von Kontrollmessungen
- Herstellung des frischen Zementleims entsprechend Abschnitt 3.3.2
- Ermittlung der Dichte und des Ausbreitmaßes der Probe entsprechend Abschnitt 3.3.2
- Rheologische Untersuchungen entsprechend Abschnitt 3.3.3
- Elektroakustische Untersuchungen entsprechend Abschnitt 3.3.4
- Chemische und physikalische Untersuchungen entsprechend Abschnitt 3.3.5

Von besonderem Interesse war im Rahmen der Untersuchungen die zeitliche Entwicklung der einzelnen Kenngrößen, um so die Alterung der Probe über eine Zeitdauer von bis zu ca. 220 min erfassen zu können. Hierbei muss beachtet werden, dass frische Zementleime einer ständigen Sedimentation unterliegen. Die Messdauer muss somit im Vergleich zur spezifischen Sinkgeschwindigkeit eines Zementpartikels in der untersuchten Suspension entsprechend kurz gewählt werden.

Vor diesem Hintergrund wurde die Untersuchungsdauer an einer Probe jeweils auf ca. 20 min beschränkt. Weiterhin wurden die einzelnen durchzuführenden Messungen (siehe Tabelle 3-7) entsprechend ihrer Empfindlichkeit gegenüber Sedimentationsprozessen gestaffelt. Insbesondere rheometrische Messungen zu den elastischen Eigenschaften und zur Struktur der Probe mittels oszillatorischer Methoden wurden bevorzugt zu Beginn eines jeden Versuchs durchgeführt.

Nach der jeweiligen Messung wurde die im Rheometer untersuchte Teilprobe von 301 cm³ wieder zurück in einen luftdichten Behälter gefüllt und mit dem Rest der hergestellten Probemenge (d.h. 2,4 dm³ - 0,301 dm³ = 2,1 dm³) behutsam händisch vermischt (20 s Rühren). Von einem maschinellen Aufmischen wurde abgesehen, um Strukturbruch im Zementleim zu vermeiden. Zu einem festgelegten Zeitpunkt erfolgte dann die nächste Probenahme und Messung.

Kapitel 4
Ergebnisse der experimentellen Untersuchungen

4.1 Allgemeines

Im vorliegenden Kapitel werden die Ergebnisse der experimentellen Untersuchungen vorgestellt. Diese sind phänomenologisch gegliedert in die rheologischen Eigenschaften frischer Mehlkornsuspensionen (Abschnitt 4.2), die elektrochemischen Eigenschaften und die Granulometrie der suspendierten Partikel (Abschnitt 4.3) sowie die chemisch-physikalischen Eigenschaften und die Zusammensetzung der Trägerflüssigkeit (Abschnitt 4.4). Weiterhin werden die Ergebnisse der empirischen Untersuchungsmethoden vorgestellt (Abschnitt 4.6) sowie die Untersuchungen zum Einfluss dispergierender Zusatzmittel beschrieben (Abschnitt 4.7). Das Kapitel schließt mit einer Zusammenfassung (Abschnitt 4.8).

In jedem Abschnitt werden zunächst die für Zementsuspensionen charakteristischen Materialeigenschaften erläutert. Anschließend werden im Rahmen einer Parameterstudie die Einflussgrößen untersucht, die das Materialverhalten prägen. Aus Gründen der Übersichtlichkeit werden hier nur die wichtigsten Ergebnisse dieser Studie zusammengefasst. Eine ausführliche Darstellung aller Ergebnisse findet sich in den zugehörigen Anhängen B bis E.

Das Hauptaugenmerk der Versuche lag auf der Untersuchung der für das rheologische Verhalten frischer Zementsuspensionen maßgeblichen Mechanismen. Diese bilden die Grundlage für das in Kapitel 5 vorgestellte Modellgesetz.

4.2 Rheologische Eigenschaften frischer Zementsuspensionen

4.2.1 Grundlegendes Materialverhalten

Zunächst wird das Verhalten frischer Zementleime bei kurzzeitigen Belastungen mit einer Belastungsdauer $t < 1$ s vorgestellt (siehe Abschnitt 4.2.1.1). Zur Charakterisierung wurden oszillatorische Untersuchungsmethoden eingesetzt (siehe Abschnitt 3.3.3.3). Anschließend wird der Einfluss der Belastungsgeschwindigkeit auf das Materialverhalten frischer Zementleime beschrieben (siehe Abschnitt 4.2.1.2). Bereits aus diesen Untersuchungen wird deutlich, dass Zementleime auch bei sehr geringen Scherbelastungen ausgeprägte viskose Eigenschaften aufweisen. Dies wurde durch umfangreiche Kriechuntersuchungen bestätigt (siehe Abschnitt 4.2.1.3). Die viskosen Verformungsanteile nehmen darüber hinaus mit zunehmender Scherbelastung weiter zu (siehe Abschnitt 4.2.1.4).

Die Basis für alle folgenden Ausführungen bilden die Untersuchungen an den Zementen Z121 und Z131. Diese Zemente können auf Grundlage ihrer Zusammensetzung und ihrer chemisch-physikalischen Eigenschaften als repräsentativ für alle untersuchten Zemente angesehen werden.

4.2.1.1 Kurzzeitverhalten bei geringen Scherbelastungen

Das Materialverhalten frischer Zement- bzw. Mehlkornleime muss als ausgeprägt nicht-Newton'sch eingestuft werden und ist durch einen konstant hohen Schubmodul $|G^*|$ mit Werten zwischen ca. 8000 Pa und 100 000 Pa bei geringen Scherbelastungen gekennzeichnet. Strukturveränderungen in der Probe führen mit zunehmender Belastung zu einem zunächst langsamen, sich dann jedoch stark beschleunigenden Abfall des Schubmoduls. Dieser erst schleichende Abfall lässt auf eine zunehmende Zerstörung der inneren Struktur des Mehlkornleims mit zunehmender Belastung schließen und verhindert eine eindeutige Zuordnung des Strukturbruchs zu einer definierten Schubspannung.

Charakteristisches Materialverhalten und Kenngrößen

Abbildung 4-1 (oben) zeigt das Last-Verformungsverhalten ausgewählter Zementleime im oszillatorischen Belastungsversuch (Amplitudensweep, siehe Abschnitt 3.3.3.3). Deutlich ersichtlich ist, dass mit abnehmender Steifigkeit der Probe auch die Duktilität des Versagensvorgangs zunimmt. Der Ausgangswert des Schubmoduls für geringe Scherbelastungen wird hierbei als **unterkritischer Schubmodul** oder **unterkritischer Strukturmodul** G_0^* bezeichnet und stellt eine von vier Kenngrößen dar, die das Verformungsverhalten von Zementleim bei geringen Scherbelastungen prägen. Für die Beschreibung des Materialverhaltens von entscheidender Bedeutung ist weiterhin die Schubspannung, ab der Strukturbruch in der Probe eintritt, im Folgenden als **Strukturgrenze** τ_s bezeichnet. Aufgrund des schleichenden Charakters des Versagensvorgangs ist dieser Kennwert, der ein Maß für die Festigkeit der inneren Struktur der Probe darstellt, nicht eindeutig durch das Materialverhalten selbst vorgegeben und muss statt dessen im Folgenden definiert werden. Hierbei ist auch die Verwendung von weitergehenden Messungen der Struktur der Probe, wie sie beispielsweise oszillatorische Untersuchungen liefern, nur bedingt zielführend. Ansätze aus der Verfahrenstechnik, nach denen ein Strukturbruch dann vorliegt, wenn die Phasenverschiebung δ im Amplitudensweepversuch einen Wert von $45°$ annimmt und somit $G'(\tau_s) = G''(\tau_s)$ gilt, sind nicht auf Zementleime übertragbar, wie Abbildung 4-1 (unten) deutlich zeigt. Bereits vor Erreichen dieses Grenzwerts weist die Probe erhebliche Veränderungen im Schubmodul $|G*|$ bzw. in der Phasenverschiebung δ auf.

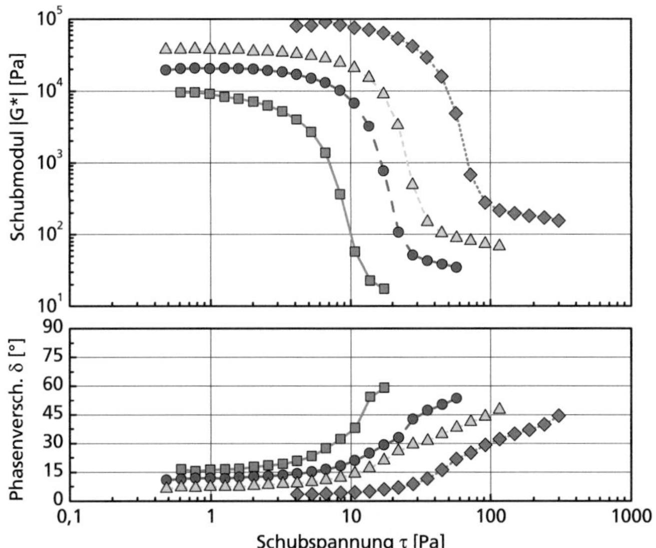

Abb. 4-1 Schubmodul $|G*|$ (oben) und Phasenverschiebung δ (unten) in Abhängigkeit von der Schubspannung τ im Amplitudensweepversuch für ausgewählte charakteristische Zementleime (Zement Z121, $\phi = 0{,}38$ (■), 0,40 (●), 0,42 (△), 0,44 (◆))

Vor diesem Hintergrund wurde zur Beschreibung des Belastungsverhaltens der untersuchten Proben ein regressionsbasiertes Verfahren entwickelt (siehe Abschnitt 3.3.3.3). Hierbei wird die Strukturgrenze τ_s als Spannung definiert, bei der die Steifigkeit $|G*|$ der Probe auf einen Wert von $\exp(-1) \approx 0{,}37$ des Ausgangswerts der unbelasteten Probe G_0^* abgefallen ist. Der Bereich unterhalb dieser Schubspannung wird demzufolge als unterkritisch, der Bereich oberhalb als überkritische Scherbelastung bezeichnet. Die Geschwindigkeit, mit der der Übergang mit zunehmender Belastung vonstatten geht, wird durch den sogenannten **Strukturindex** n beschrieben, wobei n mit zunehmender Duktilität abnimmt.

Wie aus Abbildung 4-1 weiterhin ersichtlich ist, strebt die Steifigkeit der Proben auch bei einer überkritischen Belastung gegen einen Grenzwert, der als **überkritischer Schubmodul** bzw. **Strukturmodul** G_1^* bezeichnet wird. G_1^* beträgt für die hier untersuchten Zementleime i. d. R. zwischen einem und drei Promille des unterkritischen Schubmoduls G_0^*. Dies macht deutlich, dass auch bei höheren Scherbelastungen die Kraftübertragung zwischen einzelnen Partikeln der Suspension nicht ausschließlich über viskose Strömungskräfte, sondern in bestimmtem Umfang auch über physikalische Reststrukturen in der Suspension erfolgt. Der Verlauf der Phasenverschiebung in Abhängigkeit vom Belastungsgrad der

Probe bestätigt diese Aussage (siehe Abbildung 4-1, unten). Trotz hoher Scherbelastung bleibt die Phasenverschiebung δ unter 60°. Rein viskoses Fließverhalten (Phasenverschiebung $\delta = 90°$) konnte an keiner der untersuchten Proben festgestellt werden.

Strukturierungsgrad der Suspension und Festigkeit der Struktur

Mithilfe des unterkritischen Schubmoduls G_0^* und der Strukturgrenze τ_s lässt sich ein für alle untersuchten Zementleime gültiger, normierter Schubmodul-Spannungsverlauf angeben (siehe Abbildung 4-2, links). Danach sind für Belastungsgrade von bis zu ca. 30 % nur vernachlässigbare Veränderungen (d. h. Änderungen < 10 %) des Schubmoduls feststellbar. Weitergehende Untersuchungen belegen, dass bis zu Belastungsgraden von ca. 50 % keine strukturellen Änderungen in der Probe infolge der Belastung auftreten, d. h., dass bei einer Belastung bis zu diesem Grad, einer anschließenden Entlastung und einer erneuten Belastung deckungsgleiche Kurvenverläufe ermittelt werden (hier nicht dargestellt). Für höhere Belastungen ist hingegen ein ausgeprägter Steifigkeitsverlust zu verzeichnen. Bereits für Spannungen > 200 % der Strukturgrenze strebt die Schubsteifigkeit der Proben gegen den überkritischen Strukturmodul G_1^*.

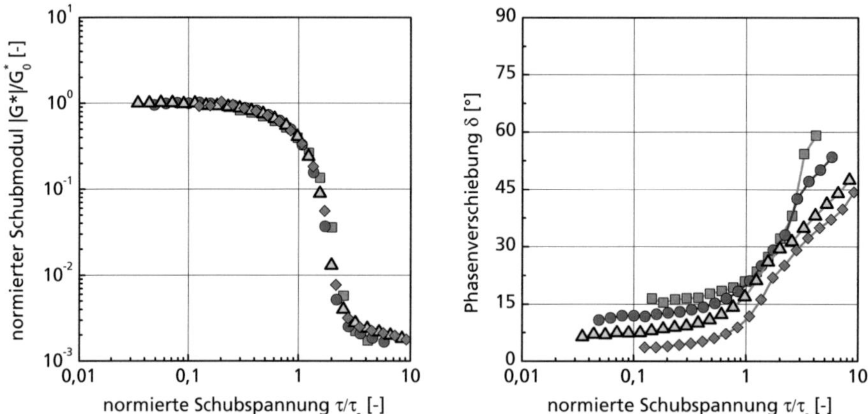

Abb. 4-2 Normierter Schubmodul $|G^*|/G_0^*$ (links) und Phasenverschiebung δ (rechts) in Abhängigkeit vom Belastungsgrad der Probe τ/τ_s für ausgewählte charakteristische Zementleime (Zement Z121, $\phi = 0{,}38$ (■), $0{,}40$ (●), $0{,}42$ (△), $0{,}44$ (◆))

Ein vielschichtigeres Bild zeigt sich bei der Betrachtung der Phasenverschiebung δ in Abhängigkeit vom Belastungsgrad (siehe Abbildung 4-2, rechts). Eine Reduktion auf einen normalisierten Kurvenverlauf ist hier nicht möglich. Die Phasenverschiebung im Ruhezustand kann als systemimmanente Eigenschaft betrachtet werden, da δ mit abnehmendem Belastungsgrad gegen einen unteren Grenzwert δ_0 strebt. Gleichzeitig weisen die exemplarisch gezeigten Proben für alle Belastungsgrade, insbesondere aber bei der Belastung im Bereich der Strukturgrenze τ_s, unterschiedliche Phasenverschiebungen δ auf. Das Versagen der Probe ist somit nicht direkt an eine definierte, für alle Proben gültige Phasenverschiebung gekoppelt, bei der Strukturbruch einsetzt. Statt dessen ist mit zunehmender Strukturgrenze τ_s ein Rückgang der zugehörigen Phasenverschiebung δ_s festzustellen (siehe Abbildung 4-3, links). Charakteristisch für die untersuchten Zementleime ist hierbei, dass auch für sehr geringe Werte der Strukturgrenze τ_s – d. h. für Mehlkornleime mit gering ausgeprägter Elastizität – die korrespondierende Phasenverschiebung δ_s vergleichsweise geringe Werte $< 30°$ aufweist. Betrachtet man dabei die Phasenverschiebung δ im Oszillationsversuch als Maßzahl für die innere Struktur einer Probe, so wird deutlich, dass mit abnehmendem Strukturierungsgrad ein Rückgang der Festigkeit der inneren Struktur – und somit der Strukturgrenze τ_s – zu verzeichnen ist.

Die in Abbildung 4-3 (links) dargestellte Abhängigkeit der Strukturgrenze τ_s vom Strukturierungsgrad der Probe δ_s kann vereinfacht mittels Gleichung 4-1 beschrieben werden (Bestimmtheitsmaß $R^2 = 0,52$ [-]). Gleichung 4-1 liegt die Überlegung zugrunde, dass die Strukturfestigkeit auch für sehr hohe Strukturierungsgrade gegen einen oberen Grenzwert (hier ca. 810 Pa) strebt. Mit abnehmender Struktur ist gleichzeitig ein Rückgang der Festigkeit zu erwarten. Die geringe Güte der Regression lässt jedoch auf weitere Einflussfaktoren schließen.

$$\tau_s(\delta_s) = 810 \cdot \exp(-12{,}98 \cdot \delta_s) \ [\text{Pa}] \tag{4-1}$$

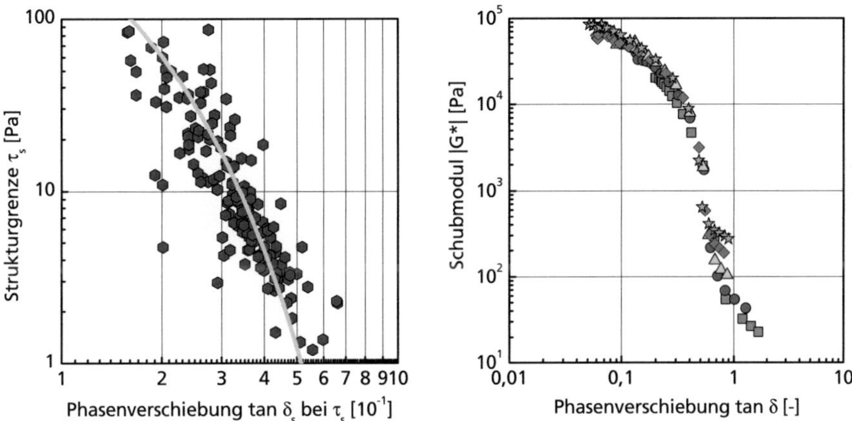

Abb. 4-3 Strukturgrenze τ_s und korrespondierende Phasenverschiebung δ_s für alle Versuche (links); Schubmodul $|G^*|$ in Abhängigkeit von der Phasenverschiebung $\tan\delta$ für ausgewählte Zementleime (Zement Z131, $\phi = 0{,}36$ (■), 0,38 (●), 0,40 (▲), 0,42 (◆), 0,44 (★)) im Amplitudensweepversuch (rechts)

Weiteren Aufschluss über die innere Struktur der Probe liefert die Gegenüberstellung des Schubmoduls $|G^*|$ und der Phasenverschiebung δ im Amplitudensweepversuch. Aus Abbildung 4-3 (rechts) wird ersichtlich, dass zwischen beiden Kennwerten ein allgemeingültiger Zusammenhang besteht. Für eine Phasenverschiebung $\tan\delta < 0{,}6$ (ca. 30°) verlaufen die hier exemplarisch gezeigten Kurven annähernd deckungsgleich. Der Schubmodul strebt mit abnehmender Phasenverschiebung gegen einen oberen Grenzwert von ca. 100 kPa. Hierbei muss beachtet werden, dass es sich bei beiden Kennwerten um Messgrößen handelt, die nur indirekt durch Veränderung der Mischungszusammensetzung beeinflusst werden können. In Abbildung 4-3 wurde dies durch Veränderung des Phasengehalts bei sonst identischen Randbedingungen realisiert. Auf der Grundlage der bereits vorgestellten Messergebnisse kann geschlossen werden, dass sowohl der Schubmodul $|G^*|$ als auch die Strukturgrenze τ_s eine Funktion der Phasenverschiebung δ und damit des Strukturierungsgrads der Probe sind. Der beobachtete Steifigkeitsverlust bei Erreichen bzw. Überschreiten der Strukturgrenze τ_s ist somit auf eine Störung der inneren Struktur der Probe zurückzuführen. Die in Abbildung 4-3 dargestellten Ergebnisse weisen jedoch auch darauf hin, dass die Festigkeit der einzelnen Vernetzungsstellen, d. h. der Kontaktstellen zwischen einzelnen Partikeln, weitgehend unabhängig vom Vernetzungsgrad bzw. der Zusammensetzung der Probe zu sein scheint. Die Festigkeit τ_s der Probe ist somit als Superposition der Einzelfestigkeiten der Kontaktstellen zwischen den Partikeln anzusehen.

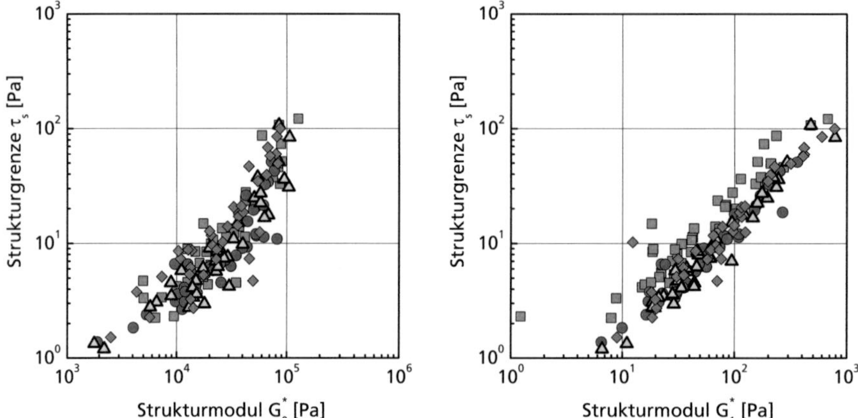

Abb. 4-4   Strukturgrenze τ_s in Abhängigkeit von den Strukturmoduln G_0^* bzw. G_1^* für alle untersuchten Zementleime zu den Zeitpunkten 15 (■), 60 (●), 120 (△) und 180 min (◆) nach Wasserzugabe

Diese Feststellung wird durch die Gegenüberstellung der Strukturgrenze τ_s und der Strukturmoduln G_0^* bzw. G_1^* bestätigt. Mit zunehmender Steifigkeit der Probe ist gleichzeitig eine Zunahme der Strukturfestigkeit zu verzeichnen (siehe Abbildung 4-4). Auffallend ist insbesondere die gute Korrelation von τ_s mit dem Strukturmodul bei überkritischer Belastung G_1^* (siehe Abbildung 4-4, rechts). Auch nach dem vermeintlichen Bruch sind in der Probe somit Reststrukturen vorhanden, die dieselbe Festigkeit wie die Ausgangsstruktur aufweisen.

4.2.1.2 Einfluss der Belastungsgeschwindigkeit bei geringen Scherbelastungen

Neben der Größe der Belastung ist das Materialverhalten von Zementleimen auch eine Funktion der Belastungs- bzw. Verformungsgeschwindigkeit. Abbildung 4-5 (links) zeigt, dass mit zunehmender Messfrequenz bei konstanter unterkritischer Scherbelastung der Schubmodul $|G^*|$ stark ansteigt. Dieser Zuwachs der Steifigkeit geht einher mit einem Abfall der Phasenverschiebung δ (siehe Abbildung 4-5, rechts) und ist somit auf ein zunehmend elastisches Tragverhalten der Suspension zurückzuführen. Für geringe Schergeschwindigkeiten $\dot{\gamma}$ zeigen die untersuchten Suspensionen hingegen deutlich reduzierte Schubmoduln $|G^*|$ bei gleichzeitiger Zunahme der viskosen Anteile an der Gesamtverformung. Für langsam ablaufende Transportvorgänge, wie z. B. Sedimentations- oder Entlüftungsprozesse, sind somit die viskosen Eigenschaften der Suspension von besonderer Bedeutung.

Da sowohl Haftkräfte als auch mechanische Reibungskräfte zwischen einzelnen Partikeln als unabhängig von der Verformungsgeschwindigkeit angenommen werden können, ist das sich hier darstellende Verhalten auf eine scherbedingte Umlagerung der Trägerflüssigkeit Wasser (einschließlich gelöster Ionen) in der vernetzten Partikelmatrix zurückzuführen. Mit abnehmender Schergeschwindigkeit ist eine Relativbewegung der Trägerflüssigkeit – also ein zeitabhängiger Transportprozess – verstärkt möglich.

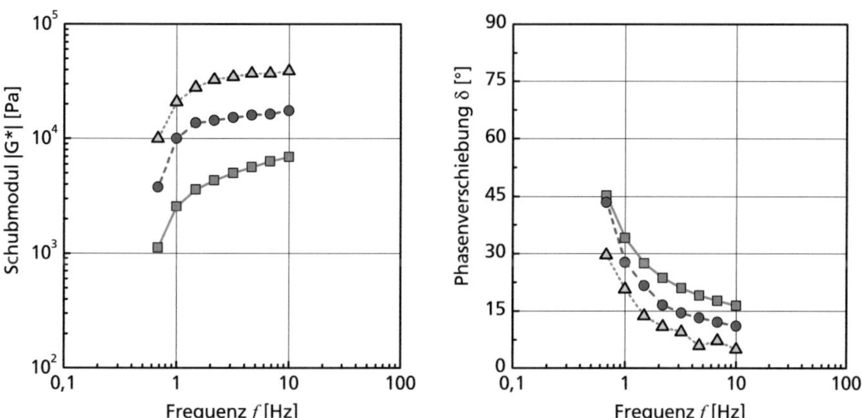

Abb. 4-5 Schubmodul $|G^*|$ (links) und Phasenverschiebung δ (rechts) in Abhängigkeit von der Messfrequenz im Frequenzsweepversuch für ausgewählte Zementleime (Zement Z121, ϕ =0,40 (■), 0,42 (●), 0,44 (△))

Der Vergleich der in Abbildung 4-5 (links) dargestellten Kurven zeigt darüber hinaus, dass diese näherungsweise um einen konstanten Betrag im Schubmodul $|G^*|$ verschoben sind. Vor diesem Hintergrund wurde für alle weiteren, bei konstanter Frequenz durchgeführten, oszillatorischen Messungen eine Frequenz von $f = 1$ Hz gewählt. Messungen bei dieser Frequenz liefern ausreichende Informationen über das Scherverhalten des Zementleims bei geringen Schergeschwindigkeiten, ohne jedoch Einschränkungen aus einer mit abnehmender Frequenz zunehmenden Messdauer und damit zeitlichen Veränderung der Probe zu unterliegen.

4.2.1.3 Kriechverhalten bei geringen Scherbelastungen

Das geschwindigkeitsabhängige Materialverhalten spiegelt sich auch in den durchgeführten Kriechuntersuchungen wider. Trotz einer unterkritischen Belastung zeigen alle untersuchten Zementleime ein stark ausgeprägtes Kriechen (siehe Abbildung 4-6, links). Im Anschluss an die Lastaufbringung ist ein zunächst starker, sich dann jedoch verlangsamender Rückgang der resultierenden Verformungsgeschwindigkeit $\dot{\gamma}_c$ zu verzeichnen. Diese strebt mit zunehmender Belastungsdauer gegen einen Endwert $\dot{\gamma}_{c,\infty}$. Aus der Kriechgeschwindigkeit $\dot{\gamma}_c$ bzw. deren Endwert $\dot{\gamma}_{c,\infty}$ kann mit der bekannten kriecherzeugenden Spannung τ_c die Kriechviskosität $\eta_c = \tau_c/\dot{\gamma}_c$ berechnet werden (siehe Abbildung 4-6, rechts). Aufgrund des asymptotischen Verlaufs der Kriechgeschwindigkeit strebt auch die Kriechviskosität gegen einen Grenzwert $\eta_{c,\infty} = \tau_c/\dot{\gamma}_{c,\infty}$.

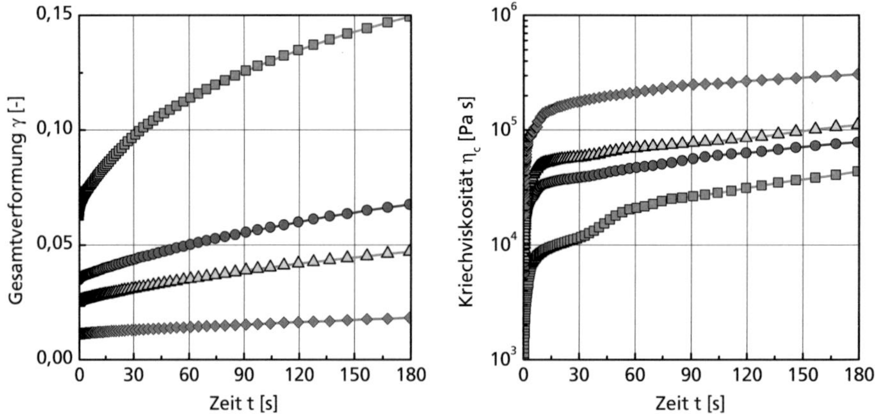

Abb. 4-6   Gesamtverformung γ (einschließlich elastischer Verformung; links) und Kriechviskosität η_c (rechts) im Kriechversuch bei konstanter Schubbelastung τ_c für ausgewählte charakteristische Zementleime (Zement Z131, $\phi = 0{,}38$ (■), 0,40 (●), 0,42 (△), 0,44 (◆))

Aus Abbildung 4-6 (rechts) ist weiterhin ersichtlich, dass $\eta_{c,\infty}$ mit zunehmendem Phasengehalt ϕ zunimmt. Dies bestätigt die vorangegangenen Ausführungen, wonach das Kriechen bei unterkritischer Belastung auf ein gegenseitiges Abgleiten einzelner Partikel bzw. ganzer Partikelagglomerate zurückzuführen ist. Mit zunehmendem Phasengehalt und damit abnehmendem Wassergehalt nimmt dabei die Anzahl und Dicke der einzelnen Gleitebenen kontinuierlich ab.

Bezieht man die im Kriechversuch ermittelten Verformungen auf die mittels der kriecherzeugenden Spannung τ_c und dem Schubmodul $|G^*|$ berechnete elastische Scherverformung γ_{el}, so wird deutlich, dass in Abhängigkeit von der Probenzusammensetzung die elastische Grenzverformung im hier vorliegenden Versuch annähernd instantan nach ca. 0,06 s bis 0,15 s erreicht wird (Abbildung 4-7, links, Kriechzahl $\varphi_c = 1$). Während des anschließend einsetzenden Kriechvorgangs ist eine weitere, sehr schnelle Verformungszunahme zu verzeichnen. Die resultierenden Scherungen betragen bereits nach zehn Sekunden circa das Zehnfache der elastischen Anfangsverformung.

Umgekehrt verhält sich dies bei der Entlastung der Proben. Alle untersuchten Proben zeigen eine elastische Rückverformung γ_{RL} infolge einer schnellen Entlastung im Anschluss an die durchgeführten Kriechversuche. Aus der Darstellung als negative Kriechzahl $-\varphi_c$ wird jedoch deutlich, dass die als elastisch – und damit vollständig reversibel – angenommenen Verformungsanteile in Abhängigkeit von der Zusammensetzung z. T. deutlich geringer ausfallen, als dies auf der Grundlage von oszillatorischen Messungen erwartet wurde (siehe Abbildung 4-7, rechts). Die elastische Rückverformung kann nach ca. 0,07 s als abgeschlossen betrachtet werden und beträgt in Abhängigkeit von der Zusammensetzung der Mischungen zwischen 20 % und 90 % der mithilfe des Schubmoduls berechneten Verformung. Weitaus stärker ausgeprägt ist hingegen das Rückkriechen der Proben, bei dem nach 60 s Kriechzahlen zwischen zwei und acht festgestellt wurden (siehe Abbildung 4-7, rechts). Die Rückkriechverformungen streben dabei gegen einen Grenzwert und die Rückkriechgeschwindigkeit gegen null. Die Ursachen hierfür werden in Kapitel 5 diskutiert.

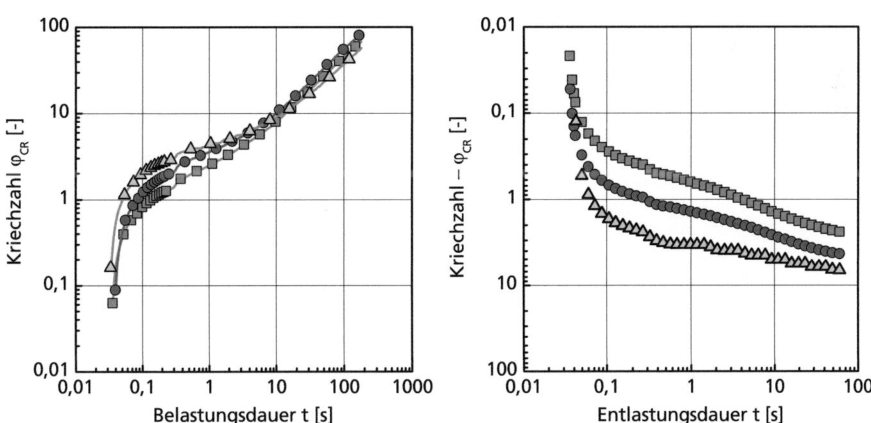

Abb. 4-7 Kriechverformung (links) und Rückkriechverformung (rechts), jeweils ausgedrückt durch die Kriechzahl $\varphi_{CR} = \gamma / (\tau / |G^*|)$ für ausgewählte Zementleime (Zement Z121, $\phi = 0{,}40$ (■), 0,42 (●), 0,44 (△))

Die Kriechviskosität $\eta_{c,\infty}$ kann direkt zur Beschreibung bzw. Vorhersage beispielsweise von Sedimentationsvorgängen herangezogen werden. Hierbei muss jedoch beachtet werden, dass dieser Kennwert stark durch die Belastungsgeschichte der Probe beeinflusst wird (siehe Kapitel 6).

Abbildung 4-8 (links) zeigt die Kriechviskosität $\eta_{c,\infty}$ in Abhängigkeit vom Belastungsgrad τ/τ_s einzelner Proben zu unterschiedlichen Zeitpunkten und bei unterschiedlichen Vorbelastungen. In den Versuchen, die diesen Ergebnissen zugrunde liegen, wurde schrittweise die kriecherzeugende Spannung τ_c erhöht und die resultierenden Kriechviskositäten η_c gemessen. Trotz identischem Belastungsgrad weisen hierbei die Proben, die bereits einer Kriechbelastung in einer oder mehreren Stufen ausgesetzt waren, eine deutlich größere Viskosität $\eta_{c,\infty}$ auf als unbelastete Proben. Diese belastungsbedingten Veränderungen in der Probe sind dabei erheblich stärker ausgeprägt als Veränderungen, die aus der Alterung der Probe resultieren. Auch nach einem Probenalter von ca. 70 min weisen alle untersuchten Zementleime annähernd identische Kriechviskositäten bei gleicher Belastungsgeschichte auf. Die Ursachen hierfür werden in Abschnitt 5.3 diskutiert.

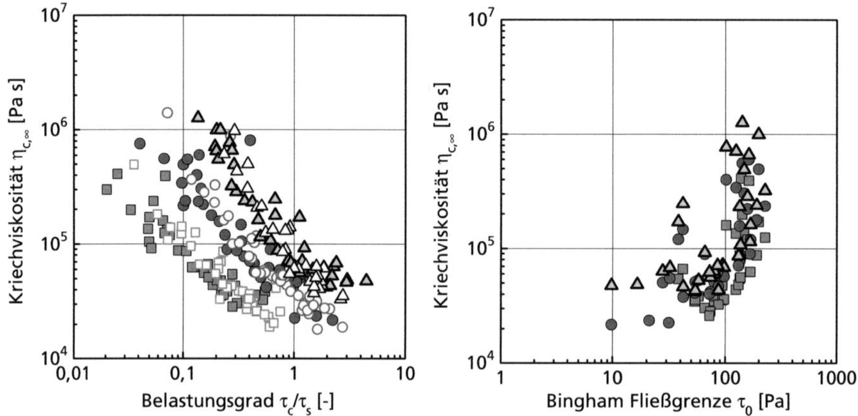

Abb. 4-8 Kriechviskosität $\eta_{c,\infty}$ in Abhängigkeit vom Belastungsgrad τ_c/τ_s (links) bzw. von der BINGHAM Fließgrenze τ_0 (rechts) für Kriechversuche an ausgewählten Zementleimen bei kriecherzeugenden Spannungen τ_c von 2,5 Pa (■,□), 5,0 Pa (●,○) und 10 Pa (▲,△) zu den Zeitpunkten ca. 25 min (■,●,▲) bzw. 70 min (□,○,△) nach Mischende

Abbildung 4-8 (rechts) verdeutlicht, dass eine Vorhersage der Kriechviskosität $\eta_{c,\infty}$ auf Basis von Fließversuchen an Zementleim bei hohen überkritischen Belastungen nicht möglich ist. Weder für die plastische Viskosität μ_1 (hier nicht dargestellt) noch für die BINGHAM-Fließgrenze τ_0 konnte ein funktioneller Zusammenhang zur Kriechviskosität $\eta_{c,\infty}$ festgestellt werden. Daraus wird deutlich, dass die im Material ablaufenden Prozesse bei Kriechvorgängen von anderer Natur sein müssen, als dies für Fließvorgänge bei hohen Schergeschwindigkeiten $\dot{\gamma}$ der Fall ist (siehe Abschnitt 5.3).

Die vorgestellten Ergebnisse zeigen, dass die durch den Kriechvorgang geleistete Arbeit nur zum Teil in viskoses Fließen, d.h. irreversible Verformungen umgesetzt wird. Der restliche Teil der Verformungsarbeit führt hingegen zu Veränderungen in der Struktur der Probe. Wie bereits erläutert, hat dies bei wiederholter Belastung einer Probe unterschiedliche Kriechviskositäten bei identischem Belastungsgrad zur Folge. Gleichzeitig sind diese Veränderungen auch für das ausgeprägte Rückkriechverhalten der Zementleime nach Entlastung verantwortlich. Auf die zugrunde liegenden Mechanismen wird ausführlich in Kapitel 5 eingegangen.

4.2.1.4 Verhalten bei hohen Scherbelastungen

Im Zuge einer umfassenden Beschreibung des viskoelastischen Verformungsverhaltens von Zementsuspensionen wurden die untersuchten Proben auch stark überkritischen Schubspannungen $\tau \gg \tau_s$ ausgesetzt und somit deren Fließverhalten untersucht. Derartige Versuche für Zementleime sind in der Praxis sehr weit verbreitet. Die Darstellung als Fließkurve (siehe Abbildung 4-9) zeigt ausgewählte Zementleime mit unterschiedlichen Phasengehalten ϕ.

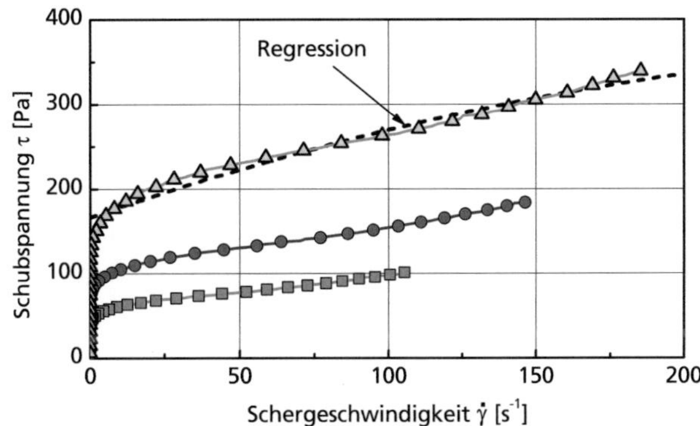

Abb. 4-9 Fließkurven ausgewählter Zementleime (Zement Z131, $\phi = 0{,}36$ (■), $0{,}38$ (●), $0{,}40$ (△)) im spannungsgesteuerten Fließversuch (abnehmende Schubspannung)

Eine Bewertung des Materialverhaltens der Proben kann beispielsweise durch lineare Regression über den quasi-linearen Ast der Kurve mithilfe des BINGHAM-Modells bzw. nichtlinear mithilfe des modifizierten BINGHAM-Modells erfolgen (siehe Abschnitt 3.3.3.4). Auffallend für alle Proben ist, dass diese für hohe Schergeschwindigkeiten einen nicht-linearen Zuwachs der Schubspannung τ aufweisen. Diese geringfügige Dilatanz wird auf eine überproportionale Zunahme von Problemen bei der Neuanordnung einzelner Partikel mit zunehmender Schergeschwindigkeit zurückgeführt. Abbildung 4-9 macht weiterhin deutlich, dass sowohl das BINGHAM-Modell als auch dessen Modifikation zur Beschreibung des Übergangsbereichs zwischen Ruhezustand und Fließen ungeeignet sind. Insbesondere für geringe Schergeschwindigkeiten ist eine starke Abweichung von der Linearität festzustellen, die eine erhebliche Überschätzung des Werts für die Fließgrenze τ_0 durch das Materialmodell zur Folge hat. Berücksichtigt man, dass die in Abbildung 4-9 gezeigten Fließkurven für fallende Schubspannungswerte (d. h. fallende Regelgröße τ) erzeugt wurden, so können Einflüsse beispielsweise aus einem Strukturbruch innerhalb der Proben bei der Erklärung der Nicht-Linearität der Fließkurve im Übergangsbereich zwischen Ruhezustand und Fließen ausgeschlossen werden.

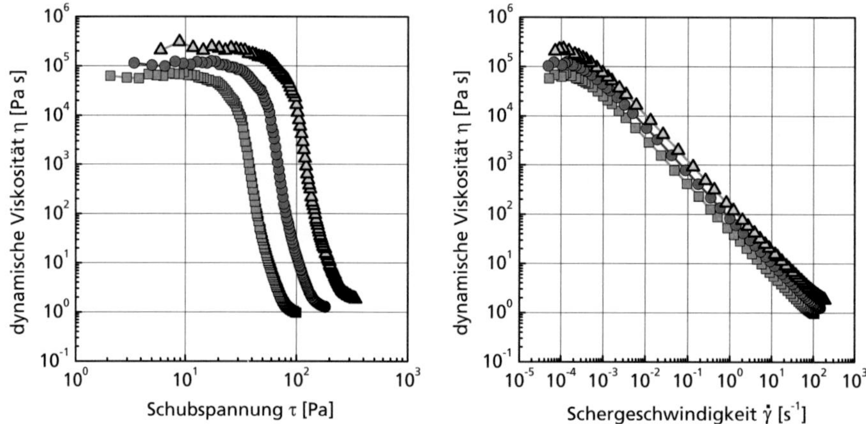

Abb. 4-10   Dynamische Viskosität η in Abhängigkeit von der Schubspannung τ (links) bzw. der Schergeschwindigkeit $\dot{\gamma}$ (rechts) für ausgewählte Zementleime (Zement Z131, ϕ =0,36 (■), 0,38 (●), 0,40 (▲)) im spannungsgesteuerten Fließversuch (abnehmende Schubspannung; vgl. Abbildung 4-9)

Erheblich besser zur Beurteilung des Fließverhaltens der Suspensionen ist die Darstellung der Ergebnisse durch die dynamische Viskosität η geeignet (siehe Abbildung 4-10). Ausgehend von einem Grundwert der Viskosität für hohe Schubbelastungen bzw. Schergeschwindigkeiten $\eta_{\tau=\infty} = \eta_{\dot{\gamma}=\infty}$ steigt die dynamische Viskosität η für alle untersuchten Zementleime mit abnehmender Schubspannung bzw. Schergeschwindigkeit $\dot{\gamma}$ hyperbolisch an und strebt für geringe Werte von τ bzw. $\dot{\gamma}$ gegen einen oberen Grenzwert $\eta_{\tau=0} = \eta_{\dot{\gamma}=0}$. Charakteristisch ist weiterhin, dass die Steigung der Viskositäts-Schergeschwindigkeits-Kurve (siehe Abbildung 4-10) unabhängig von der Zusammensetzung der Probe ist und die Kurven in der doppelt logarithmischen Darstellung somit lediglich parallel verschoben sind.

Der Vergleich von Abbildung 4-10 (links) mit den im Rahmen der oszillatorischen Untersuchungen gewonnenen Ergebnissen macht darüber hinaus deutlich, dass das Materialverhalten von Zementleim unabhängig vom Vorzeichen des aufgebrachten Spannungsgradienten $d\tau/dt$ ist. Der Kurvenverlauf der dynamischen Viskosität η ähnelt dabei sehr dem bereits beim Schubmodul $|G*|$ beobachteten Verhalten (vgl. Abbildung 4-1).

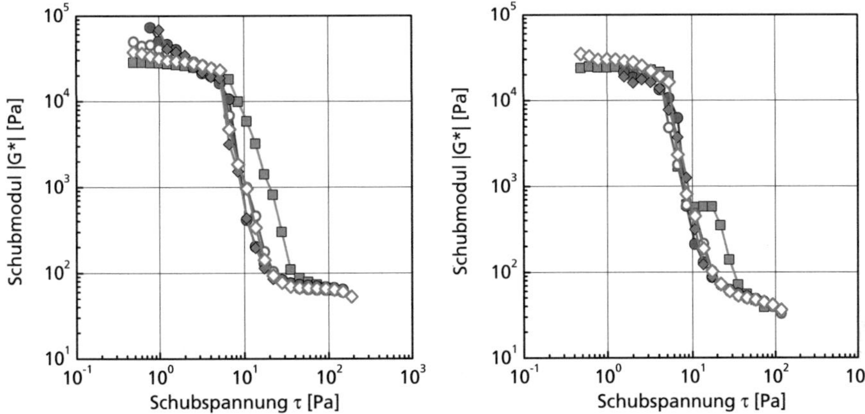

Abb. 4-11   Viskoelastisches Verformungsverhalten von Proben im Amplitudensweepversuch für Proben mit Zement Z121 ($\phi=0{,}42$, links) und Zement Z131 ($\phi=0{,}38$, rechts) für unterschiedliche Vorschergrade (siehe Tabelle 3-7): ohne Vorscherung (■); nach 30 s Vorscherung (●) sowie anschließender Ruhephase (○); nach 60 s Vorscherung (◆) und anschließender Ruhephase (◇)

Abbildung 4-11 zeigt weiterhin den Steifigkeits-Schubspannungsverlauf von zwei verschiedenen Zementsuspensionen bei unterschiedlichen Vorschergraden. Im Anschluss an eine Grundcharakterisierung ohne Vorbelastung (Messsegment 2, Gerät *RS600*, siehe Tabelle 3-7) wurden die Proben schrittweise einer Vorscherung von 30 s bzw. 60 s bei $\dot{\gamma}=38$ [s^{-1}] unterzogen (Tabelle 3-7, Messsegmente 11 und 15). Direkt danach sowie erneut nach einer Ruhephase von ca. 200 s wurde jeweils ein oszillatorischer Amplitudensweepversuch durchgeführt und somit das viskoelastische Verhalten der Proben mit und ohne Vorscherung erfasst. Die in Abbildung 4-11 dargestellten Ergebnisse belegen, dass für reine Zementsuspensionen bei dem hier gewählten Vorschergrad keine Veränderungen im viskoelastischen Verformungsverhalten festgestellt werden konnten.

4.2.1.5 Klassifizierung des Verformungsverhaltens

Auf der Grundlage der in den Abschnitten 4.2.1.1 bis 4.2.1.4 vorgestellten Ergebnisse kann das Fließverhalten von Zementsuspensionen in die drei charakteristischen Bereiche unterkritisch, kritisch und überkritisch untergliedert werden (siehe Tabelle 4-1).

Tab. 4-1   Definition der Belastungszustände unterkritisch, kritisch und überkritisch

Kennwert	Belastungszustand		
	unterkritisch	kritisch	überkritisch
Schubspannung τ	$< \tau_s$	$\tau_s \leq \tau < \tau_0$	$\geq \tau_0$
Schubmodul $\|G^*\|$	G_0^*	G_1^*	$-$
Viskosität η	$\eta_{c,0,\infty}$	$-$	μ_1

In Tabelle 4-1 bezeichnen τ_s die Strukturgrenze und τ_0 die BINGHAM-Fließgrenze (siehe Abschnitt 4.2.1.4).

Als unterkritisch wird danach ein Belastungszustand bezeichnet, der durch einen annähernd konstanten, hohen Schubmodul G_0^* bei gleichzeitig sehr hoher Kriechviskosität $\eta_{c,0,\infty}$ gekennzeichnet ist.

Mit dem Überschreiten der Strukturgrenze τ_s geht das Verformungsverhalten des Zementleims in einen kritischen Zustand über. Dies bedeutet, dass ausgeprägte Veränderungen in der Struktur des Leims stattfinden. Hierbei handelt es sich um einen zeitabhängigen, nicht-stationären Vorgang. Der kritische Zustand ist gekennzeichnet durch einen, im Vergleich zum unterkritischen Zustand, sehr geringen Schubmodul G_1^*.

Wird die Schubbelastung weiter gesteigert und die BINGHAM-Fließgrenze τ_0 überschritten, dann tritt die Probe nach dieser Definition in einen überkritischen Zustand ein. Dieser ist durch eine sehr geringe Viskosität für hohe Scherbelastungen gekennzeichnet. Eine Schubsteifigkeit ist messtechnisch nicht mehr nachweisbar.

4.2.2 Zeitliche Entwicklung

Sowohl Agglomerations- und Dispergierungsvorgänge als auch die Hydratation der Zementpartikel sind zeitabhängige Prozesse die eine fortwährende Veränderung der Probe zur Folge haben. Für alle untersuchten Proben wurde daher das zeitabhängige Materialverhalten – im Folgenden auch als Alterung bezeichnet – über eine Dauer von ca. 200 min erfasst. Hierzu wurden die Zementleime mit dem in Tabelle 3-7 wiedergegebenen Messprofil zu den Zeitpunkten 15, 60, 120 und 180 min nach Wasserzugabe zum Zement untersucht.

4.2.2.1 Kurzzeitverhalten bei geringen Scherbelastungen

Abbildung 4-12 zeigt die zeitliche Entwicklung der viskoelastischen Eigenschaften von Zementleimen mit dem Zement Z211 bei verschiedenen Phasengehalten im Amplitudensweepversuch. Für den unterkritischen Schubmodul G_0^*, den Strukturindex n und die Strukturgrenze τ_s ist zunächst ein starker Rückgang mit zunehmender Zeit zu verzeichnen, gefolgt von einem erneuten Anstieg in einem Probenalter von mehr als 120 min. Besonders stark ist dieser Anstieg dabei für die Strukturgrenze τ_s ausgeprägt. Gleichzeitig ist für diesen Parameter auch eine Abhängigkeit vom vorliegenden Phasengehalt ϕ zu verzeichnen.

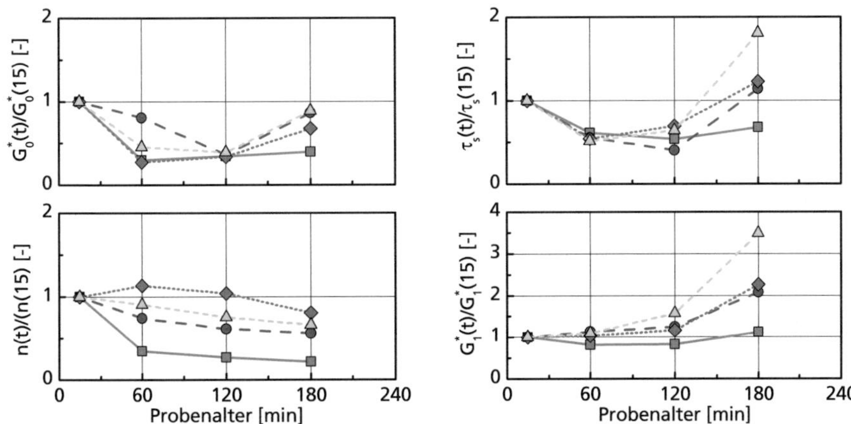

Abb. 4-12 Zeitliche Entwicklung der Strukturmoduln G_0^* und G_1^*, der Strukturgrenze τ_s sowie des Strukturindex n, jeweils bezogen auf den Ausgangswert im Probenalter von 15 min von ausgewählten Zementleimen im Amplitudensweepversuch (Zement Z211, ϕ = 0,40 (■), 0,42 (●), 0,44 (◆), 0,46 (△))

Der anfängliche Rückgang der Strukturgrenze spiegelt sich wider Erwarten nicht im überkritischen Strukturmodul G_1^* wider. Hier ist ab Versuchsbeginn eine kontinuierliche, exponentielle Zunahme zu beobachten. Wie Abbildung 4-12 (rechts, unten) zeigt, ist dieser Anstieg dabei bis zu einem Alter von ca. 120 min weitgehend unabhängig vom Phasengehalt und beträgt zu diesem Zeitpunkt ca. 130 % des Ausgangswerts. Ab einem Alter von ca. 120 min steigt G_1^* hingegen überproportional an. Dies gilt insbesondere für Leime mit hohen Phasengehalten.

Mit der Veränderung der Strukturgrenze τ_s und des überkritischen Strukturmoduls G_1^* einher geht eine Zunahme der Phasenverschiebung beim Strukturbruch δ_s bis zu einem Alter zwischen ca. 60 bis 120 min (siehe Abbildung 4-13), gefolgt von einem erneuten Rückgang von δ_s ab diesem Zeitpunkt. Dies steht in gutem Einklang mit den Ergebnissen der Strukturgrenze τ_s, für die eine anfängliche Abnahme und anschließend eine erneute Zunahme beobachtet wird. Die Phasenverschiebung beim Strukturbruch beträgt für einen Phasengehalt von 0,42 für alle untersuchten Zemente zwischen 9,5 und 28,3° und ist durch einen zeitlichen Anstieg von ca. 0,5 bis 3,5° bis zum Erreichen des Maximums geprägt. Am stärksten ausgeprägt ist mit ca. 3,5° der Zuwachs für Leime mit dem Zement Z121, der sein Maximum nach ca. 120 min erreicht. Dies entspricht einem Zuwachs von ca. 20 %.

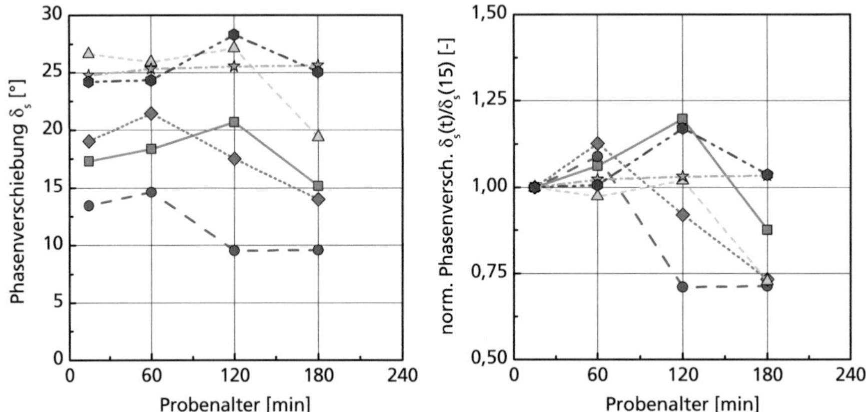

Abb. 4-13 Zeitliche Entwicklung der Phasenverschiebung beim Strukturbruch δ_s für ausgewählte Zemente (Z121 (■), Z131 (●), Z211 (△), Z221 (◆), Z222 (☆) und Z223 (⬤)) bei einem Phasengehalt ϕ von 0,42 als Absolutwerte (links) und bezogen auf den Wert im Alter von 15 min (rechts)

4.2.2.2 Kriechverhalten bei geringen Scherbelastungen

Ein ähnliches Bild, wie bereits für die Strukturgrenze τ_s beobachtet, zeigt sich auch für die zeitliche Entwicklung der Kriechviskosität $\eta_{c,\infty}$ der Proben. Abbildung 4-14 zeigt, dass $\eta_{c,\infty}$ zwischen 15 und 60 min Probenalter zunächst auf ca. 70 % des Ausgangswertes abfällt, um dann jedoch stark anzuwachsen. Insbesondere in dem für die Baupraxis wichtigsten Zeitbereich zwischen 30 und 90 min nach Wasserzugabe ist die Kriechneigung der Zementleime und damit die Entmischungsneigung so hergestellter Betone besonders stark ausgeprägt. Dem gegenüber steht jedoch eine verbesserte Verarbeitbarkeit, die auf eine ebenfalls reduzierte Strukturgrenze τ_s der Leime zurückzuführen ist.

Aus der auf den Ausgangswert im Alter von 15 min normierten Darstellung wird weiterhin deutlich, dass die zeitliche Entwicklung der Kriechviskosität als unabhängig vom Phasengehalt der Proben anzusehen ist. Die in Abbildung 4-14 (rechts) dargestellten Kurven verlaufen bis zu einem Probenalter von 180 min annähernd deckungsgleich. Eine Ausnahme bildet hier lediglich der Leim mit einem Phasengehalt von 0,42, der einen überproportional starken Anstieg im Alter von 180 min nach Wasserzugabe aufweist. Die Ursachen hierfür sind unklar, zumal der identische Leim im Amplitudensweep- und Fließversuch kein von der Grundgesamtheit abweichendes Verhalten aufweist (siehe Abbildungen 4-12 und 4-15).

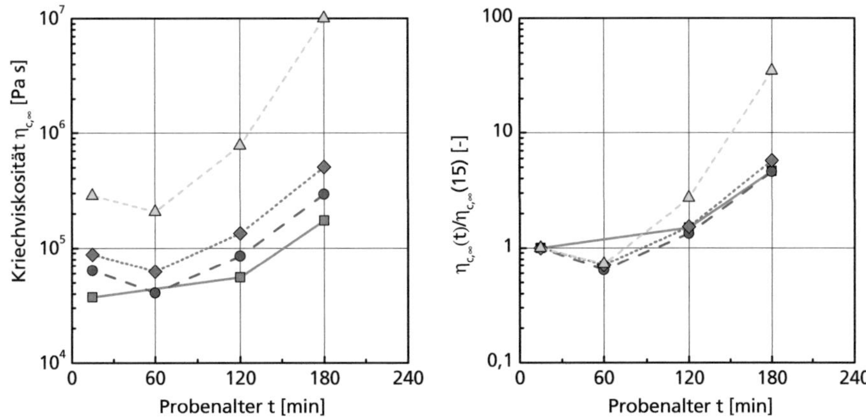

Abb. 4-14 Zeitliche Entwicklung (Probenalter t) der Kriechviskosität $\eta_{c,\infty}$ als Absolutwert (links) und bezogen auf den Ausgangswert im Probenalter von 15 min (rechts) von ausgewählten Zementleimen im Kriechversuch bei einer kriecherzeugenden Spannung von $\tau_c = 10$ Pa (Zement Z121, $\phi = 0{,}38$ (■), 0,40 (●), 0,42 (◆), 0,44 (△))

4.2.2.3 Verhalten bei hohen Scherbelastungen

Bezieht man in diese Betrachtungen die Ergebnisse der Fließversuche mit ein, so zeigt sich eine deutliche Diskrepanz zwischen unter- und überkritischem Fließverhalten in Bezug auf die zeitliche Entwicklung der einzelnen Kennwerte. Analog zum überkritischen Strukturmodul wachsen sowohl die Fließgrenze τ_0 und der lineare Anteil der plastischen Viskosität μ_1 mit der Zeit an (siehe Abbildung 4-15). Dieser Zuwachs beträgt zwischen 120 % und 160 % gegenüber den Ausgangswerten im Alter von 15 min, ist jedoch zeitlich auf die ersten 60 min begrenzt. Darüber hinaus ist kein weiterer Anstieg, sondern teilweise sogar ein geringfügiger Rückgang der Kennwerte zu verzeichnen. Die möglichen Ursachen dieser zeitabhängigen Veränderungen werden in Abschnitt 5.7 diskutiert.

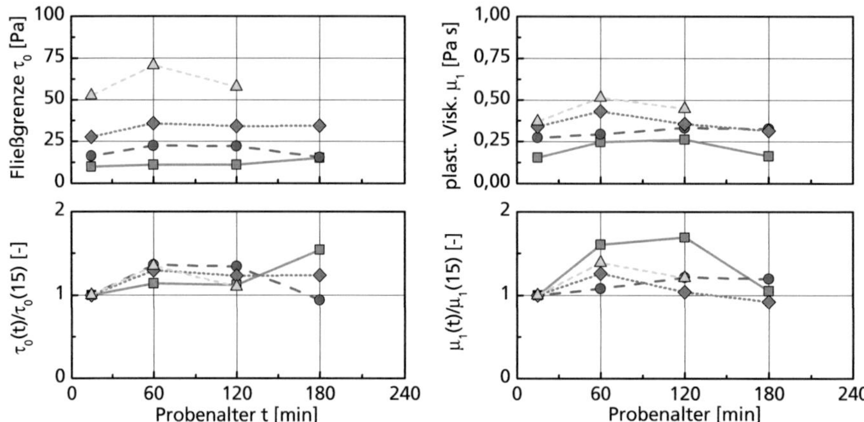

Abb. 4-15 Zeitliche Entwicklung (Probenalter t) der Fließeigenschaften (Fließ-grenze τ_0, plastische Viskosität μ_1) als Absolutwerte (oben) und bezogen auf den Ausgangswert im Probenalter von 15 min (unten) von ausgewählten Zementleimen im Fließversuch (Zement Z221, ϕ = 0,36 (■), 0,38 (●), 0,40 (◆), 0,42 (△))

4.2.3 Ergebnisse der Parameterstudie

Im Rahmen einer ausführlichen Parameterstudie wurde gezielt der Einfluss des Phasengehalts, der Zementart, der Partikelgrößenverteilung und Packungsdichte der Phase sowie der Einfluss von Zumahl- bzw. Zusatzstoffen und der Sulfatträgerdosierung auf die rheologischen Eigenschaften von Zementleim untersucht. Eine ausführliche Darstellung und Diskussion dieser Ergebnisse ist in Anhang B dieser Arbeit enthalten. Nachfolgend werden die wichtigsten Erkenntnisse der Parameterstudie kurz zusammengefasst.

Phasengehalt: Mit zunehmendem Phasengehalt ϕ ist eine exponentielle Zunahme sowohl des unter- und überkritischen Strukturmoduls G_0^* bzw. G_1^* als auch der Strukturgrenze τ_s zu verzeichnen (siehe Abbildung B-1). Gleichzeitig nehmen die Kriechviskosität $\eta_{c,\infty}$ sowie die BINGHAM-Fließgrenze τ_0 und die plastische Viskosität μ_1 der Leime zu (siehe Abbildungen B-2 und B-3). Der Einfluss des Phasengehalts ϕ auf die einzelnen Kennwerte ist jedoch stark von der verwendeten Zementart abhängig.

Partikelgrößenverteilung und Packungsdichte: Die in den Abbildungen B-4, B-6 und B-7 dargestellten Ergebnisse zeigen, dass mit zunehmender Packungsdichte der Phase eine Verflüssigung der Probe einhergeht. Dies äußert sich in einem Rückgang der Strukturmoduln G_0^* bzw. G_1^*, der Strukturgrenze τ_s, der Kriechviskosität $\eta_{c,\infty}$ sowie der BINGHAM-Kennwerte τ_0 und μ_1. Bezieht man den Phasengehalt ϕ auf die Packungsdichte ϕ_p – d.h. auf den maximal möglichen Phasengehalt bei dichtester Packung – so wird deutlich, dass mit zunehmendem Verhältnis $\phi/\phi_p \to 1$ alle oben genannten Kennwerte stark ansteigen (siehe Abbildungen B-5, B-6 und B-7, rechts). Gleichzeitig sind jedoch auch hier signifikante Unterschiede zwischen einzelnen Zementen zu verzeichnen. Dies belegt, dass die rheologischen Eigenschaften frischer Zementleime neben der Granulometrie der Phase auch stark durch andere Einflussfaktoren, wie beispielsweise durch die elektrochemischen Eigenschaften des Zements, beeinflusst werden.

Zumahl- und Zusatzstoffe: Der Einfluss dieser Stoffe ist stark von der verwendeten Art abhängig. Der Austausch von Zement durch *Kalksteinmehl* hat im vorliegenden Fall einen deutlichen Anstieg der Strukturgrenze τ_s zur Folge, der sich jedoch nur bedingt in einer Veränderung der Strukturmoduln G_0^* bzw. G_1^* abzeichnet (siehe Abbildung B-8). Positiv wirkt sich Kalksteinmehl auf die Kriechneigung der Leime aus, die mit zunehmender Dosierung zurückgeht (siehe Abbildung B-9). Dies steht im Einklang mit einem Anstieg der BINGHAM-Fließgrenze τ_0 (siehe Abbildung B-10) bis zu einer Dosierung von 15 Vol.-%. Für höhere Dosiermengen geht jedoch die Fließgrenze deutlich zurück. Die Ursachen hierfür sind bislang unklar.

Ein ähnliches Bild zeigt sich für *Hüttensand* (siehe Abbildungen B-8 bis B-10). Nach einer anfänglichen Zunahme der Strukturgrenze τ_s bzw. BINGHAM-Fließgrenze τ_0 gehen beide Kennwerte für Dosierungen > 15 Vol.-% deutlich zurück. Gänzlich unbeeinflusst bleibt die Kriechviskosität $\eta_{c,\infty}$. Die Ursachen hierfür sind mit hoher Wahrscheinlichkeit in einer Veränderung der Packungsdichte des Gesamtsystems in Abhängigkeit von der Dosiermenge zu sehen.

Die Zugabe von *Flugasche* bewirkt eine kontinuierliche Verflüssigung der untersuchten Leime (siehe Abbildungen B-8 bis B-10). Dies äußert sich in einem signifikanten Rückgang der Strukturmoduln G_0^* und G_1^*, der Strukturgrenze τ_s und BINGHAM-Fließgrenze τ_0 und der plastischen Viskosität μ_1. Besonders auffällig ist jedoch, dass trotz einer Verflüssigung der Proben mit zunehmender Dosiermenge die Kriechviskosität nahezu unverändert bleibt. In der Praxis bedeutet dies, dass die Verarbeitbarkeit der Mischungen deutlich verbessert wird, ohne dass dabei die Entmischungsneigung zunimmt.

Als äußerst interessant ist schließlich die Wirkungsweise von *Silikastaub* anzusehen. Bereits geringe Zugabemengen haben einen extrem starken Anstieg der Kennwerte für das unterkritische Materialverhalten zur Folge. So nehmen die Strukturgrenze τ_s, die Strukturmoduln G_0^* und G_1^*, die BINGHAM-Fließgrenze τ_0 und die Kriechviskosität $\eta_{c,\infty}$ für Silikastaubgehalte von bis zu 10 Vol.-% sehr stark zu. Dem gegenüber steht jedoch ein starker Rückgang der plastischen Viskosität μ_1 mit zunehmender Dosiermenge. Silikastaub wirkt somit offensichtlich nur für hohe Scherraten verflüssigend. Dies erklärt die in der Praxis gängige Verwendung von Silikastaub als Stabilisierer und die bekannte „Klebrigkeit" hochfester Betone, bei denen eine gute Verdichtbarkeit erst bei sehr hohen Rüttelenergien erreicht wird.

Sulfatgehalt: Der Einfluss des Sulfatgehalts im Zement wurde an einem ausgesuchten Klinkermehl untersucht, dem Sulfat in Form einer Mischung aus Gips und Anhydrit zugesetzt wurde. Bis zu einem Sulfatgehalt von ca. 3,5 M.-% vom Zement (ausgedrückt als SO_3) gehen alle untersuchten rheologischen Kennwerte deutlich zurück (siehe Abbildungen B-11, B-13 und B-14). Darüber führt ein Sulfatgehalt unter ca. 3,5 M.-% zu einem deutlichen Anstieg der rheologischen Kennwerte mit der Zeit (siehe Abbildung B-12). Die Ursachen für diesen erneuten Anstieg sind unbekannt.

4.3 Elektrochemische Eigenschaften und Agglomerierungsverhalten suspendierter Zementpartikel

4.3.1 Grundlegendes Materialverhalten

Neben den rheologischen Eigenschaften der Suspensionen wurden gleichzeitig die elektrochemischen Eigenschaften und die Korngrößenverteilung aller suspendierten Partikel mit elektroakustischen Messmethoden erfasst (siehe Abschnitt 3.3.4). Abbildung 4-16 zeigt den zeitlichen Verlauf des Zeta-Potentials ζ (oben), die mittlere in-situ Partikelgröße $d_{50,\,is}$ (Mitte) und die in der Suspension wirksame Scherrate γ für ausgewählte Zementleime. Die hier zugrunde liegenden Messergebnisse wurden bereits um Einflüsse aus dem ionischen Hintergrund der Trägerflüssigkeit (siehe Abschnitt 3.3.4, *Hintergrundkorrektur*) korrigiert. Aus der Darstellung wird ersichtlich, dass das Zeta-Potential der suspendierten Partikel im Untersuchungszeitraum annähernd konstant ist. Eine Abhängigkeit des Zeta-Potentials von der anliegenden Scherrate konnte nicht festgestellt werden. Weiterhin sind zwischen den betrachteten Zementen deutliche Unterschiede im Zeta-Potential feststellbar. Die Werte betragen zwischen ca. -5 mV und -12 mV.

Äußerst aufschlussreich ist darüber hinaus der zeitliche Verlauf der in-situ Partikelgrößenverteilung. Für sehr geringe Scherraten ist die mittlere Partikelgröße annähernd als konstant anzusehen. Lediglich für den Zement Z221 ist eine geringfügige Zunahme von $d_{50,\,is}$ über einen Zeitraum von ca. 20 min zu verzeichnen. Dies lässt auf eine fortschreitende Koagulation einzelner Zementpartikel zu Agglomeraten schließen. Bei den in Abbildung 4-16 ebenfalls dargestellten Zementen Z121 und Z131 scheint diese Agglomeration bereits vor Messbeginn (Alter der Proben ca. 15 min nach Wasserzugabe) abgeschlossen zu sein. Dies bestätigt auch der Vergleich der in-situ Partikelgröße $d_{50,\,is}$ mit Werten, die mittels Laserbeugung (d_{50}) in starker Verdünnung gewonnen wurden. Auch unter Berücksichtigung der jeweiligen messtechnischen Einschränkungen beider Methoden (siehe Abschnitt 2.4.5 und Anhang A) sind signifikante Unterschiede in den Ergebnissen für die mittlere Partikelgröße von bis zu 15 μm nachweisbar. Diese Diskrepanz nimmt ab, sobald die Probe einer Scherbelastung ausgesetzt wird, wie Abbildung 4-16 deutlich zeigt.

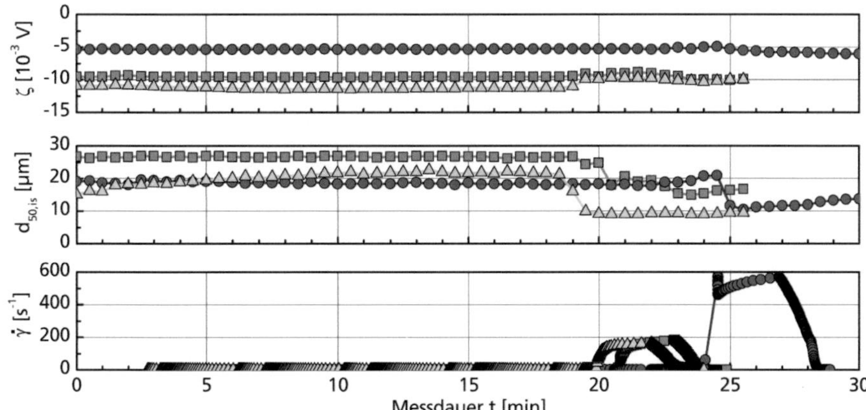

Abb. 4-16   Zeitliche Entwicklung des Zeta-Potentials ζ (oben), der in-situ Partikelgröße $d_{50,\,is}$ (Mitte) in Abhängigkeit von der Schergeschwindigkeit in der Probe $\dot\gamma$ für ausgewählte Zementleime mit den Zementen Z121 (■, d_{50} = 11 μm, ϕ =0,42), Z131 (●, d_{50} = 6 μm, ϕ =0,42) bzw. Z221 (△, d_{50} = 10 μm, ϕ =0,42; unten)

Mit der hier vorgestellten Messmethodik ist es somit erstmals möglich, das Koagulationsverhalten von Zementpartikeln im Ruhezustand sowie deren Dispergierungsverhalten während einer Scherung messtechnisch zu erfassen. Bei Einsetzen der Scherung werden die einzelnen Partikelagglomerate zerstört, und die mittlere Partikelgröße strebt gegen den mittels Lasergranulometrie bestimmten Wert. Betrachtet man diesen Wert als Grenzwert für ein vollständig dispergiertes System – dies erscheint unter der Randbedingung der bei der Lasergranulometrie eingesetzten Phasengehalte gerechtfertigt –, so wird aus Abbildung 4-16 ebenfalls deutlich, dass bei baupraktisch üblichen Scherraten von bis zu 200 s^{-1} eine vollständige Dispergierung der Partikel nicht möglich ist. Dies gilt auch für deutlich höhere Scherraten, wie die Probe mit dem Zement Z131 in Abbildung 4-16 belegt. Die mittlere in-situ Partikelgröße beträgt hier im gescherten Zustand 11 μm gegenüber 6 μm bei angenommener vollständiger Dispergierung. Gleiches gilt für die Probe mit dem Zement Z121 ($d_{50,\,is}(\dot\gamma$ = 200 s^{-1})=15 μm, d_{50} =11 μm). Lediglich bei der Probe mit dem Zement Z221 erscheint eine vollständige Dispergierung möglich ($d_{50,\,is}(\dot\gamma$ = 200 s^{-1})=9 μm, d_{50} =10 μm). Gleichzeitig weist dieser Zement auch das höchste Zeta-Potential mit ζ =-11,3 mV auf.

Einen weiteren Hinweis auf die Bedeutung des Zeta-Potentials für das Agglomerierungs- bzw. Dispergierungsverhalten des Zements liefert Abbildung 4-17. Diese zeigt links die mittlere in-situ Partikelgröße $d_{50,\,is}$ in Abhängigkeit von der

Scherrate $\dot{\gamma}$ für einen ausgewählten Leim mit dem Zement Z131. Hierbei wird ersichtlich, dass $d_{50,\,is}$ mit zunehmender Schergeschwindigkeit kontinuierlich abfällt (unter Berücksichtigung von Streuungen).

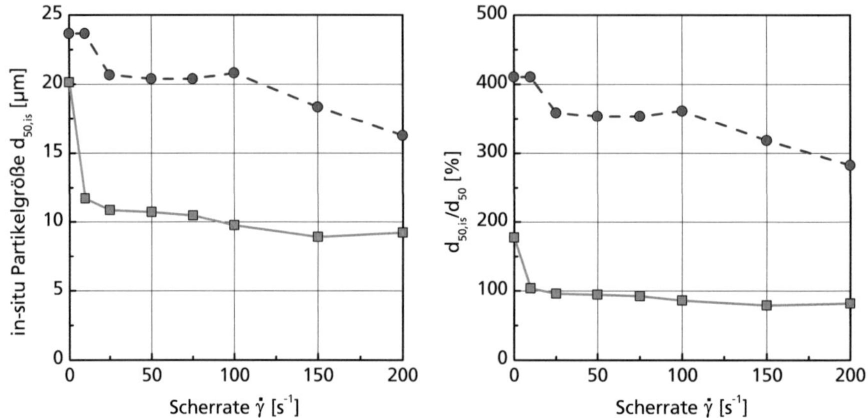

Abb. 4-17 Mittlere in-situ Partikelgröße $d_{50,\,is}$ (links) und normierte Partikelgröße $d_{50,\,is}/d_{50}$ (rechts) in Abhängigkeit von der Scherrate $\dot{\gamma}$ für ausgewählte Zementleime (Z121, ■, d_{50} = 11 µm, ϕ =0,42; Z131, ●, d_{50} = 6 µm, ϕ =0,42)

Normiert man die in-situ Partikelgröße $d_{50,\,is}$ mithilfe des Werts für eine vollständige Dispergierung d_{50}, so ergibt sich die in Abbildung 4-17 (rechts) dargestellte Abhängigkeit von der Schergeschwindigkeit $\dot{\gamma}$. Für den Zement Z131 mit einem Zeta-Potential von -5,3 mV variiert die mittlere in-situ Partikelgröße in Abhängigkeit von der anliegenden Scherrate zwischen 280 und 410 % des Werts im vollständig dispergierten Zustand. Anders verhält sich hingegen die Probe mit dem Zement Z121, der ein Zeta-Potential von ca. -9,4 mV aufweist. Hier ist bereits für geringe Schergeschwindigkeiten ein signifikanter Strukturbruch zu verzeichnen, der sich in einem Rückgang der normierten Partikelgröße von ca. 180 % auf Werte unter 100 % widerspiegelt. Dies bedeutet, dass die hier eingesetzte elektroakustische Messmethodik kleinere Werte für den vollständig dispergierten Zustand angibt, als dies mithilfe laseroptischer Methoden erwartet wurde. Die möglichen Ursachen hierfür sind in messtechnischen Streuungen zu suchen und wurden bereits in Abschnitt 2.4.5 diskutiert. Das vergleichsweise hohe Zeta-Potential des Zements Z121 ermöglicht somit eine Dispergierung der Probe bei geringen Scherraten $\dot{\gamma}$. Dahingegen muss die Probe mit dem Zement Z131 lange und bei hohen Geschwindigkeiten geschert werden, um eine Dispergierung der einzelnen Zementpartikel zu bewirken.

Betrachtet man darüber hinaus das Langzeitverhalten der Proben über einen Zeitraum von 180 min, so ergibt sich der in Abbildung 4-18 dargestellte Zusammenhang. Mit zunehmendem Probenalter ist für Leime mit den Zementen Z211,

Z221, Z222 und Z223 ein annähernd linearer betragsmäßiger Rückgang des Zeta-Potentials ζ von bis zu 3 mV über eine Zeitdauer von 180 min zu verzeichnen. Keine Veränderung des Zeta-Potentials mit der Zeit war hingegen für die Leime, die mit den Zementen Z121 und Z131 hergestellt wurden, ersichtlich. Diese Ergebnisse stehen in Einklang mit den Ergebnissen der ionenchromatographischen Untersuchungen an der Trägerflüssigkeit (vgl. Abschnitt 4.4).

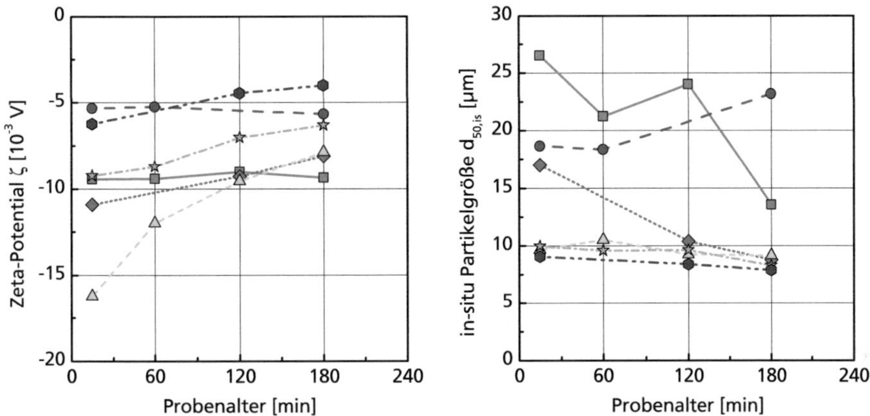

Abb. 4-18 Zeta-Potential ζ (links) und mittlere in-situ Partikelgröße $d_{50,\,is}$ (rechts) in Abhängigkeit vom Probenalter für Leime mit einem Phasengehalt von 0,42 und den Zementen Z121 (■), Z131 (●), Z211 (△), Z221 (◆), Z222 (☆) bzw. Z223 (●)

Im Hinblick auf die zeitliche Entwicklung der mittleren in-situ Partikelgröße $d_{50,\,is}$ ergibt sich ein vielschichtigeres Bild. Die Leime mit den Zementen Z121 und Z221 zeigen einen ausgeprägten Rückgang von bis zu 13 µm von $d_{50,\,is}$ über eine Zeitdauer von 180 min. Dies lässt auf eine verstärkte Dispergierung der Probe mit zunehmendem Alter schließen. Erstaunlich ist weiterhin, dass dieses Verhalten auch bei den Proben mit den Zementen Z211, Z222 und Z223 beobachtet werden kann. Dem Rückgang von $d_{50,\,is}$ geht hier jedoch eine Phase mit konstanter bzw. leicht zunehmender Partikelgröße voran. Schließlich zeigt sich beim Leim mit dem Zement Z131 nach einer anfänglich konstanten Partikelgröße eine Zunahme des Kennwerts im Alter von 180 min.

Die Ursachen für dieses sehr heterogene Verhalten liegen nach Ansicht des Autors in einer sterischen Wirkung von Mineralphasen, die im Laufe der Hydratation auf das Zementpartikel aufwachsen, und werden in Kapitel 5 diskutiert.

4.3.2 Ergebnisse der Parameterstudie

Analog zur Vorgehensweise bei den rheologischen Untersuchungen wurden auch die elektrochemischen Eigenschaften und die in-situ Partikelgrößenverteilung der Phase im Rahmen einer umfangreichen Parameterstudie untersucht. Eine detaillierte Darstellung aller Ergebnisse ist in Anhang C aufgeführt. Nachstehend werden die wesentlichen Erkenntnisse dieser Studie zusammengefasst.

Phasengehalt und Zementart: Mit zunehmendem *Phasengehalt* ϕ ist ein geringfügiger Rückgang des Betrags des Zeta-Potentials der untersuchten Zemente zu verzeichnen (siehe Abbildung C-1). Diese Veränderung ist für die untersuchten Zementarten unterschiedlich stark ausgeprägt und kann auf eine zunehmende Komprimierung der elektrochemischen Doppelschichthülle mit zunehmendem Phasengehalt und damit zunehmender Ionenkonzentration in der Trägerflüssigkeit zurückgeführt werden. Der Einfluss der *Zementart* spiegelt sich in einem Rückgang des Betrags des Zeta-Potentials mit zunehmendem Gehalt der Mineralphase C_3S am Klinker wider (siehe Abbildung C-2).

Zumahl- und Zusatzstoffe: Die Zugabe von Zumahl- und Zusatzstoffen hat unabhängig von der Art der zugegebenen Stoffe nur einen geringen Einfluss auf das Zeta-Potential der Phase. Tendenziell ist jedoch eine leichte Zunahme des Betrags des Zeta-Potentials zu beobachten (siehe Abbildung C-3, links). Dies ist auf den Rückgang der Ionenkonzentration in der Lösung mit zunehmendem Austausch von Zement durch Zusatzstoffe zurückzuführen. Nicht mit dem Zeta-Potential erklärt werden können hingegen die Veränderungen in der in-situ Partikelgrößenverteilung mit zunehmendem Zementaustausch (siehe Abbildung C-3, rechts). Insbesondere führt die Zugabe von *Flugasche* zu einem signifikanten Rückgang der mittleren Partikelgröße $d_{50,is}$ und erklärt somit die Veränderungen in den rheologischen Eigenschaften der Suspension (siehe Abschnitt 4.2.3). Auch für *Hüttensand* und *Kalksteinmehl* ist eine derartige Verschiebung in der mittleren Partikelgröße zu verzeichnen. Diese ist jedoch deutlich geringer ausgeprägt. Darüber hinaus bestätigen die Untersuchungen an kalksteinmehlhaltigen Leimen, dass ab einer Dosierung von ca. 15 Vol.-% die in-situ Partikelgröße wieder ansteigt. Dies steht ebenfalls im Einklang mit den Ergebnissen der rheologischen Untersuchungen.

Sulfatgehalt: Mit zunehmendem Sulfatgehalt ist eine signifikante Zunahme des Betrags des Zeta-Potentials verbunden, der jedoch für Sulfatgehalte von > 3 M.-% gegen einen oberen Grenzwert strebt. Gleiches gilt für die mittlere in-situ Partikelgröße, die für Sulfatgehalte > 3 M.-% ebenfalls nahezu unverändert bleibt.

4.4 Chemische Zusammensetzung der Trägerflüssigkeit

Die Zugabe von Wasser zu Zement hat neben einer chemischen Reaktion zunächst starke Lösungsvorgänge zur Folge. Aus dem Klinker gehen dabei im Wesentlichen die Kationen Ca^{2+}, K^+ und Na^+ sowie OH^--Anionen in Lösung. Vom Zement als auch von den Sulfatträgern Gips bzw. Anhydrit wird darüber hinaus SO_4^{2-} freigesetzt, das zum einen frei in der Lösung verfügbar ist, aber gleichzeitig auch wieder an der Zementoberfläche in Form von Ettringit, AFt- und AFm-Phasen gebunden wird. Diese bilden im Wesentlichen die membranartige Struktur der Zementoberfläche während der Ruhephase, die maßgebend das rheologische und elektrochemische Verhalten der Probe dominiert (vgl. Abschnitt 2.2).

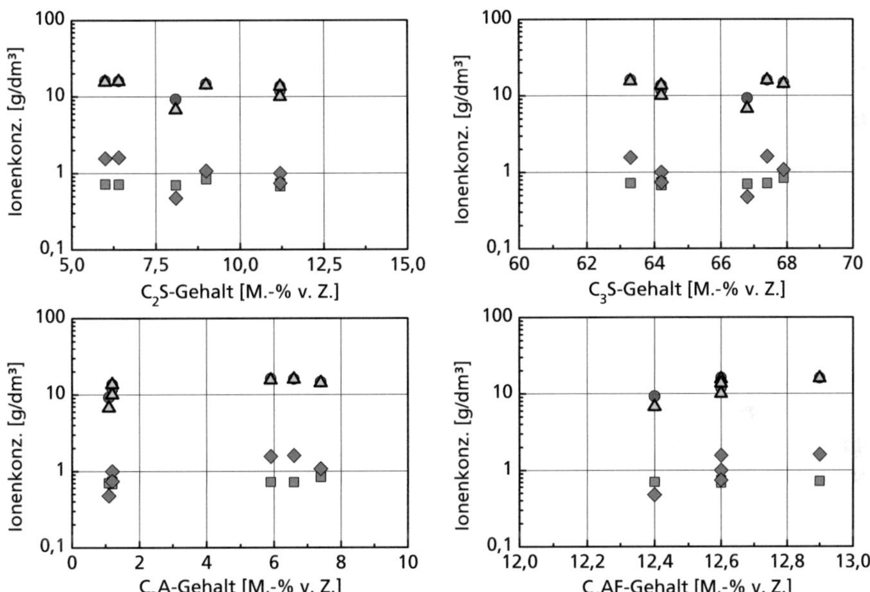

Abb. 4-19 Konzentration der gelösten Ionen Ca^{2+} (■), K^+ (●), Na^+ (◆) und SO_4^{2-} (△) in der Trägerflüssigkeit von Zementleimen mit einem Phasengehalt von $\phi = 0{,}42$ in Abhängigkeit von der Zusammensetzung des Zements

Trotz signifikanter Unterschiede in der mineralogischen Zusammensetzung der untersuchten Zemente wirkt sich dies offensichtlich nur begrenzt auf die Konzentration der einzelnen Ionen in der Trägerflüssigkeit aus (siehe Abbildung 4-19). Mit zunehmendem C_2S-Gehalt ist dabei ein geringer Rückgang sowohl von K^+- als auch von Na^+-Ionen zu verzeichnen. Gleichzeitig nimmt die Konzentration von Ca^{2+}- und OH^--Ionen geringfügig zu. Ein ähnlicher, jedoch noch weitaus schwächer ausgeprägter Trend zeigt sich für den C_3S-Gehalt des Zements. Die beobachtete Abhängigkeit, insbesondere der Calcium-Ionenkonzentration, belegt jedoch, dass sowohl C_2S als auch C_3S als Calcium-Lieferanten in der Lösung dienen.

Literaturangaben zufolge sind vor allem die Aluminatphasen C_3A und C_4AF im Zement stark an den Lösungs- und Reaktionsvorgängen während der Induktionsperiode und der Ruhephase beteiligt (siehe Abschnitt 2.2). Wie Abbildung 4-19 zeigt, spiegelt sich dies insbesondere für die hier untersuchten Zemente mit hohem Sulfatwiderstand (HS-Zemente, $C_3A < 3$ M.-%) in der Ionenkonzentration der Trägerflüssigkeit wider. Bereits geringfügige Änderungen im C_3A-Gehalt des Zements führen zu einer signifikanten Zunahme der gelösten Anteile an Kalium, Natrium und Sulfat. Keine Unterschiede konnten hingegen in der Ca^{2+}-Konzentration festgestellt werden. Erstaunlich ist darüber hinaus, dass der C_3A-Gehalt im Zement nur für geringe Gehalte < 2 M.-% signifikanten Einfluss auf die Konzentration der gelösten Ionen zu haben scheint. Für übliche – d.h. nicht HS-Zement gängige – C_3A-Gehalte zwischen ca. 6 und 8 M.-% ist lediglich ein geringer Rückgang der Konzentration der gelösten Ionen festzustellen. Die Ausnahme bildet hier jedoch erneut das Ion Ca^{2+}, das mit dem C_3A-Gehalt in diesem Bereich langsam ansteigt.

Vergleichbares gilt ebenfalls für die zweite Aluminatphase im Zement, das Tetracalciumaluminatferrit C_4AF. Mit zunehmendem Gehalt ist hier eine kontinuierliche Zunahme der Ionenkonzentration an Kalium, Natrium und Sulfat zu verzeichnen. Analog zu den Beobachtungen für das Tricalciumaluminat bleibt hingegen der Ca^{2+}-Gehalt in der Lösung unverändert. Dies belegt, dass die Aluminatphasen in Bezug auf den Calcium-Gehalt der Trägerflüssigkeit keinen bzw. einen nur vernachlässigbaren Einfluss besitzen. Weiterhin wird aus dem Vergleich des Konzentrationseinflusses beider Aluminatphasen deutlich, dass die Lösungsmechanismen für beide Minerale unterschiedlich sein müssen. Trotz identischem C_4AF-Gehalt sind bei variierendem C_3A-Gehalt signifikante Unterschiede in der Ionenkonzentration der Lösung feststellbar. Diese Änderungen sind dabei dem für C_4AF beobachteten Grundtrend überlagert.

Bei den in Abbildung 4-19 dargestellten Ergebnissen muss berücksichtigt werden, dass diese im Alter von 15 min nach Wasserzugabe gewonnen wurden. Für diesen Zeitpunkt kann davon ausgegangen werden, dass ein Großteil der in der Probe ablaufenden Lösungsvorgänge bereits abgeschlossen ist. Weitere Veränderungen in der Probe können entsprechend den Ausführungen in Abschnitt 2.2 somit auf Transportvorgänge durch die das Zementkorn umhüllende Membran aus Ettringitphasen zurückzuführen sein.

4.4.1 Zeitliche Entwicklung

Die zeitliche Entwicklung der Ionenkonzentration ist für ausgewählte Zemente in Abbildung 4-20 dargestellt. Mit zunehmendem Probenalter ist für alle Zemente zunächst eine Zunahme der Konzentration an Calcium-, Kalium- und Natrium-Ionen in der Trägerflüssigkeit festzustellen. Insbesondere für Ca^{2+} ist diese Konzentrationszunahme jedoch zeitlich beschränkt. Nach ca. 120 min nach Wasserzugabe beginnt der Ca^{2+}-Gehalt in der Porenlösung zurückzugehen. Geht man dabei davon aus, dass die Lösungsvorgänge an der Zementoberfläche auch zu diesem Zeitpunkt kontinuierlich voranschreiten, so muss dieser Rückgang auf einen zunehmenden Verbrauch an Calcium-Ionen, beispielsweise durch Kristallisation und Phasenneubildung, zurückzuführen sein. Gleiches gilt für die Ionen K^+ und Na^+. Für diese halten sich jedoch offensichtlich Freisetzung und Verbrauch ab einem Probenalter von ca. 120 min die Waage, so dass ab diesem Zeitpunkt nur noch vernachlässigbare Veränderungen in der Konzentration dieser Ionen bis zu einem Alter von 180 min feststellbar waren.

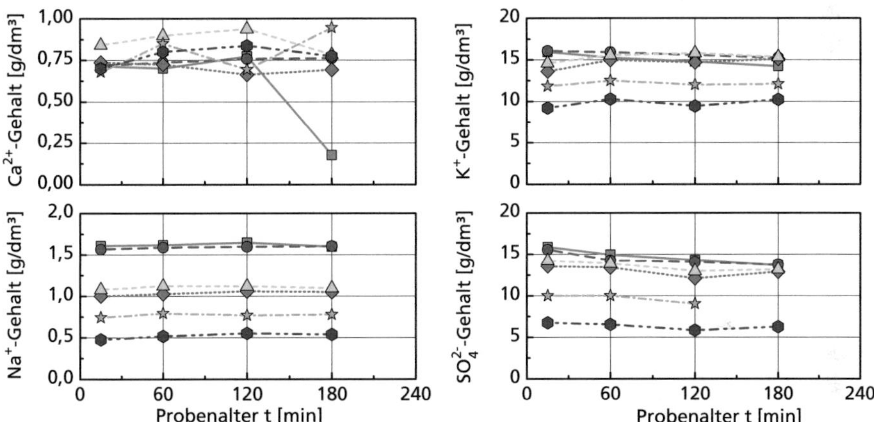

Abb. 4-20 Zeitliche Entwicklung der Ionenkonzentration von Ca^{2+} (links, oben), K^+ (rechts, oben), Na^+ (links, unten) und SO_4^{2-} (rechts, unten) in der Trägerflüssigkeit von Zementleimen mit einem Phasengehalt von $\phi = 0{,}42$ und den Zementen Z121 (■), Z131 (●), Z211 (◆), Z221 (△), Z222 (☆) und Z223 (●)

Aus Abbildung 4-20 ist weiterhin ersichtlich, dass trotz unterschiedlicher mineralogischer Zusammensetzungen der zeitliche Verlauf der Ionenkonzentration für alle untersuchten Zemente sehr ähnlich ist. Signifikante Unterschiede zwischen einzelnen Zementtypen sind jedoch in den absoluten Mengen an freigesetzten Ionen zu verzeichnen. Dies gilt insbesondere für die Ionen K^+ und Na^+, die zwischen ca. 30 und 100 % des ermittelten Maximalwerts lagen. Der Gehalt an Kalium betrug hierbei zwischen 9,2 und 16,0 g/dm³, gefolgt von Natrium mit 0,48 bis 1,6 g/dm³ und Calcium mit 0,18 bis 0,94 g/dm³. Hierbei muss jedoch beachtet werden, dass Calcium eine Valenz von zwei besitzt und nach den Ausführungen in Abschnitt 2.4.1 somit verstärkten Einfluss auf die Ausbildung der elektrochemischen Doppelschicht besitzt.

Für alle untersuchten Zemente bzw. Zementleime weist Sulfat mit Gehalten zwischen 5,8 und 15,9 g/dm³ die höchste Konzentration auf. Mit zunehmendem Probenalter ist ein kontinuierlicher Rückgang der Sulfatkonzentration in der Trägerflüssigkeit zu verzeichnen. So beträgt der Sulfatgehalt im Alter von 180 min noch ca. 90 % des Ausgangswerts im Alter von 15 min nach Wasserzugabe. Der zeitliche Verlauf des Sulfatgehalts ist dabei für alle untersuchten Zemente vergleichbar, wenngleich auch hier wiederum erhebliche Unterschiede im absoluten Gehalt für die einzelnen Zementsorten gemessen wurden.

4.4.2 Ergebnisse der Parameterstudie

Die Ergebnisse zum Einfluss einzelner Parameter auf die chemische Zusammensetzung der Trägerflüssigkeit sind in Anhang D ausführlich dargestellt. Als maßgebend ist der Einfluss der *Zementart* und insbesondere der Klinkermineralogie anzusehen. Die Löslichkeit einzelner Mineralien ist jedoch auch vom *Phasengehalt* abhängig (siehe Abbildung D-1). Mit zunehmendem Phasengehalt nehmen dabei insbesondere die Gehalte von Kalium, Natrium und Sulfat in der Lösung zu, wohingegen der Gehalt von Calcium deutlich abnimmt. Die gelöste Menge der drei zuerst genannten Stoffe beeinflusst somit die Löslichkeit bzw. den Verbrauch des für die Doppelschichtbildung wichtigen Calciums. Keinen nachweisbaren Einfluss auf die Ionenkonzentration besitzen hingegen die Packungsdichte der Phase und der bezogene Phasengehalt ϕ / ϕ_p (siehe Abbildung D-2).

4.5 pH-Wert und Leitfähigkeit der Suspension und der Trägerflüssigkeit

In den Abbildungen 4-21 und 4-22 sind die pH-Werte von Leimen bzw. daraus gewonnenen Filtraten in Abhängigkeit von den mineralogischen Kenndaten des verwendeten Zements bzw. dessen zeitlicher Verlauf dargestellt. Hierbei konnte keine direkte Abhängigkeit von der mineralogischen Zusammensetzung des Zements festgestellt werden.

Für die zeitliche Entwicklung des pH-Werts gilt, dass bis zu einem Probenalter von mindestens 60 min keine Veränderung des pH-Werts zu verzeichnen ist, unabhängig von der Zementart. Erst in den darauf folgenden 60 min kommt es zunächst zu einem deutlichen Anstieg, gefolgt von einem erneuten Abfall des pH-Werts für alle untersuchten Leime.

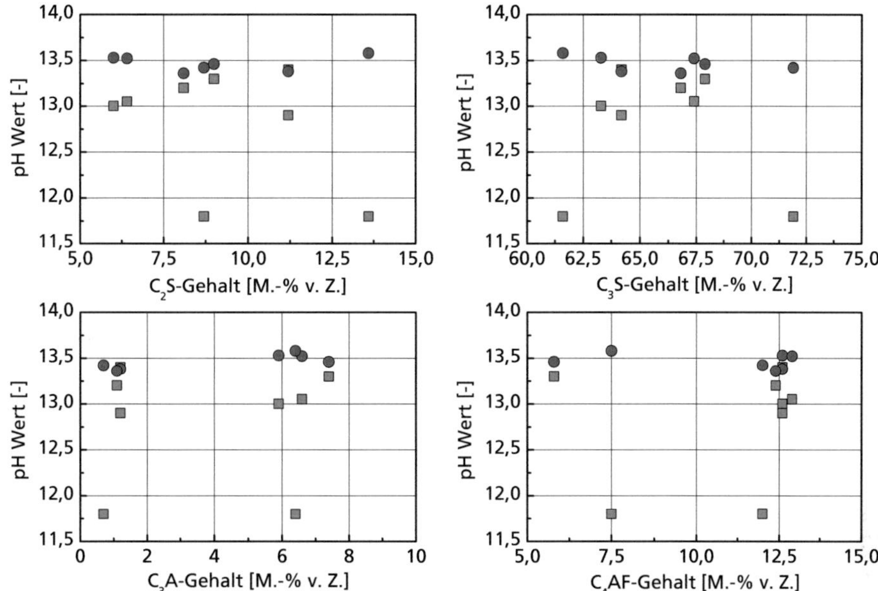

Abb. 4-21 pH-Wert von Leimen mit einem Phasengehalt ϕ von 0,42 (■) bzw. daraus gewonnenen Filtraten (●) in Abhängigkeit von der mineralogischen Zusammensetzung der verwendeten Zemente

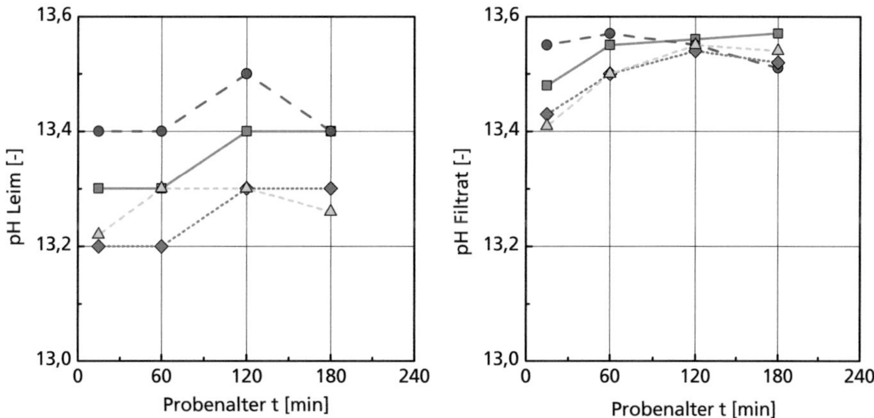

Abb. 4-22 pH-Wert des Leims (links) bzw. des daraus gewonnenen Filtrats (rechts) in Abhängigkeit vom Probenalter für unterschiedliche Zementsorten (Z121 (■), Z131 (●), Z211 (△) und Z221 (◆)) bei einem Phasengehalt ϕ von 0,40

Betrachtet man hingegen die am Filtrat gewonnenen Ergebnisse, so fällt zunächst die Verschiebung des pH-Werts hin zu höheren Werten für alle untersuchten Proben auf. Dies wird auf die Tatsache zurückgeführt, dass dem Leim durch Filtration die elektrisch nicht leitenden Bestandteile (i. e. die Zementpartikel) entzogen werden. Aufgrund des dadurch reduzierten Gesamtvolumens kommt es bei gleichbleibender Menge an OH^--Ionen zu einer Aufkonzentrierung dieser und dadurch zu einer Zunahme des pH-Werts. Da weiterhin in den Filtraten die Messung nicht durch suspendierte Partikel gestört wird, zeigt sich für alle untersuchten Zemente ein leichter Anstieg des pH-Werts bis zu einem Probenalter von 120 min. Anschließend bleibt der pH-Wert für alle Leime annähernd konstant und beträgt zwischen 13,5 und 13,6 für einen Phasengehalt ϕ im Leim von 0,40. Hierbei muss jedoch beachtet werden, dass mit zunehmendem pH-Wert auch der Messfehler ansteigt (siehe Abschnitt 3.3.5).

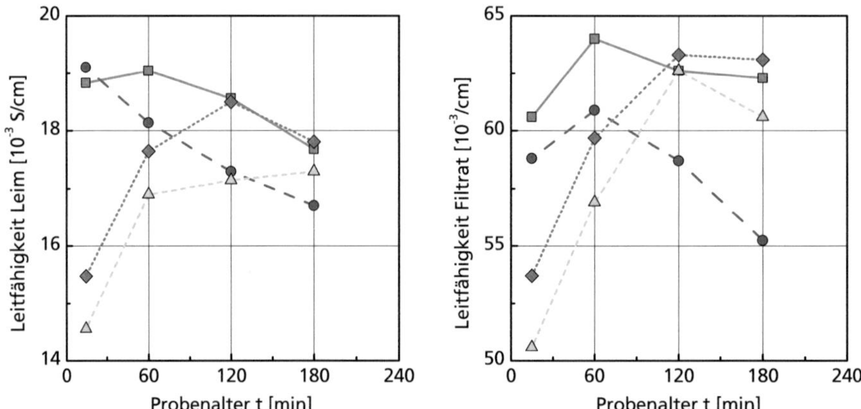

Abb. 4-23   Leitfähigkeit ausgewählter Leime (links) bzw. der daraus gewonnenen Filtrate (rechts) in Abhängigkeit vom Probenalter für unterschiedliche Zementsorten (Z121 (■), Z131 (●), Z211 (△) und Z221 (◆))

Wie bereits erläutert ist die Leitfähigkeit der Trägerflüssigkeit eine Funktion der angelegten Feldstärke sowie der Anzahl der gelösten Ionen, deren Valenz und Geschwindigkeit. Im Leim behindern die nicht-leitenden Zementpartikel zusätzlich den freien Ionentransport. Ähnlich wie beim pH-Wert beträgt daher die Leitfähigkeit des Leims mit Werten zwischen ca. 14,5 und 19 mS/cm nur ca. ein Drittel der am Filtrat gemessenen Werte (siehe Abbildung 4-23). Für alle Leime ist dabei mit zunehmendem Probenalter zunächst eine Zunahme, verbunden mit einer anschließenden Abnahme der Leitfähigkeit zu verzeichnen. Für die Zemente Z121 und Z131 wird das resultierende Maximum bereits nach ca. 60 min erreicht. Die Leitfähigkeit von Filtraten aus Leimen mit den Zementen Z211 und Z221 zeigt hingegen einen deutlich langsameren Anstieg mit einem Maximum nach ca. 120 min. Dies belegt die bereits vorgestellten Ergebnisse zur

Zusammensetzung der Trägerflüssigkeit. Mithilfe der Leitfähigkeitsmessung ist es nun zusätzlich möglich, eine Bewertung der Beweglichkeit der Ionen in einem anliegenden Spannungsfeld vorzunehmen. Nach den Ausführungen in Abschnitt 2.3 ist neben der Feldstärke insbesondere die Beweglichkeit der an der Ausbildung der elektrochemischen Doppelschicht beteiligten Ionen maßgebend und kann mithilfe dieser Methode quantifiziert werden.

Die Untersuchungen zum Einfluss des Phasengehalts ϕ auf den pH-Wert lassen keinen signifikanten Einfluss erkennen (siehe Anhang E, Abbildung E-1). Die mit zunehmendem Phasengehalt ebenfalls ansteigende Leitfähigkeit belegt jedoch eine Zunahme des Gehalts an Ionen (siehe Abbildung E-2), die wiederum zu einer Komprimierung der Doppelschichthülle der Partikel beitragen.

4.6 Ergebnisse der empirischen Untersuchungsmethoden

Zu Absicherung der analytischen Untersuchungsmethoden und zur Ankoppelung an in der Praxis gebräuchliche Methoden wurde an allen Zementleimen das Ausbreitmaß nach HAEGERMANN bestimmt (vgl. Abschnitt 3.3.2).

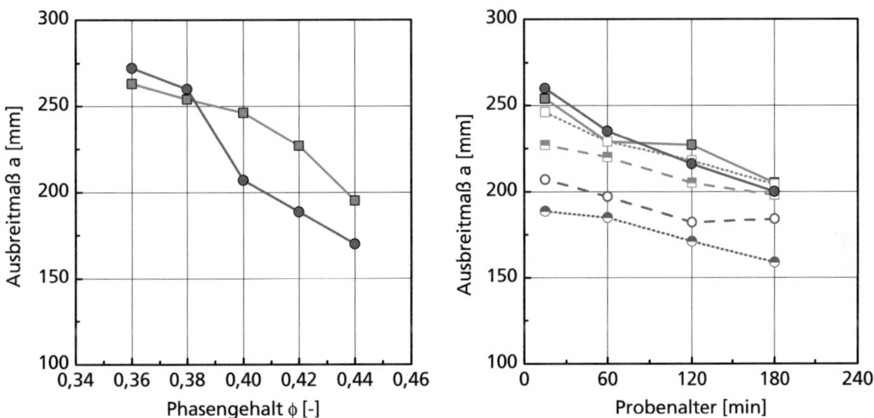

Abb. 4-24 Ausbreitmaß in Abhängigkeit vom Phasengehalt der Proben (links) für zwei unterschiedliche Zemente Z121 (■, □, ◪) und Z131 (●, ○, ◑) sowie dessen zeitliche Entwicklung (rechts) für unterschiedliche Phasengehalte ϕ von 0,38 (■, ●), 0,40 (□, ○) und 0,42 (◪, ◑) mit den zuvor genannten Zementen

Abbildung 4-24 zeigt, dass mit zunehmendem Phasengehalt ϕ das Ausbreitmaß a in Abhängigkeit von der verwendeten Zementart kontinuierlich zurückgeht. Trotz deutlich unterschiedlicher Mahlfeinheiten weisen beide hier dargestellten

Zemente annähernd dasselbe Ausbreitmaß für geringe Phasengehalte auf. Wird jedoch der Phasengehalt schrittweise erhöht, so ist der Rückgang im Ausbreitmaß beim Zement mit der höheren Mahlfeinheit stärker ausgeprägt.

Auch die Alterung der Proben über eine Zeitdauer von 180 min konnte mithilfe dieser Methodik gut erfasst werden. Die untersuchten Proben zeigen dabei einen annähernd linearen Rückgang des Ausbreitmaßes a mit der Zeit. Trotz unterschiedlicher Zementarten und Phasengehalte verläuft dieser Rückgang bei allen dargestellten Zementen annähernd identisch. Im Gegensatz zu den verwendeten rheologischen Untersuchungsmethoden ist jedoch beim Ausbreitmaßversuch eine weitergehende Differenzierung zwischen einzelnen rheologischen Kenngrößen nicht möglich.

4.7 Untersuchungen zum Einfluss dispergierender Zusatzmittel

In Ergänzung zu den Untersuchungen an reinen Zementleimen bzw. Leimen mit Zumahl- und Zusatzstoffen wurden einem ausgewählten Zementleim auf Basis des Zements Z121 mit einem Phasengehalt von 0,44 schrittweise geringe Mengen an Fließmittel zugesetzt. Es handelte sich zum einen um ein flüssiges Produkt auf Naphthalinsulfonatbasis mit einem Feststoffgehalt von 38,7 M.-% und um ein ebenfalls flüssiges Produkt auf Polycarboxylatetherbasis (PCE) mit einem Feststoffgehalt von 30,7 M.-%. Die Dosierung der Zusatzmittel erfolgte nach der Masse des Wirkstoffs, jeweils bezogen auf die Zementmenge während des laufenden Rheometerversuchs. Hierzu wurde das in Abschnitt 3.3.3.7 beschriebene Sonderprofil für Messungen an Zementleimen mit Fließmittel erarbeitet. Parallel zu diesen Untersuchungen wurden wie bei den regulären Versuchen das Zeta-Potential, die mittlere in-situ Partikelgröße $d_{50,\,is}$, die Leitfähigkeit und die Temperatur ermittelt.

Abbildung 4-25 zeigt den Einfluss der Fließmittelzugabe für die zwei unterschiedlichen Wirkstoffarten auf die dynamische Viskosität η der Probe. Diese geht von einem Ausgangswert von 3,0 Pa·s bereits bei einer geringen Zugabemenge für beide Fließmittelarten stark zurück. Am stärksten ausgeprägt ist dieser Rückgang für das Fließmittel auf Polycarboxylatetherbasis. Bei diesem Produkt ist bereits für die geringste Zugabemenge von 0,11 M.-% ein Rückgang von η auf ca. 3,8 % des Ausgangswerts zu verzeichnen. Eine weitere Erhöhung der Zugabemenge führt hingegen zu keiner signifikanten Änderung der dynamischen Viskosität η und damit der rheologischen Eigenschaften der Probe. Anders verhält sich dies für das Produkt auf Naphthalinsulfonatbasis. Auch hier fällt η mit der Ausgangsdosis von 0,11 M.-% v. Z. auf ca. 41 % des Ausgangswerts ohne Fließmittel ab. Mit Steigerung der Zugabemenge ist jedoch ein weiterer kontinuierlicher Rückgang der dynamischen Viskosität η zu verzeichnen. Eine vergleichbare Viskosität wie Leime mit dem Produkt auf Polycarboxylatetherbasis wird erst bei der doppelten Dosiermenge des zuvor genannten Produkts von ca. 0,34 M.-% erreicht. Darüber hinaus zeigt sich, dass eine weitere Steigerung der Fließmittelmenge einen neuerlichen Anstieg der dynamischen Viskosität η zur Folge hat. Diese nimmt gegenüber dem minimalen Wert um ca. 50 % zu.

Weiterhin in Abbildung 4-25 dargestellt ist der Einfluss der Fließmittelzugabe auf das Zeta-Potential der suspendierten Partikel. Der reine Zement weist zu Beginn der Messung ein Zeta-Potential ζ von ca. -8,5 mV auf. Die Zugabe des Produkts auf Naphthalinsulfonat-Basis führt zu einer signifikanten Veränderung des Zeta-Potentials in Abhängigkeit von der Dosiermenge. Dieses geht für eine Fließmittelzugabe von 0,285 M.-% auf ca. -36 mV zurück. Gleichzeitig muss bei dieser Zugabemenge der Sättigungspunkt erreicht sein, da eine weitere Erhöhung der Fließmitteldosis keine weitere Reduktion des Zeta-Potentials zur Folge hat.

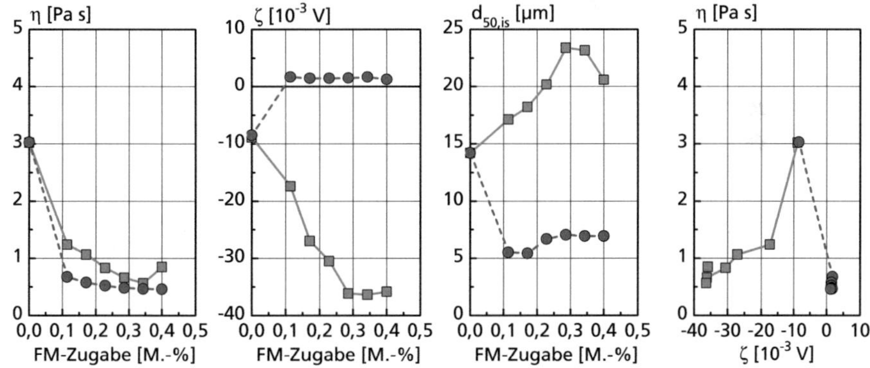

Abb. 4-25 Einfluss von zwei unterschiedlichen Fließmitteln (Angaben in M.-% Wirkstoff bezogen auf die Zementmenge) auf die rheologischen (dynamische Gleichgewichtsviskosität η bei konstanter Scherung), elektrochemischen (Zeta-Potential ζ) und physikalischen Eigenschaften (mittlere in-situ Partikelgröße $d_{50,is}$) von Zementleim (Zement Z121, $\phi = 0{,}44$) bei schrittweiser FM-Zugabe: ($\blacksquare$) Fließmittel auf Naphthalinsulfonatbasis; ($\bullet$) Fließmittel auf Polycarboxylatetherbasis

Gänzlich anders verhält sich in diesem Zusammenhang der Leim, der mit dem Produkt auf PCE-Basis hergestellt wurde. Hier führt bereits die geringste untersuchte Zugabemenge von 0,11 M.-% zu einem starken Rückgang des Betrags des Zeta-Potentials auf Werte von ca. +1,5 bis +1,7 mV. Darüber hinaus kann bei einer weiteren Erhöhung der Zugabemenge keine merkliche Veränderung des Zeta-Potentials erzielt werden. In Kombination mit der ebenfalls festgestellten starken Verflüssigung der Probe ist daher davon auszugehen, dass das Produkt eine rein sterische Wirkung besitzt. Die Veränderung des Zeta-Potentials ist auf die Adsorption von Polymeren auf der Zementkornoberfläche zurückzuführen, die die dort vorhandenen Ladungen neutralisieren und die Lage der Zeta-Scherebene in Bezug zur Partikeloberfläche verschieben.

Fließmitteln bzw. verflüssigenden Betonzusatzmitteln wird grundsätzlich eine dispergierende Wirkung zugeschrieben. Die in Abbildung 4-24 dargestellten Ergebnisse belegen jedoch, dass dies nur bedingt der Fall ist. Während für das Produkt mit sterischer Wirkungsweise auf PCE-Basis ein starker Rückgang der mittleren in-situ Partikelgröße $d_{50,\,is}$ zu verzeichnen ist, zeigen Leime mit dem Produkt auf Naphthalinsulfonat-Basis hingegen einen signifikanten Anstieg von $d_{50,\,is}$ mit zunehmender Dosierung. So beträgt die mittlere in-situ Partikelgröße $d_{50,\,is}$ für das Produkt auf PCE-Basis konstant ca. 6 µm, während sie für das elektrostatisch wirkende Produkt (Naphthalinsulfonatbasis) auf Werte von maximal 23 µm ansteigt. Beim Überschreiten der damit verbundenen Dosierung geht $d_{50,\,is}$ erneut deutlich zurück und beträgt für eine Dosierung von 0,4 M.-% ca. 20 µm.

Abbildung 4-25 zeigt darüber hinaus eine Gegenüberstellung der dynamischen Viskosität η und des Zeta-Potentials ζ. Für die Leime mit dem elektrostatisch wirkenden Produkt auf Naphthalinsulfonat-Basis ist eine deutliche Korrelation beider Kenngrößen feststellbar. Kein funktioneller Zusammenhang besteht hingegen für das PCE-Produkt. Dies belegt erneut die ausgeprägte sterische Wirkung von Produkten auf PCE-Basis.

4.8 Zusammenfassung

Das Ziel der experimentellen Untersuchungen war es, das viskoelastische Verhalten von zementhaltigen Mehlkornsuspensionen im Grenzzustand fest/flüssig sowie die zugrunde liegenden elektrophysikalischen Mechanismen zu charakterisieren. Hierzu wurden Mehlkornleime mit verschiedenen Zementen bzw. Zumahl- und Zusatzstoffen sowie unterschiedlichen Mischungszusammensetzungen mithilfe der in Kapitel 3 beschriebenen Methoden untersucht.

Die Ermittlung der rheologischen Eigenschaften der Suspensionen erfolgte dabei mittels zweier Rotationsrheometer, die eine Messung auch bei sehr geringen Schubbelastungen bzw. Schergeschwindigkeiten gestatten. Parallel dazu wurden das Zeta-Potential ζ und die in-situ Partikelgrößenverteilung $d_{50,is}$ der suspendierten Phase durch eine elektroakustische Messeinheit in Echtzeit erfasst. Hierdurch konnte erstmals der Einfluss einer Scherung auf das Agglomerierungsverhalten von Zementpartikeln nachgewiesen werden. Die elektrophysikalischen Eigenschaften der Partikel sind wiederum stark von deren chemisch-mineralogischer Zusammensetzung und deren Lösungsverhalten in Wasser abhängig. Vor diesem Hintergrund wurde eine umfangreiche Charakterisierung der Trägerflüssigkeit der Suspension durch ionenchromatographische Untersuchungen sowie durch die Messung von Leitfähigkeit, pH-Wert und Temperatur vorgenommen.

Um eine Anknüpfung an die Praxis sicherzustellen, wurde auch der klassische HAEGERMANN-Ausbreitmaßversuch in das Untersuchungsprogramm mit einbezogen.

Die Untersuchungsergebnisse belegen, dass das rheologische Verhalten von zementhaltigen Mehlkornsuspensionen bei geringen kurzzeitigen Scherbelastungen durch ein elastisches Verhalten mit einer vergleichsweise hohen Schubsteifigkeit geprägt ist. Die dafür ursächlichen Agglomeratstrukturen sind somit in der Lage, Verformungsarbeit elastisch zu speichern und bei einer Entlastung wieder abzugeben. Bereits bei sehr kurzzeitigen Belastungen zeigt sich jedoch, dass dieses elastische Verhalten durch ausgeprägte viskose Verformungsanteile überlagert wird. Dies äußert sich zum einen in einer verzögert-elastischen Verformung bzw. Rückverformung, aber auch in kontinuierlich zunehmenden Verformungen bei konstanter Belastung. Trotz ausgeprägter elastischer Verformungsanteile weisen zementhaltige Mehlkornsuspensionen auch bei sehr geringen Scherbelastungen somit ein viskoses Verhalten auf. Dies lässt darauf schließen, dass die Vernetzung der einzelnen Partikel nicht über den gesamten Scherspalt erfolgt, sondern die Strukturen durch flüssigkeitsgefüllte Gleitschichten durchzogen sind. Diese ermöglichen wiederum ein viskoses Aneinander-Vorbeigleiten der Partikel bzw. Agglomerate. Diese Erkenntnis ist von zentraler Bedeutung für das Verständnis von Entmischungserscheinungen wie beispielsweise das Sedimentieren und Bluten von Beton.

Neben den grundlegenden Mechanismen konnten im Rahmen einer Parameterstudie auch die für das rheologische Verhalten maßgeblichen Einflussfaktoren identifiziert werden. Im Wesentlichen sind dies das Verhältnis von Phasengehalt zu Packungsdichte der Phase ϕ/ϕ_p sowie die elektrophysikalischen Eigenschaften der suspendierten Partikel. Mit abnehmendem ϕ/ϕ_p bzw. zunehmendem Betrag des Zeta-Potentials $|\zeta|$ (dieses ist eine Maßzahl für die elektrophysikalische Wechselwirkung zwischen den Partikeln) ist dabei ein Rückgang der Elastizität der Probe sowie der Festigkeit der Agglomeratstrukturen nachweisbar.

Im Hinblick auf die physikalische Struktur zementhaltiger Mehlkornsuspensionen konnte durch die in-situ Messung des Zeta-Potentials und der Partikelgrößenverteilung der Phase $d_{50,is}$ erstmals eine Agglomeratbildung nachgewiesen werden. Die Neigung zur Agglomeration und die Größe der Agglomeratstrukturen gehen dabei mit zunehmendem Betrag des Zeta-Potentials $|\zeta|$ zurück. Eine Zerstörung der Agglomeratstrukturen ist auch bei einer Scherung der Probe zu verzeichnen. Das Ausmaß dieses sogenannten **Strukturbruchs** bei einer gegebenen Belastung ist ebenfalls stark vom Zeta-Potential der Partikel abhängig und nimmt mit zunehmendem Betrag des ζ-Potentials zu.

Die elektrophysikalischen und -chemischen Untersuchungen belegen, dass das Zeta-Potential von Zement bei realistischen Phasengehalten (d.h. üblichen *w/z*-Werten zwischen 0,4 und 0,6) mit dem Gehalt der Mineralphase Tricalciumsilikat C_3S im Zement korreliert und mit steigendem Gehalt der Betrag von ζ abnimmt.

Für die untersuchten Zumahl- bzw. Zusatzstoffe gilt, dass diese sich im alkalischen Milieu des Zementleims deutlich anders verhalten als in reinem Wasser. Beispielsweise weist Flugasche in Wasser (pH 7) ein positives Zeta-Potential auf, das sich jedoch in der alkalischen Trägerflüssigkeit des Zementleims (pH 13) umkehrt. Dadurch wirkt Flugasche verflüssigend und dispergierend auf Zementleime bzw. Zementpartikel.

Kapitel 5
Rheologisches Modellgesetz

5.1 Physikalische Modellvorstellung

Aufbauend auf die eigenen Untersuchungen (siehe Kapitel 4) sowie die in der Literatur dokumentierten Ergebnisse (siehe Kapitel 2) wird im Folgenden ein physikalisches Modell auf Grundlage der DLVO-Theorie (siehe Abschnitt 2.4.4) vorgestellt, das die Struktur von frischen Zementleimen im Ruhezustand sowie unter einer variablen Scherbelastung beschreibt.

Im Kern des Modellgesetzes stehen die verschiedenen Wechselwirkungsmechanismen zwischen den Zementpartikeln und deren Einfluss auf das rheologische Verhalten der Suspension. Von besonderer Bedeutung sind dabei koagulierende Prozesse, durch die Agglomeratstrukturen gebildet werden. Diese bewirken einen Anstieg der elastischen Eigenschaften der Suspension. Wird jedoch die Festigkeit dieser Strukturen überschritten, kommt es zum Strukturbruch und damit der Dispergierung einzelner Partikel. Bei höheren Strömungsgeschwindigkeiten in der Suspension wird der Strukturbruch zusätzlich durch hydrodynamische Kräfte beschleunigt. Die Struktur frischer Mehlkornsuspensionen ist somit eine Funktion der Scherbelastung und der Zeit.

Die durchgeführten Untersuchungen belegen, dass jeder Scherbelastung ein bestimmter Ausgleichsstrukturierungsgrad zugeordnet werden kann (siehe Abschnitt 4.2.1). Dies bedeutet, dass eine konstante, definierte Scherbelastung eine zeitliche Veränderung der Struktur der Probe zur Folge hat und die resultierende Strukturveränderung gegen einen belastungsabhängigen Endwert strebt. Diese Eigenschaft – d.h. die zeitliche Veränderung der dynamischen Viskosität – bezeichnet man als **Thixotropie**. Sie darf nicht verwechselt werden mit der **Strukturviskosität** einer Probe, d.h. einer abnehmenden dynamischen Viskosität mit zunehmender Schergeschwindigkeit. Grundsätzlich beruhen jedoch beide Prozesse auf demselben Mechanismus, nämlich der Koagulation bzw. Dispergierung einzelner Zementpartikel.

Besonders stark ausgeprägt ist die Bedeutung des Strukturbruchs für hohe Scherbelastungen, da damit signifikante Veränderungen in der Granulometrie der suspendierten Phase einhergehen (siehe Abschnitt 4.2.1.4). Im Rahmen der vorliegenden Arbeit konnte jedoch auch erstmals gezeigt werden, dass bereits bei sehr geringen Scherbelastungen weit unterhalb der BINGHAM-Fließgrenze Veränderungen in der Struktur des Zementleims zu beobachten sind (siehe Abschnitt 4.2.1.1).

Nicht ausreichend ist der klassische BINGHAM-Strukturansatz zur Erklärung von Kriech- und Entmischungsvorgängen, die bei sehr geringen unterkritischen Scherbelastungen stattfinden. Die hier durchgeführten Versuche belegen, dass sich frische Zementleime unabhängig vom Belastungsgrad viskos verhalten (siehe Abschnitt 4.2.1.3). Dieses Verhalten kann mit einem vollständig vernetzten System aus Partikeln nicht erklärt werden. Die Begründung für dieses Verhalten liegt in flüssigkeitsgefüllten Gleitebenen, die das Partikelnetzwerk durchziehen. Die Kraftübertragung von einem zum anderen Agglomerat ist in diesen Gleitschichten lediglich durch laminare Strömungskräfte sowie durch abstoßende elektrostatische Kräfte möglich. Das Verformungsverhalten von frischen Zementleimen weist daher grundsätzlich ausgeprägte viskose Verformungsanteile auf. Diese nehmen mit zunehmender Belastung sowie Belastungsdauer zu (siehe Abschnitt 4.2.1.2).

Im Folgenden wird zunächst auf die physikalische Modellvorstellung im Ruhezustand ($\tau = 0\ \text{Pa}$, $\dot{\gamma} = 0\ \text{s}^{-1}$) eingegangen. Anschließend werden die strukturellen Veränderungen in der Probe infolge geringer unterkritischer Scherbelastungen $\tau < \tau_s$ betrachtet (siehe Abschnitt 5.1.2). Von besonderem Interesse sind hierbei die Folgen für das Kriech- und damit das Entmischungsverhalten der Probe. Wird die Belastung weiter gesteigert und die Strukturgrenze τ_s überschritten, kommt es zu einem signifikanten Abfall der Steifigkeit G und der dynamischen Viskosität η. Auf die dafür ursächlichen Strukturveränderungen wird in Abschnitt 5.1.3 eingegangen. Schließlich führt eine weitere Steigerung der Scherbelastung zu der bereits beschriebenen ausgeprägten Veränderung der Granulometrie der suspendierten Phase und somit auch der rheologischen Eigenschaften des Systems (siehe Abschnitt 5.1.4). Die Definition der Begriffe unterkritisch, kritisch und überkritisch ist Abschnitt 4.2.1 zu entnehmen.

Nicht Gegenstand der folgenden Ausführungen sind hingegen hydratationsbedingte Veränderungen in der Probe. Diese werden gesondert in Abschnitt 5.7 diskutiert.

5.1.1 Struktur im Ruhezustand, Grundstruktur

Alle Betrachtungen zur Struktur und damit zu den rheologischen Eigenschaften von frischen Baustoffsuspensionen erfordern ein eingehendes Verständnis der Wechselwirkungen zwischen den Zementpartikeln. Diese können, wie bereits erläutert, mithilfe der DLVO-Theorie (siehe auch Abschnitte 2.4 und 5.3) beschrieben werden und bestehen aus der Überlagerung anziehender VAN-DER-WAALS- sowie abstoßender elektrochemischer Doppelschichtkräfte und COULOMB'scher Atomwechselwirkungskräfte. Sowohl die anziehenden als auch die abstoßenden Kräfte sind eine Funktion des Abstands der Partikel und nehmen in ihrer Intensität mit zunehmender Distanz von der Oberfläche unterschiedlich stark ab. Wie in Abschnitt 5.3 gezeigt wird, ist die Reichweite und Größe insbesondere der abstoßenden Kräfte für Zementpartikel jedoch stark beschränkt und beträgt nur wenige Nanometer. Dies hat zur Folge, dass sich zwei benachbarte Zementpartikel bereits durch geringe Impulskräfte so stark annähern können, dass die anziehenden Kräfte die Wirkung der abstoßenden Kräfte überschreiten und es zu einer Koagulation einzelner Partikel kommt. Dieser Vorgang wird im Folgenden als **Agglomerierung** bezeichnet (siehe Abbildung 5-1; anziehende Wechselwirkung schwarz gekennzeichnet).

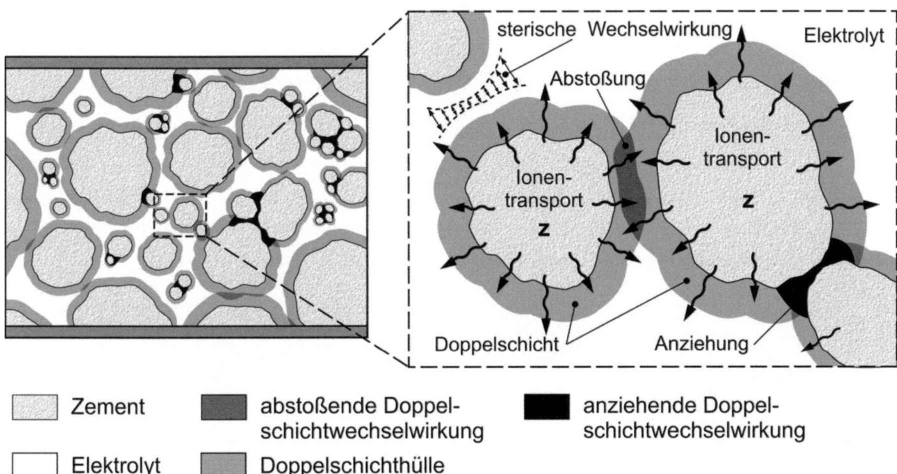

Abb. 5-1　Schematische Darstellung der Struktur (Primärstruktur) eines frischen Zementleims im Ruhezustand unmittelbar nach Ende einer Scherung (links) sowie Detaildarstellung (rechts; Erläuterung siehe Text)

Die Bildung solcher Agglomeratstrukturen kann zum einen durch einen scherbedingten Impulsaustausch – im Folgenden als **extrinsische Agglomeration** bezeichnet – oder aber durch die BROWN'sche Bewegung oder Schwerekräfte erfolgen. Im zuletzt genannten Fall wird von einer **intrinsischen Agglomeration** gesprochen. Für beide Arten der strukturbildenden Prozesse gilt, dass die zwischen zwei kollidierenden Teilchen übertragene Impulsenergie ausreichen muss, um eine dauerhafte Koagulation derselben zu bewirken. Dementsprechend können auch die in der Suspension vorliegenden Agglomeratstrukturen unterschieden werden in Primär- und Sekundärstrukturen.

Als **Primärstruktur** oder **Primärteilchen** werden Agglomerate bezeichnet, die infolge einer extrinsischen Koagulation, d.h. durch einen scherbedingten Impulsaustausch, entstanden sind. Die Primärstruktur beschreibt somit den Agglomerierungszustand, der sich als Gleichgewicht zwischen strukturaufbauenden und -zerstörenden Prozessen bei einer bestimmten äußeren Scherbelastung einstellt (siehe Abbildung 5-1, links). Aufgrund der großen Impulskräfte, die bei der Entstehung derartiger Strukturen wirken, weisen Primärteilchen eine hohe Steifigkeit und Festigkeit auf. Sterische Effekte, beispielsweise durch auf das Partikel aufgewachsene Kristallstrukturen, sind für die mechanischen Eigenschaften des so gebildeten Agglomerats von untergeordneter Bedeutung (vgl. Abschnitt 5.7).

Makroskopisch äußert sich die extrinsische Vernetzung in einer mit zunehmender Scherbelastung abnehmenden mittleren in-situ Partikelgröße $d_{50,is}$, die gegen den Wert der mittleren Partikelgröße im vollständig dispergierten Zustand strebt (siehe Abschnitt 4.3). Für hohe Scherbelastungen geht somit der Agglomerierungsgrad der Suspension gegen null. Der Übergang zwischen einzelnen und zu Primärteilchen verbundenen Partikeln ist daher fließend. Als Primärteilchen wird daher die Gesamtheit aller einzelnen Partikel und Agglomerate bezeichnet.

Entscheidender noch als die primäre Agglomeration für das rheologische Verhalten von Zementleimen bei geringen Scherbelastungen ist die in der Suspension ablaufende Vernetzung von einzelnen Primärteilchen zu Teilchennetzwerken. Dieser Vorgang wird im Folgenden als **sekundäre Strukturbildung** und deren Ergebnis als **Sekundärstruktur** bezeichnet (siehe Abbildung 5-2).

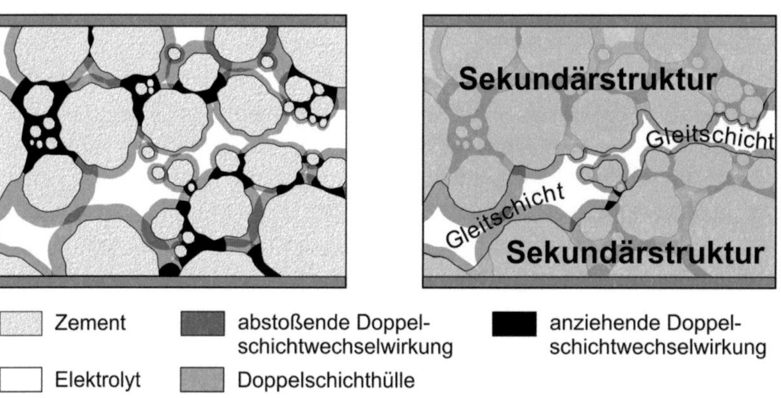

Abb. 5-2 Schematische Darstellung der Sekundärstruktur und der Gleitschichten in einer Zementsuspension in einem bestimmten Zeitabstand nach einer Scherung

Im Gegensatz zur primären Agglomeration, die auf eine scherbedingte Koagulation einzelner Partikel zu Agglomeraten zurückzuführen ist, wird die sekundäre Agglomeration durch die BROWN'sche Bewegung und die Schwerkraft angetrieben (intrinsische Koagulation).

Direkt nach Abschluss des Mischvorgangs bzw. nach einer intensiven Scherung liegen die Primärteilchen in einem dispergierten Zustand vor, d. h. zwischen ihnen besteht kein direkter mechanischer Kontakt (siehe Abschnitt 4.3.1 und Abbildung 5-1). Teilchen mit einem Durchmesser $d > 1\ \mu\mathrm{m}$ unterliegen dabei nicht mehr der BROWN'schen Bewegung (siehe auch Abschnitt 2.4.4). Sie sinken im Schwerefeld ab und verringern dadurch zunehmend ihren Abstand. Die Sinkgeschwindigkeit kann stark vereinfacht mithilfe des STOKE'schen Gesetzes abgeschätzt werden und beträgt für ein kugelförmiges Teilchen mit einem Radius von 5 µm, einer Dichte von 3,1 g/cm³ in Wasser mit einer Viskosität $\eta_s = 10^{-3}$ Pa s ca. 148 µm/s. Um einen Abstand zum nächsten Teilchen von ca. 3 µm (siehe Abschnitt 2.5) zurückzulegen, benötigt es nach dieser Abschätzung ca. 0,03 s.

Verstärkt wird dieser Effekt noch durch die BROWN'sche Bewegung, die zu einer intrinsischen Vernetzung kolloidaler Teilchen führt. Dies äußert sich in einer signifikanten Verschiebung der mittleren in-situ Partikelgröße $d_{50,is}$ hin zu größeren Werten im Ruhezustand (siehe Abschnitt 4.3). Den Messergebnissen zufolge ist die Größe der dadurch erzeugten Sekundärteilchen jedoch beschränkt, und der mittlere in-situ Partikeldurchmesser $d_{50,is}$ strebt gegen einen oberen Grenzwert von ca. 30 µm. Dies ist auf den mit zunehmender Teilchengröße zurückgehenden Einfluss der BROWN'schen Bewegung zurückzuführen (siehe Abschnitt 4.3.1). Auf der anderen Seite nimmt mit zunehmender Partikelgröße die Sedimentationsgeschwindigkeit der Teilchen zu. Der Aufbau der Sekundärstruktur wird somit durch die Folgen der BROWN'sche Bewegung beschleunigt.

Diese vereinfachten Betrachtungen belegen, dass die sekundäre Strukturbildung langsam im Vergleich zur primären Strukturbildung abläuft. Durch die Kollision einzelner absinkender Teilchen bzw. durch die BROWN'sche Bewegung kommt es zu einem Impulsaustausch und damit zu einer Agglomerierung. Das Eigengewicht der Teilchen kann durch die resultierende Netzwerkstruktur abgetragen werden, wodurch die Sedimentationsgeschwindigkeit stark verlangsamt wird (siehe Abbildung 5-2). Da gleichzeitig das im Korngerüst befindliche Wasser nur langsam nach oben ausströmen kann, ist die Sekundärstruktur im Gegensatz zur Primärstruktur durch einen anfangs hohen Wassergehalt und einen geringen Vernetzungsgrad gekennzeichnet (siehe Abschnitt 2.5). Bereits bei sehr geringen Belastungen sind daher große Kriechverformungen die Folge (siehe Abschnitt 4.2.1.3), wie sie durch die rheologischen Untersuchungen bestätigt werden konnten. Weiterhin weist die Sekundärstruktur eine geringe Festigkeit auf (siehe Abschnitt 4.2.1.1).

In diesem Zusammenhang muss weiterhin beachtet werden, dass Zementpartikel eine in Relation zur geringen räumlichen Ausdehnung ihrer elektrochemischen Doppelschichthülle große Oberflächenrauheit aufweisen (siehe Abschnitt 2.5). Diese wird noch verstärkt durch frühe Reaktionsprodukte wie Ettringit und vereinzelte CSH-Phasen, die an der Partikeloberfläche aufwachsen. Die Dicke der Doppelschichthülle und damit die Reichweite der abstoßenden Kräfte nimmt in diesen Bereichen sehr stark ab, so dass die Partikel an diesen Stellen bestrebt sind, Verbindungen zu benachbarten Teilchen einzugehen (siehe Abschnitt 5.3). Aufgrund der punktuellen Struktur dieser Verbindungen und damit der geringen Kontaktfläche zwischen einzelnen Partikeln werden die Festigkeit und Steifigkeit der Sekundärstruktur zusätzlich reduziert.

Reicht der bei der Kollision zweier Partikel bzw. Primärteilchen übertragene Impuls nicht aus, um die abstoßenden Wechselwirkungskräfte zu überwinden, bildet sich eine **Gleitschicht** aus. Ein Impulsaustausch zwischen zwei Festkörpern ist in diesen Ebenen lediglich durch elektrostatische Kräfte bzw. durch viskose Strömungskräfte möglich (siehe Abbildung 5-1). Während die Primär- und Sekundärstrukturen in der Lage sind, Kräfte bis zum Erreichen der Festigkeit elastisch aufzunehmen, ist im Bereich von Gleitschichten eine unbegrenzte viskose Verformungszunahme feststellbar. Die Größe und Anzahl der Gleitschichten sind daher insbesondere für das Kriech- und Fließverhalten der Probe von Bedeutung (siehe Abschnitt 4.2.1.3).

5.1.2 Struktur bei unterkritischer Belastung

Wird das in Abbildung 5-2 dargestellte System mit einer geringen unterkritischen Schubspannung $\tau < \tau_s$ beaufschlagt, führt die Belastung zu einer elastischen Verformung der Primär- und Sekundärstruktur sowie zu einer viskosen Verschiebung einzelner Teilchen in den Gleitschichten (siehe Abschnitt 4.2). Das resultierende Verformungsverhalten der Primär- und Sekundärstrukturen kann dabei vereinfacht mithilfe der DLVO-Theorie erklärt werden (siehe auch Abschnitt 2.4.4).

Dem ersten Hauptsatz der Thermodynamik folgend strebt das vernetzte Partikelsystem einen energetisch möglichst günstigen Zustand an. Dies bedeutet, dass sich sowohl zwischen den zu Primärteilchen vernetzten Partikeln als auch zwischen den Primärteilchen selbst – d.h. in der Sekundärstruktur – ein optimaler Teilchenabstand z_0 einstellt, bei dem die Wechselwirkungsenergie V_{tot} gerade minimal wird (Energieminimum $V_{tot} \rightarrow V_{tot,min}$; siehe Abbildung 5-3).

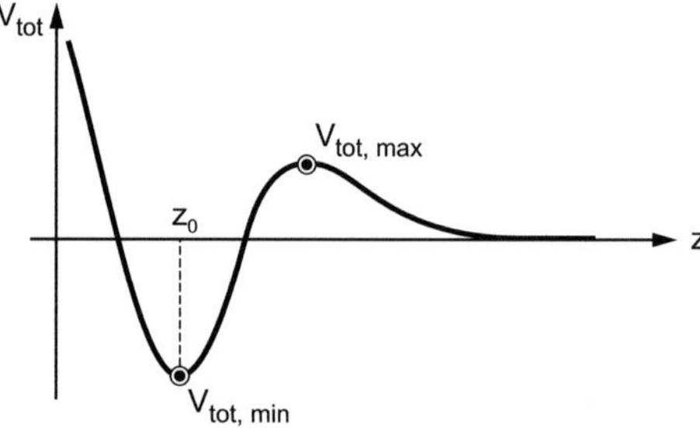

Abb. 5-3 Wechselwirkungsenergie V_{tot} zwischen zwei Partikeln in Abhängigkeit vom lichten Partikelabstand z

Durch die Beaufschlagung mit einer Schubspannung wird dieser Gleichgewichtszustand gestört und das Energieniveau beider Partikel erhöht. Dies kann sich entweder in einer stärkeren Annäherung oder aber, wie hier aufgrund der geringen Steifigkeit der VAN-DER-WAALS'schen Wechselwirkung zu erwarten, in einer Vergrößerung des Partikelabstands z äußern[1]. Werden die zwischen den Partikeln wirkenden anziehenden Kräfte nicht überschritten, stellt sich ein neuer, von der äußeren Spannung abhängiger Partikelabstand $z(\tau)$ ein. Dieses Verformungsverhalten ist ideal-elastischer Natur. Die Steifigkeit der Verbindung kann dann mithilfe der DLVO-Theorie abgeschätzt werden und entspricht der negativen Krümmung der Wechselwirkungsenergie-Partikelabstandskurve. Eine ausführliche Erläuterung der zugrunde liegenden Mechanismen wird in Abschnitt 5.3 gegeben.

Grundsätzlich muss beachtet werden, dass eine Vergrößerung des Abstands zwischen einzelnen Partikeln nur dann möglich ist, wenn gleichzeitig das generierte bzw. verdrängte Volumen im Kontrollvolumen durch eine Umlagerung der Trägerflüssigkeit kompensiert wird (siehe Abschnitt 2.4.5.2). Hierbei handelt es sich um einen zeitabhängigen, viskosen Strömungsvorgang, der zu einer Dämpfung des Systems führt. Umgekehrt gilt im Fall einer Entlastung eines Primärteilchens bzw. der Sekundärstruktur, dass die einzelnen Partikel bestrebt sind, sich anzunähern, um so erneut einen energetisch optimalen Zustand zu erreichen (siehe Abschnitt 5.3).

Für alle obigen Ausführungen gilt, dass die einzelnen Partikel i.d.R. keine ideale Kugelform aufweisen und somit in mehr als einer Stelle mit einem benachbarten Partikel vernetzt sein können (siehe Abschnitt 2.5). Mit zunehmender Anzahl der Vernetzungsstellen geht somit eine Zunahme der Agglomeratsteifigkeit und damit eine Umwandlung der Sekundär- in die Primärstruktur einher. Der Übergang zwischen Primärteilchen und Sekundärstruktur kann daher fließend sein. Bei ausreichend großem Impulsaustausch oder Anpressdruck ist eine Neubildung von Primärverbindungen und -teilchen möglich. Dies erklärt unter anderem auch, dass die Veränderungen in der Sekundärstruktur infolge einer Kriechbelastung nach Entlastung nicht vollständig reversibel sind (siehe Abschnitt 4.2.1.3). Belegt wird diese Aussage durch einen leichten Anstieg der mittleren in-situ Partikelgröße $d_{50,\text{is}}$ im Ruhezustand bzw. während Kriechversuchen (siehe Abschnitt 4.3.1). Gesondert durchgeführte oszillatorische Untersuchungen vor und nach Kriechversuchen zeigen weiterhin, dass die Phasenverschiebung δ infolge einer vorangegangenen Kriechbelastung zurückgeht und somit der Vernetzungsgrad der Suspension dadurch ansteigt (siehe Abschnitt 4.2.1.3).

Für kurze Belastungsdauern, wie sie beispielsweise bei oszillatorischen Messungen vorliegen, sind die in der Suspension beobachteten Verformungen fast vollständig reversibel und somit weitgehend elastischer Natur (siehe Abschnitt 4.2.1.1). Die mit der Belastung anwachsende Phasenverschiebung belegt jedoch, dass bereits bei sehr schnellen und länger andauernden Belastungen viskose Verformungen in der Probe auftreten. Diese Verformungen sind auf Gleitschichten innerhalb der Sekundärstruktur zurückzuführen. Die Spannungsübertragung zwi-

---

1. Die Begriffe Steifigkeit und Festigkeit werden hier im übertragenen Sinne auf das Last-Verformungsverhalten einer elektrostatischen Wechselwirkung angewendet. Die Hintergründe hierzu werden ausführlich in Abschnitt 5.3 erläutert.

schen zwei Partikelagglomeraten über die aus Trägerflüssigkeit bestehende Gleitschicht erfolgt sowohl durch viskose Strömungskräfte als auch durch abstoßende Oberflächenkräfte.

Im Hinblick auf die viskosen Strömungskräfte gilt, dass die Trägerflüssigkeit gegenüber reinem Wasser eine erhöhte dynamische Viskosität aufweist. Der Viskositätszuwachs kann mithilfe der EZROCHI-Gleichung (siehe einschlägige Literatur) unter Ansatz des gelösten Anteils an Ionen abgeschätzt werden und beträgt im Durchschnitt ca. 10 %. Für Wasseranteile bzw. gelöste Ionen, die in der elektrochemischen Doppelschicht des Partikels gebunden sind, kann darüber hinaus mit einer weitaus größeren Steigerung gerechnet werden.

Wiederholte Kriechversuche mit gleichen Belastungsgraden an identischen Proben belegen darüber hinaus, dass die Gleitschichtdicke eine Funktion des freien Wasserangebots in der Suspension ist. Die mit zunehmender Anzahl der Belastungszyklen beobachtete Versteifung der Probe ist auf eine zunehmende extrinsische Vernetzung der Partikel zurückzuführen. Damit verbunden ist eine Reduktion der Gleitschichtdicke.

5.1.3 Struktur bei kritischer Belastung

Während bei stark unterkritischen Belastungen sich strukturbrechende und -aufbauende Prozesse die Waage halten, kommt es bei Erreichen der Strukturgrenze zunächst zu einer Ausrichtung der Partikelstrukturen in Belastungsrichtung und anschließend zu einer stark beschleunigten Zerstörung der Sekundärstruktur. Der Vernetzungsgrad der Suspension nimmt somit ab. In Bereichen lokal besonders hoher Belastung bzw. niedrigen Vernetzungsgrades ist dies bereits bei unterkritischen Belastungen zu beobachten (siehe Abschnitt 4.2.1.3). Mit zunehmender Belastung nimmt dabei der Anteil an Strukturbruch, der in der Probe stattfindet, zunächst langsam und im Bereich der Strukturgrenze τ_s jedoch stark beschleunigt zu (siehe Abschnitt 4.2.1). Dies ist darauf zurückzuführen, dass die aus der anliegenden Schubspannung und der Steifigkeit der Sekundärstruktur resultierenden Verformungen eine Vergrößerung des Abstandes der einzelnen Partikel des Agglomerats zur Folge haben. In Bereichen geringer Vernetzung können die Partikelabstände dabei so groß werden, dass abstoßende Doppelschichtkräfte wirksam werden und es somit zu einer Zerstörung der Sekundärstruktur kommt (siehe Abschnitt 5.3). Im oszillatorischen Versuch zeigt sich dies durch einen kontinuierlichen Anstieg der Phasenverschiebung mit zunehmendem Belastungsgrad. Die dabei ablaufenden raschen Strukturveränderungen führen im Oszillationsversuch darüber hinaus zu einer deutlichen Verschlechterung des Signal/Rauschen-Verhältnisses (Anstieg der 3. und 5. FOURIER-Terme, siehe Abschnitte 3.3.3.9 und 4.2.1), das sich erst mit Abschluss des Strukturbruchs der Sekundärstruktur wieder verbessert.

Mit dem Bruch der Sekundärstruktur ist ein starker Abfall des komplexen Schubmoduls $|G^*|$ verbunden. Die Existenz des Strukturmoduls G_1^* belegt, dass bei Überschreiten der Strukturgrenze τ_s nur die Sekundärstruktur der Probe zerstört wird, die eingetragenen Kräfte jedoch nicht ausreichen, um auch Primärteilchen aufzubrechen (siehe Abschnitt 4.2.1.1). Der im Rahmen der vorliegenden Arbeit als „kritisch" bezeichnete Zustand entspricht somit dem der Suspension, beispielsweise nach Mischende bzw. einer vorangegangenen Scherung mit konstanter Anzahl und Größe der Primärteilchen. Hierbei muss beachtet werden, dass der Strukturmodul G_1^* nicht der Steifigkeit der Primärstruktur entspricht. Diese weist eine weitaus größere Steifigkeit auf, die jedoch aufgrund der in der Probe ablaufenden Gleitvorgänge nicht gesondert erfasst werden kann. Kriechversuche bei kritischen Scherbelastungen belegen in diesem Zustand eine ausgeprägte Kriechneigung, jedoch gehen sowohl die elastische als auch die verzögerte elastische Rückverformung stark zurück (siehe Abschnitt 4.2.1.3). Dies liegt darin begründet, dass die treibende Kraft des Rückkriechens – die Rückverformung der Sekundärstruktur – nun nicht mehr vorhanden ist.

5.1.4 Struktur bei überkritischer Belastung

Bereits in den oszillatorischen Amplitudensweepversuchen ist zu erkennen, dass mit zunehmender Belastung ein weiterer Rückgang der Schubsteifigkeit der Suspension einhergeht (siehe Abschnitt 4.2.1.1). Aufgrund der großen resultierenden Amplituden sind jedoch oszillatorische Methoden zur Quantifizierung dieses Vorgangs nicht geeignet. Die hier beschriebene Tendenz wird jedoch in rotatorischen Fließversuchen bestätigt (siehe Abschnitt 4.2.1).

Für Schubspannungen im Bereich der Strukturgrenze τ_s weisen die untersuchten Zementleime eine annähernd konstante dynamische Viskosität auf (siehe Abschnitt 4.2.1.4, $\tau, \dot{\gamma} \to 0$). Dies bestätigt erneut die in Abschnitt 5.1.1 vorgestellte Modellvorstellung einer mit Gleitschichten durchsetzten Sekundärstruktur, in der viskose Verformungen durch Kriechvorgänge und Relativströmungen in den Gleitschichten auftreten. Wird die Belastung deutlich über die Strukturgrenze gesteigert, so ist ein kontinuierlicher Abfall der dynamischen Viskosität der Suspension zu erkennen. Dieser Rückgang ist auf eine belastungsabhängige Zerstörung der Primärteilchen in der Suspension zurückzuführen. Damit einher geht eine Vervielfachung der Anzahl der Gleitschichten, in denen eine viskose Strömung stattfinden kann. Die Umkehrung des Belastungsgradienten – d.h. die Untersuchung bei abnehmender Belastung $d\tau/dt < 0$ – belegt das bereits in Abschnitt 5.1.1 vorgestellte Prinzip der belastungsspezifischen extrinsischen Agglomeration. Der durch die Scherung bedingte Impulsaustausch in der Probe führt zu einer ständigen Neubildung von Primäragglomeraten, die aufgrund der fallenden Größe der Belastung nicht – wie bei steigender Belastung der Fall – gleich wieder zerstört werden. Auch für fallende Belastungen strebt daher die dynamische Viskosität für geringe Spannungen gegen einen oberen Grenzwert. Dieser Wert ist eine Maßzahl für das viskose Verformungsverhalten der durch extrinsische Agglomeration aufgebauten Primärstruktur.

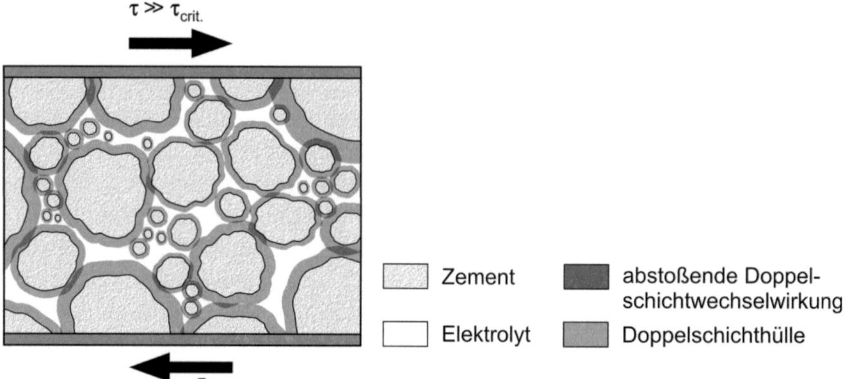

Abb. 5-4   Schematische Darstellung der Struktur eines frischen Zementleims im überkritischen Zustand bei sehr hohen Scherbelastungen

Für sehr hohe Scherbelastungen zeigt sich auf der anderen Seite eine zunehmende Verlangsamung des Strukturbruchs. Die dynamische Viskosität der Proben strebt zunächst gegen einen konstanten Grenzwert, der als charakteristische Größe für die rheologischen Eigenschaften der vollständig dispergierten Suspension angesehen werden kann (siehe Abbildung 5-4). Eine weitere Steigerung der Scherbelastung lässt jedoch einen erneuten Anstieg der dynamischen Viskosität erkennen. Dieser Anstieg ist auf eine zunehmende Volumendilatanz der Probe zurückzuführen, bei der die einzelnen Partikel in ihrer momentanen Packung gestört werden, die Schergeschwindigkeit jedoch so hoch ist, dass die Trägerflüssigkeit nicht ausreichend schnell zur Bildung neuer Gleitschichten zur Verfügung steht (siehe Abschnitt 4.2.1.4).

5.2   Rheologisches Modell

Aus den vorangegangenen Ausführungen zur Struktur von Zementsuspension wird deutlich, dass das Verformungsverhalten neben rein elastischen und viskosen Anteilen auch stark durch strukturzerstörende Effekte und Reibungsanteile geprägt ist. Diese sind jedoch nur teilweise reversibel, wodurch eine korrekte Abbildung des Verformungsverhaltens stark erschwert wird. Insbesondere bei wiederholten Be- und Entlastungsvorgängen führt dies dazu, dass klassische rheologische Modelle, bestehend aus den Elementen Feder, Dämpfer und ST.-VENANT-Reibelement, das tatsächliche Materialverhalten nicht abbilden können. Besser hierfür geeignet erscheinen numerische Methoden auf Basis von Kugelmodellen, die jedoch eine exakte Kenntnis der in der Probe wirkenden Spannungen und Schergeschwindigkeiten erfordern und daher in der Handhabung entsprechend aufwendig und für die Praxis schlecht beherrschbar sind (siehe Abschnitt 2.6).

Trotz dieser Einschränkung haben analytische Modelle zur Beschreibung des rheologischen Verhaltens von Zementsuspensionen durchaus ihre Berechtigung. Sie ermöglichen eine thermodynamisch korrekte Abbildung der in der Suspension ablaufenden Prozesse. Dies gilt insbesondere dann, wenn der Schwerpunkt des Interesses auf der Untersuchung von Scherbelastungen liegt, die keine oder nur sehr langsam ablaufende irreversible Zerstörungen in der Probe verursachen. Dies ist für das Verformungsverhalten von zementhaltigen Baustoffsuspensionen bei sehr geringen Scherbelastungen der Fall.

Die nachfolgenden Ausführungen beschränken sich daher zunächst auf Leime, die Belastungen unterhalb der Strukturgrenze τ_s ausgesetzt sind, d.h. bei denen der Einfluss des Bruchs der Primär- und Sekundärstruktur vernachlässigt werden kann. Dieses Modell wird anschließend um Betrachtungen zum Strukturbruch erweitert. Zunächst wird jedoch auf die drei rheologischen Grundelemente, Feder, Dämpfer und Reibelement, eingegangen, die bei der rheologischen Modellbildung eingesetzt werden.

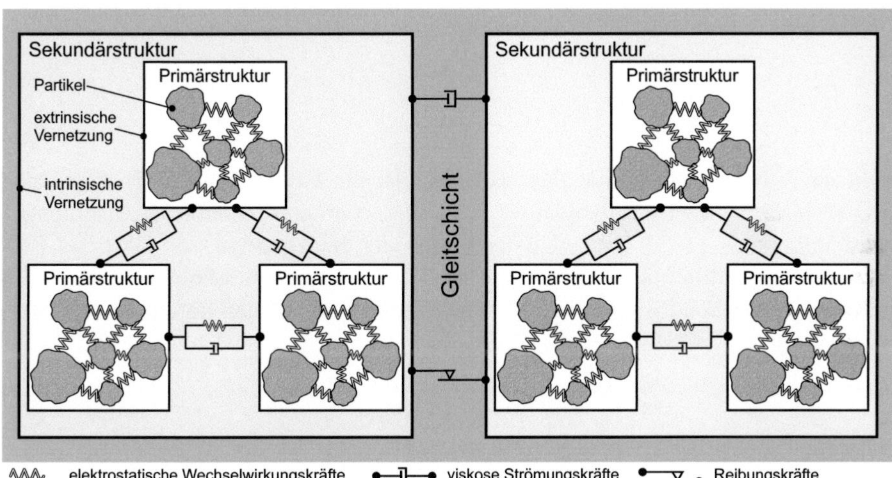

Abb. 5-5 Schematische Darstellung der Struktur eines frischen Zementleims bestehend aus Primärteilchen und durch Gleitschichten getrennten Sekundärteilchen

Die Struktur frischer Zementleime ist schematisch in Abbildung 5-5 dargestellt. Entsprechend den Ausführungen in Abschnitt 5.1 besteht diese aus einzelnen Partikeln, die über Federelemente zu sogenannten Primärteilchen vernetzt sind. Infolge von Sedimentationsvorgängen werden die Primärteilchen wiederum zu Sekundärteilchen vernetzt. Deren rheologische Wechselwirkung wird dabei durch KELVIN-Elemente – Parallelschaltung von Dämpfer und Feder, siehe Abschnitt 5.2.1 – abgebildet. Gleichzeitig sind die Sekundärstrukturen durch Gleitschichten durchzogen, in denen viskose Strömungskräfte und Reibungskräfte übertragen werden können.

Das hier vorgestellte Last-Verformungsmodell beschreibt den Zusammenhang zwischen reinen Schubspannungen und Schubverformungen, wie sie in den hier untersuchten Suspensionen auftreten. Einen kurzen Ausblick auf mehraxiale Spannungszustände, wie sie beispielsweise bei Untersuchungen zum Schalungsdruck vorkommen, gibt Abschnitt 5.4. Derartige Untersuchungen (z.B. Triaxialversuche) sind jedoch nicht Gegenstand der vorliegenden Arbeit.

5.2.1 Rheologische Grundelemente

Das nachfolgend vorgestellte rheologische Modell ist aus drei verschiedenen mechanischen Grundelementen zusammengesetzt. Die Elemente Feder und Dämpfer wurden bereits in Kapitel 2 eingeführt und beschreiben die Abhängigkeit der in der Suspension auftretenden Scherungen γ bzw. der Schergeschwindigkeit $\dot{\gamma} = dx/(h \cdot dt)$ von der anliegenden Schubspannung τ. Die entsprechenden Beziehungen sind nachstehend nochmals wiedergegeben (Feder siehe Gleichung 2-26; Dämpfer siehe Gleichung 2-27; [133]).

$$\tau = G \cdot \gamma \tag{2-26}$$

$$\tau = \eta \cdot \dot{\gamma} \tag{2-27}$$

Im Gegensatz zur Viskosität des Dämpfers ist die COULOMB'sche Reibung des ST.-VENANT-Elements unabhängig von der vorherrschenden Belastungsgeschwindigkeit $\dot{\gamma}$ [133]. Beim Überschreiten der **Haftgrenze** τ_{SV} lässt das Element eine augenblickliche und unbegrenzte Verformung zu, ohne dass jedoch die darin wirkende Schubspannung τ_{SV} weiter gesteigert werden könnte (siehe Gleichung 5-1).

$$\gamma = \begin{cases} 0 & , \tau < \tau_{SV} \\ \gamma \to \infty & , \tau = \tau_{SV} \end{cases} \tag{5-1}$$

Alle drei aufgeführten Elemente können in beliebiger Art und Weise miteinander kombiniert werden. Für eine Reihenanordnung gilt dabei, dass in jedem Element die gleiche Spannung τ wirken muss und sich sowohl die Einzelverformungen als auch die Verformungsgeschwindigkeiten addieren (siehe Gleichung 5-2; [133]).

$$\left. \begin{array}{l} \gamma = \sum \gamma_i \\ \dot{\gamma} = \sum \dot{\gamma}_i \end{array} \right\} \wedge \tau = \tau_i \tag{5-2}$$

Im Falle einer Parallelanordnung einzelner Elemente gilt hingegen, dass die Dehnungen in allen Elementen gleich sein müssen und die Elemente daher unterschiedliche Schubspannungen τ_i aufweisen [133]. Diese können dann superponiert werden (siehe Gleichung 5-3).

$$\left.\begin{array}{c} \tau = \sum \tau_i \\ \dot{\tau} = \sum \dot{\tau}_i \end{array}\right\} \wedge \gamma = \gamma_i \tag{5-3}$$

Mit den in den Gleichungen 5-2 und 5-3 aufgeführten Kombinationsvorschriften lässt sich das Last-Verformungsverhalten eines Zementleims in Form einer Differentialgleichung

$$\left(1 + \alpha_1 \frac{\partial}{\partial t} + \alpha_2 \frac{\partial^2}{\partial t^2} + \ldots + \alpha_n \frac{\partial^n}{\partial t^n}\right) \tau \tag{5-4}$$

$$= \left(\beta_0 + \beta_1 \frac{\partial}{\partial t} + \beta_2 \frac{\partial^2}{\partial t^2} + \ldots + \beta_n \frac{\partial^n}{\partial t^n}\right) \gamma + C \cdot \tau_{SV}$$

angeben (vgl. auch Abschnitt 2.6). Die physikalische Bedeutung der einzelnen Grundelemente wird ausführlich in Abschnitt 5.3 erläutert.

5.2.2 Verformungsverhalten bei unterkritischen Belastungen

5.2.2.1 Modell

Wie in Abschnitt 5.1.2 erläutert, ist das Verformungsverhalten frischer Zementleime bei unterkritischen Belastungen $\tau \leq \tau_s$ durch die Eigenschaften der Primär- und Sekundärstruktur sowie durch die Anzahl und Dicke der Gleitschichten geprägt und kann mithilfe des in Abbildung 5-6 dargestellten Modells abgebildet werden. Dieses besteht aus der Reihenschaltung eines Dämpferelements η_1, eines Federelements G_2 sowie eines KELVIN-Elements (Parallelschaltung von Feder und Dämpfer).

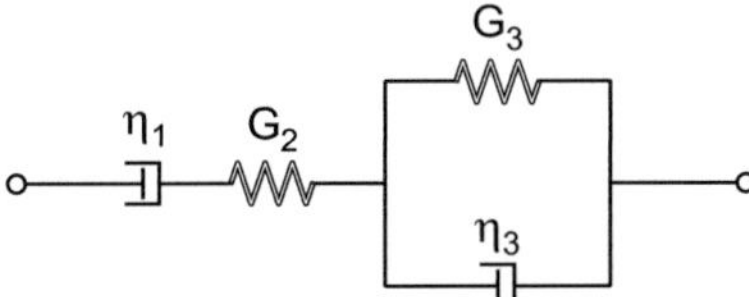

Abb. 5-6 Modell zur Beschreibung des Verformungsverhaltens von Zementleimen bei unterkritischer Scherbelastung $\tau \leq \tau_s$

Die Angabe einer geschlossenen Differentialgleichung für das oben dargestellte Modell ist nicht zielführend, da sie keine getrennte Beurteilung der einzelnen Funktionsgruppen des Modells gestattet. Statt dessen können die Verformungsanteile der einzelnen Elemente bzw. Funktionsgruppen einzeln entsprechend Gleichung 5-2 additiv überlagert werden. Hierzu sind in Gleichungssystem 5-5 die Differentialgleichungen der einzelnen Funktionsgruppen (1) bis (3) angegeben. Für eine Reihenschaltung gilt dabei $\tau = \tau_i$.

$$\left.\begin{aligned}
(1) \quad & \tau_1 = \eta_1 \cdot \dot{\gamma}_1 \\
(2) \quad & \tau_2 = G_2 \cdot \gamma_2 \\
(3) \quad & \tau_3 = G_3 \cdot \gamma_3 + \eta_3 \cdot \dot{\gamma}_3
\end{aligned}\right\} \qquad \text{(5-5)}$$

Für die einzelnen Differentialgleichungen lassen sich Lösungen angeben (siehe Gleichung 5-6), die anschließend entsprechend Gleichung 5-2 superponiert werden können.

$$\left.\begin{aligned}
(1) \quad & \gamma_1(t) = \frac{1}{\eta_1} \cdot \int_{t_1}^{t} \tau(\Theta)\,d\Theta \\[2ex]
(2) \quad & \gamma_2(t) = \frac{\tau(t)}{G_2} \\[2ex]
(3) \quad & \gamma_3(t) = \frac{1}{\eta_3} \cdot \exp\left\{-\frac{G_3}{\eta_3} \cdot t\right\} \cdot \int_{0}^{t} \left\{\exp\left\{\frac{G_3}{\eta_3} \cdot \Theta\right\} \cdot \tau(\Theta)\right\} d\Theta
\end{aligned}\right\} \qquad \text{(5-6)}$$

In Gleichung 5-6 bezeichnen η_i und G_i die Viskositäten bzw. Steifigkeiten der im Modell entsprechend Abbildung 5-6 verwendeten Dämpfer bzw. Federn und Θ die Integrationsvariable.

5.2.2.2 Funktionelle Zuordnung einzelner Elemente

Im Folgenden wird auf die Bedeutung der einzelnen Elemente bzw. Funktionsgruppen eingegangen.

Dämpfer-Element 1: Verformungsverhalten der Gleitschichten

Die durchgeführten Kriechuntersuchungen belegen, dass das Verformungsverhalten von Zementleimen auch bei unterkritischen Scherbelastungen durch ausgeprägte Kriecheffekte gekennzeichnet ist (siehe Abschnitt 4.2.1.3). Diese sind, wie bereits erläutert, auf flüssigkeitsgefüllte Gleitschichten zwischen einzelnen Sekundärteilchen zurückzuführen und können daher mithilfe eines NEWTON'schen Dämpferelements abgebildet werden. Die Viskosität η_1 des Elements folgt aus der Grenzwertbetrachtung für sehr lang andauernde Verformungsvorgänge zu

$$\eta_1 \equiv \lim_{\substack{t \to \infty \\ \tau = \text{const.} < \tau_s}} \eta_c(t) = \eta_{c,\infty} \qquad (5\text{-}7)$$

und kann mit Kriechversuchen an Zementleimen entsprechend der Vorgehensweise in Abschnitt 4.2.1.3 ermittelt werden.

Feder-Element 2: Verformungsverhalten der Primärstruktur

Im Gegensatz zu Langzeitbelastungen weisen Zementleime bei kurzzeitigen Belastungen ($t < 1$ s) eine vergleichsweise hohe Steifigkeit auf (siehe Abschnitt 4.2.1.2). Diese wird im vorliegenden Fall durch das Federelement G_2 abgebildet. Die Federkenngröße G_2 kann entsprechend Gleichung 5-8 ermittelt werden.

$$G_2 \equiv \lim_{\substack{\tau \to 0 \\ \tau < \tau_s}} |G^*(\tau)| \approx G_0^* + G_1^* \approx G_0^* \qquad (5\text{-}8)$$

KELVIN-Element 3: Verformungsverhalten der Sekundärstruktur

Das KELVIN-Element 3 bildet das Verformungsverhalten der Sekundärstruktur ab. Diese weist eine deutlich geringere Steifigkeit G_3 auf als die Primärstruktur. Weiterhin ist das Verhalten der Sekundärstruktur stark durch Wasserumlagerungen infolge einer Belastung geprägt (siehe Abschnitt 5.1.2). Diese Transportvorgänge äußern sich in einer Zeitabhängigkeit des Verformungsverhaltens.

Die Eigenschaften der Feder G_3 können gezielt aus der elastischen Rückverformung direkt nach der Entlastung unter Berücksichtigung des Verformungsanteils der Primärstruktur (τ_c / G_2) zu

$$G_3 \equiv \lim_{t \to \infty} \frac{|-\tau_c|}{|\gamma_{RL}(t)| - \left|\dfrac{\tau_c}{G_2}\right|} = \frac{|-\tau_c|}{|\bar{a}| - \left|\dfrac{\tau_c}{G_2}\right|} \qquad (5\text{-}9)$$

ermittelt werden. Die Dämpferviskosität η_3 ergibt sich aus dem Quotienten der kriecherzeugenden Spannung direkt vor der Entlastung $-\tau_c$ und der Geschwindigkeit des Rückverformungsvorgangs $\dot{\gamma}_{RL}$ zu

$$\eta_3 \equiv \lim_{t \to 0} \frac{-\tau_c}{\dot{\gamma}_{RL}(t)} = \frac{|-\tau_c|}{\left|-\dfrac{\bar{b}}{t_1} - \dfrac{\bar{c}}{t_2}\right|} \cdot \qquad (5\text{-}10)$$

Hierin bedeutet τ_c die in die Feder eingeprägte kriecherzeugende Spannung direkt zu Beginn des Rückkriechvorgangs und $\bar{a}$, $\bar{b}$, $\bar{c}$, t_1 und t_2 sind Konstanten entsprechend Gleichung 3-15.

An dieser Stelle sei darauf hingewiesen, dass in der Realität keine vollständige Rückverformung der Sekundärteilchen stattfindet. In Kombination mit dem Dämpfer-Element η_1 ist das hier vorgeschlagene KELVIN-Element dennoch geeignet, das Verformungsverhalten korrekt abzubilden. Dies belegen wiederholte Kriech- und Entlastungsversuche an identischen Proben, aus denen eine zunehmende Versteifung der Proben mit steigender Zyklenzahl ersichtlich ist (siehe Abschnitt 4.2.1.3). Die aus den oben erläuterten Gründen verbleibende Restdehnung der Sekundärteilchen nach Entlastung kann funktional den Gleitschichten und damit dem Dämpferelement η_1 zugeordnet werden.

5.2.2.3 Statistische Bewertung

Da alle im Rahmen der Untersuchungen gewonnenen Daten in gleicher Art und Weise erzeugt wurden und auch die Modellberechnungen unter denselben Randbedingungen erfolgten wie die experimentellen Versuche (z.B. identische Belastungsgeschwindigkeit, Datenerfassungsrate etc.), ist es nach [16] zielführend, eine statistische Bewertung des Modells auf Grundlage der Methode der kleinsten Quadrate (Beurteilungskriterium: Bestimmtheitsmaß R^2) durchzuführen. In den Berechnungen wurden dabei die unterschiedlichen Belastungsarten (sprungartige Be- und Entlastung, Kurz- und Langzeitbelastung, oszillatorische Belastung) getrennt voneinander untersucht. Die Kennwerte der einzelnen Elemente (η_1, η_3, G_2 und G_3) des Modells wurden entsprechend der oben beschriebenen Vorgehensweise bestimmt. Das rheologische Modell (siehe Abbildung 5-6) wurde durch das Gleichungssystem 5-6 abgebildet und in inkrementellen Zeitschritten zu $t = 0{,}01$ s schrittweise gelöst.

Sprungartige Be- und Entlastung sowie Kriechverformung

Abbildung 5-7 (links) zeigt das Kriechverhalten eines realen Zementleims sowie des mit den Kenndaten dieses Leims kalibrierten Modells entsprechend Gleichung 5-6.

Weiterhin dargestellt (siehe Abbildung 5-7, rechts) ist eine Gegenüberstellung von experimentell bestimmten Schubverformungen γ_{meas} und der Modellvorhersage γ_{cal} für eine Auswahl von Zementleimen. Es wird deutlich, dass das Modell mit den jeweiligen zuvor erwähnten Eingangsparametern das Verformungsverhalten des Leims zunächst unter- und anschließend überschätzt. Die Abweichungen der Vorhersage von den eigentlichen Messwerten betragen dabei i.d.R. weniger als 30 % (siehe Streuband in Abbildung 5-7, rechts). Lediglich für sehr kurze Belastungsdauern und damit geringe Verformungen sind größere Abweichungen der Vorhersage vom tatsächlichen Materialverhalten festzustellen. Diese haben jedoch nur geringen Einfluss auf die Vorhersagegüte. Das Bestimmtheitsmaß für alle durchgeführten Vergleiche zwischen experimentell gewonnenen Daten und dem Modell betrug $R^2 > 0{,}8$.

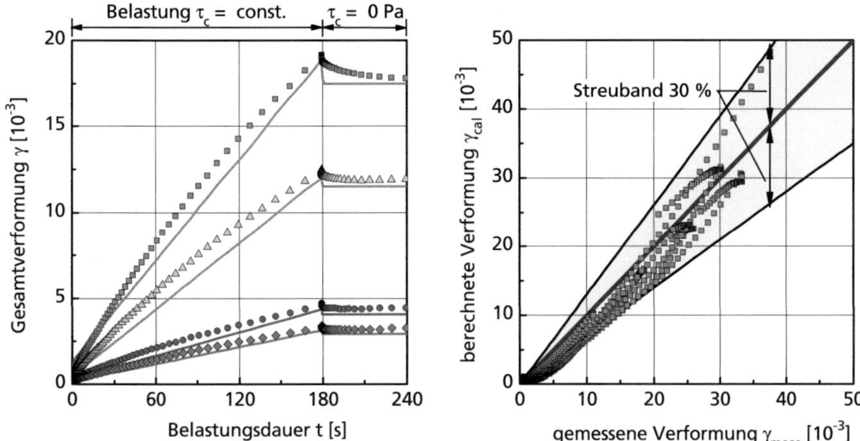

Abb. 5-7 Gemessene ($\blacksquare$, $\triangle$, $\blacklozenge$, $\bullet$) und durch das Modell vorhergesagte Verformung (—) für ausgewählte Zementleime im Kriechversuch ($t < 180$ s mit τ_c = const.) mit angeschlossener Rückkriechphase ($t \geq 180$ s mit τ_c = 0 Pa) im Alter von 15 min (links) und Gegenüberstellung der gemessenen und vorhergesagten Verformung γ_meas bzw. γ_cal im Kriech- bzw. Rückkriechversuch einschließlich 30 % Streuband (rechts)

Oszillatorische Kurzzeitbelastung

Für ausgewählte Versuche wurde eine statistische Bewertung des Last-Verformungsverhaltens bei einer unterkritischen oszillatorischen Scherbelastung vorgenommen. Hierzu wurden jeweils die zu den Messpunkten 8, 10 und 12 des Amplitudensweeps (Segment 2, siehe Tabelle 3-7) zugehörigen Sinushalbwellen aus den Rheometerrohdaten extrahiert und manuell um die in Abschnitt 3.3.3.6 aufgeführten Messfehler korrigiert. Anschließend wurden diese Messdaten der Vorhersage durch das Modell gegenübergestellt. Abbildung 5-8 (links, unten) zeigt den zeitlichen Verlauf der Scherbelastung τ, die auf die Probe aufgebracht wurde, und die resultierende Verformung γ (Abbildung 5-8, links, oben). Für zunehmende Belastungen bildet das Modell das tatsächliche Materialverhalten gut ab. Defizite weist es hingegen für den Fall der Entlastung $d\tau/dt < 0$ auf. Das Bestimmtheitsmaß beträgt für alle bewerteten Versuche $R^2 > 0{,}85$ (8 Versuche mit jeweils drei Schwingungen).

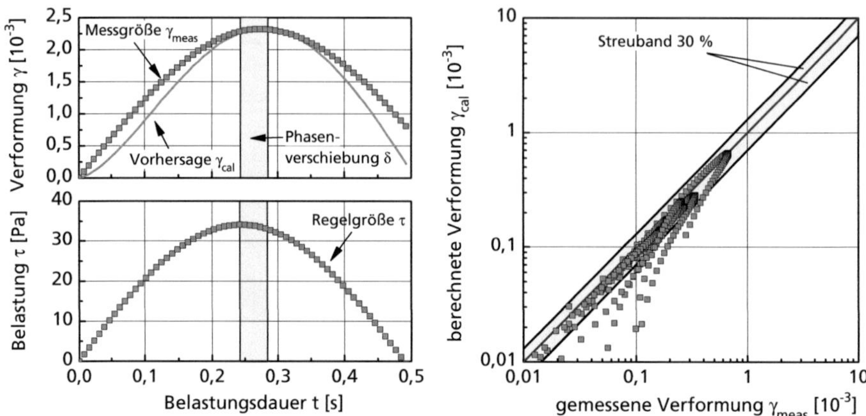

Abb. 5-8 Gemessene γ_{meas} und vorhergesagte Verformung γ_{cal} (links, oben) in Abhängigkeit von der Belastungsdauer für eine oszillatorische Schubbelastung τ (links, unten) sowie Gegenüberstellung der Messergebnisse und der Vorhersage einschließlich Streuband von 30 % (rechts)

5.2.3 Verformungsverhalten bei kritischen Belastungen

5.2.3.1 Modell

Das Verformungsverhalten von Zementleim bei kritischen Belastungen ist durch starke Veränderungen der Struktur der Probe geprägt (siehe Abschnitt 5.1.3). Durch die Scherung kommt es zu einer Ausrichtung der Partikel in Belastungsrichtung und zum Bruch der Sekundärstruktur. Dies ist gleichzusetzen mit einem Ausfall des KELVIN-Elements 3 (Ausfall der Sekundärstruktur; Dämpfer η_3 und Feder G_3 in Abbildung 5-6). Die nun einsetzende Verschiebung zwischen großen Partikeln bzw. Primärteilchen und die damit verbundene Reibung werden durch Einführung des BINGHAM-Elements 4 (ST.-VENANT Element τ_{SV4} mit parallel geschaltetem Dämpfer-Element η_4) abgebildet (siehe Abbildung 5-9).

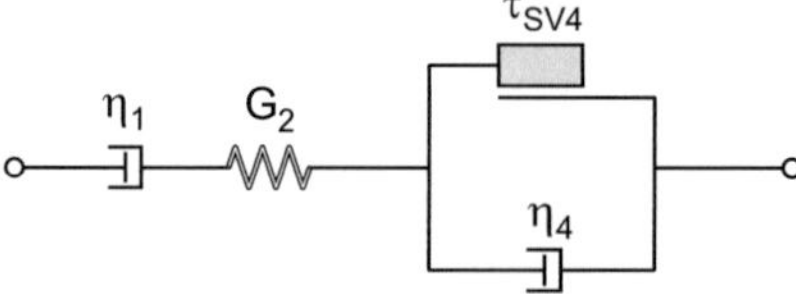

Abb. 5-9 Erweitertes Modell zur Berücksichtigung des Bruchs der Sekundärstruktur bei steigenden Schubspannungen $d\tau/dt \geq 0$

Analog zu den Ausführungen in Abschnitt 5.2.2.1 ist es auch im vorliegenden Fall nicht zielführend, eine geschlossene Differentialgleichung zur Beschreibung des in Abbildung 5-9 dargestellten Modells anzugeben. Statt dessen kann das Gleichungssystem 5-5 um eine abschnittsweise definierte Gleichung (siehe Gleichung 5-11) zur Berücksichtigung der Verformungsanteile aus der Funktionsgruppe (4) erweitert werden.

$$
\begin{aligned}
&(1) \quad \tau_1 = \eta_1 \cdot \dot{\gamma}_1 \\
&(2) \quad \tau_2 = G_2 \cdot \gamma_2 \\
&(4) \quad \left\{\begin{array}{ll} \gamma_4 = 0 & \text{für } \tau_4 < \tau_{SV4} \\[2mm] \tau_4 = \eta_4 \cdot \dot{\gamma}_4 + \tau_{SV4} & \text{für } \tau_4 \geq \tau_{SV4} \end{array}\right\}
\end{aligned} \qquad (5\text{-}11)
$$

Gleichung 5-11 (einschließlich Gleichungssystem 5-5) kann geschlossen gelöst werden, wenn die Funktion der Regelgröße $\tau(t)$ bekannt und mindestens einmal stetig differenzierbar ist.

5.2.3.2 Funktionelle Zuordnung einzelner Elemente

Das Verformungsverhalten des in Abbildung 5-9 gezeigten Modells ist für unterkritische Scherbelastungen ähnlich zum Modell entsprechend Abbildung 5-6. Mit Erreichen der Strukturgrenze $\tau = \tau_s \equiv \tau_{SV4}$ gestattet das ST.-VENANT-Element nun unbegrenzte Verformungen. Dies ist gleichzusetzen mit dem Versagen der Sekundärstruktur, d. h. der Festigkeitsüberschreitung der anziehenden Kräfte zwischen einzelnen Primärteilchen und der Ausbildung neuer Gleitschichten. Das durch diese Gleitschichten bedingte, nun erhöhte viskose Verformungsvermögen wird modellhaft durch den parallel zum Reibelement angeordneten Dämpfer η_4 abgebildet. Die Viskosität η_4 kann im Kriechversuch $\tau \geq \tau_s$ entsprechend Gleichung 5-12 ermittelt werden. Hierbei muss beachtet werden, dass der Dämpfer η_4 durch die Parallelschaltung mit dem ST.-VENANT-Element τ_{SV4} lediglich die Differenz zur Fließspannung τ_s und somit $\tau - \tau_s$ an Belastung erfährt.

Die Verformungsgeschwindigkeit der gesamten Probe unter einer kritischen Langzeitbelastung setzt sich somit zusammen aus dem Anteil des Dämpfers η_1 und der zusätzlichen Verformung durch Dämpfer η_4.

$$
\eta_4 \equiv \lim_{\substack{\tau \to \tau_0 \\ \tau \geq \tau_s}} \eta_c \approx \eta_{c,\tau,\infty} \qquad (5\text{-}12)
$$

Die Dämpferviskosität $\eta_4 = \eta_{c,\tau,\infty}$ kann durch Regression über die Kriechviskosität in Abhängigkeit vom Belastungsgrad für sehr hohe Belastungsgrade aus Abbildung 4-8 ermittelt werden und beträgt für alle Leime $\eta_4 \approx 25\,000$ Pa·s.

Als entscheidend für das Verformungsverhalten in diesem Stadium ist die Tatsache anzusehen, dass durch den einsetzenden Bruch der Sekundärstruktur nun erstmals einzelne Primärteilchen eine signifikante Beschleunigung erfahren. Für die Impulsbilanz innerhalb der Suspension bedeutet dies, dass zur BROWN'schen Bewegung der Mechanismus der extrinsischen Agglomeration hinzukommt. Mit steigender Schergeschwindigkeit $\dot{\gamma}$ konkurrieren somit die dispergierenden und koagulierenden Prozesse und streben gegen einen Gleichgewichtszustand, wobei der Gesamtstrukturierungsgrad mit zunehmender Belastung abnimmt (siehe Abschnitt 5.2.4).

Oszillatorische Messungen an Proben, die zunächst mit einer kritischen Scherbelastung beaufschlagt und anschließend entlastet wurden, belegen, dass der Bruch der Sekundärstruktur reversibel ist (siehe Abschnitt 4.2.1.1). Dies liegt darin begründet, dass die treibende Kraft der sekundären Strukturbildung die Schwerkraft und die BROWN'sche Bewegung sind (siehe Abschnitt 5.1.1). Strukturveränderungen in der Suspension und damit Änderungen in den Kennwerten der einzelnen rheologischen Elemente sind jedoch aus dem durch die Festigkeitsüberschreitung bedingten Impulsaustausch und die daraus resultierenden Vernetzungen zu erwarten. Bei ausreichend langer Erholungsdauer können diese Einflüsse jedoch vernachlässigt werden.

5.2.3.3 Statistische Bewertung

Das in Abschnitt 5.2.3.1 vorgestellte Modell wurde ebenfalls einer statistischen Bewertung unterzogen. Hierbei zeigte sich eine äußerst unbefriedigende Abbildung des gesamten Verformungsverhaltens. Dies wird auf die Tatsache zurückgeführt, dass die oben beschriebene Zerstörung der Sekundärstruktur sehr rasch vonstatten geht (siehe Abschnitt 4.2.1). Die für die Sekundärstruktur ursächlichen Sedimentationsvorgänge verlaufen jedoch naturgemäß sehr langsam. Im Gegensatz zum überkritischen Verformungsverhalten wird hier kein Gleichgewichtszustand aus strukturzerstörenden und -aufbauenden Prozessen erreicht. Wie die nachfolgenden Ausführungen zeigen werden, unterscheidet sich der Bruch der Sekundärstruktur bei kritischen Belastungen somit fundamental vom Versagen der Primärstruktur bei überkritischen Belastungen.

Klassische rheologische Modelle sind nicht in der Lage, das instationäre Verformungsverhalten von frischen Zementleimen bei Erreichen einer kritischen Belastung vollständig zu beschreiben. Gleiches gilt für bruchmechanische Modelle, wie sie beispielsweise in der Bodenmechanik zur Beschreibung des Grundbruchs verwendet werden (vgl. Abschnitt 5.4). Vor diesem Hintergrund wird der kritische Verformungszustand im Folgenden nicht weiter betrachtet. Als Grenzwert für eine Abgrenzung zum unterkritischen und überkritischen Zustand wird lediglich die Strukturgrenze τ_{SV4} weiter geführt.

5.2.4 Verformungsverhalten bei überkritischen Belastungen

5.2.4.1 Modell

Mit einer fortschreitenden Belastung der Probe geht gleichzeitig eine Dispergierung zunächst der Sekundärstruktur und mit zunehmendem Maße auch der Primärstruktur einher. Dieser Strukturbruch äußert sich in einem starken Abfall der dynamischen Viskosität (siehe Abschnitt 4.2.1.4). Die bei der Belastung der Probe auftretenden elastischen Verformungen können gegenüber den viskosen Verformungsanteilen vernachlässigt werden. Eine Erweiterung des bereits vorgestellten Modells ist aufgrund der irreversiblen Strukturveränderung bzw. -zerstörung nicht zielführend. Das Verformungsverhalten bei stark überkritischen Belastungen wird im Folgenden daher gesondert betrachtet.

Das vorliegende Modell beschreibt neben überkritischen Belastungszuständen auch das Verformungsverhalten einer Probe bei fallender, vom überkitischen Zustand zu null strebender Belastung $\tau \to 0$.

Abbildung 5-10 zeigt dazu ein BINGHAM-Element, bestehend aus einem ST.-VENANT-Element τ_{SV5} und einem parallel geschalteten Dämpfer-Element η_5, das durch Reihenschaltung mit einem Dämpfer η_6 erweitert wurde.

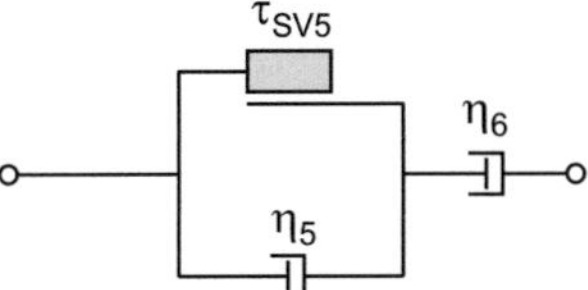

Abb. 5-10   Erweitertes BINGHAM-Modell

Dieses System kann unter Anwendung der in Abschnitt 5.2.1 aufgeführten Kombinationsregeln durch Gleichung 5-13 beschrieben werden.

$$\tau = \frac{\eta_5 \cdot \eta_6}{\eta_5 + \eta_6} \cdot \dot{\gamma} + \frac{\eta_6}{\eta_5 + \eta_6} \cdot \tau_{SV5} \qquad (5\text{-}13)$$

Gleichung 5-13 stellt eine gewöhnliche Differentialgleichung 1. Ordnung dar, die durch einfache Integration gelöst werden kann (siehe Gleichung 5-14). Hierzu muss jedoch der zeitliche Verlauf der Regelgröße $\tau(t)$ bekannt sein. Die Integrationskonstante C berücksichtigt dabei eventuell vorhandene Anfangsverformungen.

$$\gamma(t) = \frac{\eta_5 + \eta_6}{\eta_5 \cdot \eta_6} \cdot \int_{t_1}^{t_2} \tau(t)dt - \frac{\tau_{SV5}}{\eta_5} \cdot (t_2 - t_1) + C \qquad (5\text{-}14)$$

5.2.4.2 Funktionelle Zuordnung einzelner Elemente

Wie bereits erläutert, zeigen Zementleime auch bei weit unterkritischen Scherbelastungen viskose Verformungen. Diesem Verhalten trägt das Modell für fallende Scherbelastung $d\tau/dt$ durch Einführung des Dämpferelements η_6 Rechnung. Die Eigenschaften von η_6 können analog zur Vorgehensweise für Element η_1 ermittelt werden zu

$$\eta_6 \equiv \lim_{\substack{\tau \to 0 \\ \tau \ll \tau_{SV5}}} \eta(t) = \eta_{\dot{\gamma}=0} \,. \tag{5-15}$$

Die Dämpferelemente η_1 und η_6 beschreiben somit denselben Zustand, nämlich die in der Suspension ablaufenden Gleitverformungen bei geringen Scherbelastungen. Sie unterscheiden sich jedoch im Grad der Vorbelastung, den sie jeweils beschreiben. Der Dämpfer η_1 repräsentiert dabei den ungescherten Zustand, während η_6 den Einfluss einer starken Vorscherung auf das viskose Gleiten abbildet.

In Gleichung 5-15 bezeichnet $\eta_{\dot{\gamma}=0}$ die im Fließversuch für fallende Schubspannungen $d\tau/dt < 0$ ermittelte Grenzviskosität für geringe Schergeschwindigkeiten entsprechend Abschnitt 4.2.1.4. Mit zunehmender Belastung nehmen sowohl die Verformungsgeschwindigkeit $\dot{\gamma}$ als auch der Impulsaustausch in der Suspension zu. Wird durch den Impuls zwischen zwei Primärteilchen die Festigkeit der Verbindung überschritten, kommt es zum Bruch und damit zur Dispergierung der Primärteilchen in einzelne Partikel. Dieser Vorgang äußert sich makroskopisch in einer Fließgrenze τ_{SV5}. Ähnlich wie bereits bei einer kritischen Scherbelastung beobachtet, führt der Impulsaustausch zwischen einzelnen Partikeln gleichzeitig zur Bildung neuer Teilchen. Die Lebensdauer dieser Teilchen ist jedoch zeitlich beschränkt, so dass sich erneut ein Gleichgewichtszustand aus dispergierenden und koagulierenden Prozessen und damit eine Gleichgewichtsagglomeration einstellt. Die ständige Bildung und sofortige Zerstörung von Primärteilchen wird im vorliegenden Modell mithilfe des ST.-VENANT-Elements τ_{SV5} abgebildet. Der Kennwert τ_{SV5} kann dabei im Fließversuch durch eine Regression mit dem BINGHAM- bzw. dem modifizierten BINGHAM-Modell (siehe Abschnitt 3.3.3.8) ermittelt werden zu

$$\tau_{SV5} \equiv \lim_{\substack{\tau, \dot{\gamma} \to 0 \\ \tau \gg \tau_{SV4}}} \tau(\dot{\gamma}) = \tau_0 \,. \tag{5-16}$$

Mit der Zerstörung von Primärteilchen geht gleichzeitig die Bildung neuer Gleitschichten einher. Die Kraftübertragung muss in diesen flüssigkeitsgefüllten Schichten durch viskose Reibung und durch abstoßende elektrostatische Kräfte erfolgen. Dieser Vorgang wird im Modell erneut durch einen viskosen Dämpfer η_5 abgebildet, der die Bedeutung einer plastischen Viskosität μ_1 entsprechend des BINGHAM-Modells besitzt (siehe Abschnitt 3.3.3.8):

$$\eta_5 \equiv \lim_{\substack{\tau,\,\dot\gamma \to \infty \\ \tau \,\gg\, \tau_{SV5}}} \eta(\tau,\dot\gamma) = \mu_1 \,. \qquad (5\text{-}17)$$

Gleichung 5-17 besitzt nur unter der Einschränkung Gültigkeit, dass in der Probe keine Dilatanz auftritt. Zwar ist dies i.d.R. für Zementsuspensionen nicht der Fall (d. h., es tritt Dilatanz auf), jedoch haben Dilatanzeffekte nur für sehr hohe Schergeschwindigkeiten $\dot\gamma > 100\ \mathrm{s^{-1}}$ signifikanten Einfluss auf das Messergebnis (siehe Abbildung 4-10).

5.2.4.3 Statistische Bewertung

Analog zu den Ausführungen in Abschnitt 5.2.2.3 wurde auch das in Abbildung 5-10 dargestellte Modell in Bezug auf seine Vorhersagegüte bewertet. Abbildung 5-11 (links) zeigt das Fließverhalten eines realen Zementleims sowie des mit den Kenndaten dieses Leims kalibrierten Modells im Fließversuch entsprechend Abschnitt 4.2.1.4. Weiterhin dargestellt (siehe Abbildung 5-11, rechts) ist eine Gegenüberstellung von experimentell bestimmten Werten γ_{meas} und der Modellvorhersage γ_{cal} für eine Auswahl von Zementleimen. Es wird deutlich, dass das Modell mit den jeweiligen zuvor erwähnten Eingangsparametern das Verformungsverhalten des Leims sehr gut abbildet. Die Abweichungen der Vorhersage von den eigentlichen Messwerten betragen zu allen Zeitpunkten weniger als 30 % (siehe Streuband in Abbildung 5-11, rechts).

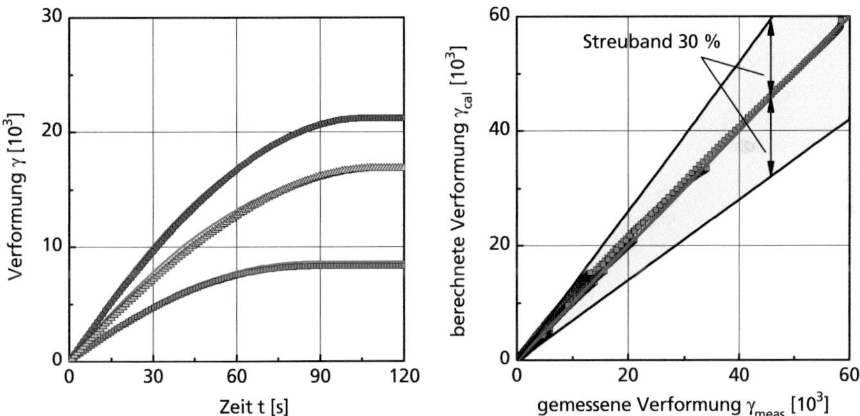

Abb. 5-11 Gemessene (■, △, ●) und durch das Modell vorhergesagte Verformung (—) für ausgewählte Zementleime im Fließversuch für $d\tau/dt < 0$ im Alter von 15 min (links) und Gegenüberstellung der gemessenen γ_{meas} und vorhergesagten Verformung γ_{cal} einschließlich 30 % Streuband (rechts)

Das Bestimmtheitsmaß zwischen experimentell gewonnenen Daten und Modell betrug für alle durchgeführten Vergleiche $R^2 > 0{,}85$.

5.3 Funktionsmechanismen der rheologischen Grundelemente

Im Folgenden wird die physikalische Funktionsweise der in Abschnitt 5.2.1 vorgestellten rheologischen Grundelemente erläutert. Hierzu wird ein Modell vorgestellt, das es gestattet, die Eigenschaften der Feder-, Dämpfer und St.-Venant-Elemente auf die elektrochemischen Eigenschaften der suspendierten Phase zurückzuführen. Die Grundlage für diese Betrachtungen bildet die in Abschnitt 2.4.1.3 vorgestellte DLVO-Theorie. Mithilfe dieser ist es möglich, die energetische Wechselwirkung zwischen einzelnen Partikeln, die sich in einer gegenseitigen Abstoßung bzw. Anziehung äußern kann, zu beschreiben. Analog zum in der Baustofftechnologie bekannten Condon-Morse-Diagramm kann aus der Steigung bzw. Krümmung der Wechselwirkungsenergie-Kennlinie $V_{\mathrm{tot}}(z)$ auf die Kraft zwischen zwei Partikeln in einem bestimmten Abstand z bzw. die Veränderung der Kraft pro Wegeinheit – und somit auf die Steifigkeit der Partikelverbindung – geschlossen werden. Die Einschränkungen, die bei dieser Gegenüberstellung elektrostatischer und mechanischer Kräfte zu beachten sind, werden in den einzelnen Abschnitten behandelt.

5.3.1 Elektrophysikalische Grundlagen

Die Wechselwirkungsenergie V_{tot} zwischen zwei sich annähernden Partikeln im Abstand z kann auf Grundlage der DLVO-Theorie (siehe Abschnitt 2.4.4) ermittelt werden und ergibt sich für die hier eingesetzten Zemente aus der Superposition (siehe Abbildung 5-12) der abstoßenden Doppelschichtkräfte V_{R}, der anziehenden Van-der-Waals-Kräfte V_{A} und der Coulomb'schen Atomwechselwirkung V_{C} zu

$$
\left.
\begin{aligned}
V_{\mathrm{tot}} &= V_{\mathrm{A}} + V_{\mathrm{R}} + V_{\mathrm{C}} \\[6pt]
&= -\frac{A_{\mathrm{H}}}{6}\left[\frac{2r^2}{\tilde{s}-\tilde{x}} + \frac{2r^2}{\tilde{s}} + \ln\!\left(\frac{\tilde{s}-\tilde{x}}{\tilde{s}}\right)\right] \\[6pt]
&\quad + 2\pi\varepsilon_0\varepsilon_r\frac{d}{2}\psi_0^2 \cdot \ln[1 + \exp(-\kappa z)] \\[6pt]
&\quad + \frac{1}{4\pi\varepsilon_0\varepsilon_r} \cdot \frac{q_{\mathrm{p,1}} \cdot q_{\mathrm{p,2}}}{z}
\end{aligned}
\right\} .
\tag{5-18}
$$

Die Berechnung des letzten Terms in Gleichung 5-18 (d.h. der Coulomb'schen Atomwechselwirkung V_{C}) gestaltet sich für die hier vorliegenden Zementpartikel äußerst schwierig, da die Art, Anzahl und Ladung der an der Abstoßung beteiligten Ionen, nicht zuletzt unter Berücksichtigung der Oberflächenrauheit der Partikel, nur unzureichend abgeschätzt werden kann. Der grundsätzliche Einfluss der Coulomb'schen Atomwechselwirkung auf die Eigenschaften der Primär- und Sekundärteilchen wird daher hier nur exemplarisch erläutert, kann jedoch bei den anschließenden quantitativen Berechnungen prinzipiell nicht adäquat berücksichtigt werden (siehe Abschnitt 5.3.2).

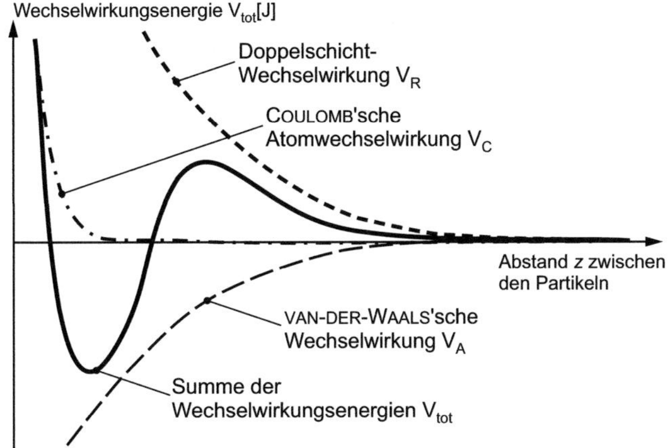

Abb. 5-12　Wechselwirkungsenergie V_{tot} aus Überlagerung anziehender VAN-DER-WAALS- V_A sowie abstoßender Doppelschichtwechselwirkung V_R und COULOMB'scher Atomwechselwirkung V_C

Bei den Variablen $\tilde{s}$, $\tilde{x}$ und r in Gleichung 5-18 handelt es sich um geometrische Größen, deren Bedeutung bereits in Abschnitt 2.4.2 (siehe Seite 16) erläutert wurde. Die spezifische HAMAKER-Konstante A_H wurde im vorliegenden Fall für alle Zemente zu $5{,}24 \cdot 10^{-22}$ J gewählt. Die spezifische Dielektrizitätskonstante von Wasser beträgt $\varepsilon = \varepsilon_0 \cdot \varepsilon_r = 6{,}95 \cdot 10^{-10}$ [C/(Vm)]. Der Partikeldurchmesser d wurde für den jeweiligen Zement entsprechend dem mittleren Partikeldurchmesser d_{50} angenommen. Das Oberflächenpotential ψ_0 wurde in guter Näherung dem gemessenen Zeta-Potential des Partikels ζ gleichgesetzt (vgl. Abschnitt 2.4.1.2). Weiterhin wurde der Kehrwert der spezifischen DEBYE-Länge κ (in $[\mathrm{m}^{-1}]$) mit der vereinfachten Beziehung zu

$$\kappa = \sqrt{\frac{2000 \cdot F_d^2}{\varepsilon_0 \varepsilon_r \cdot RT}} \cdot n \qquad (5\text{-}19)$$

ermittelt. Die Ionendichte n (in [mol/dm³]) wurde dazu auf Grundlage der Zusammensetzung der Trägerflüssigkeit unter Berücksichtigung der Kationen Ca^{2+}, K^+ und Na^+ sowie der Anionen SO_4^{2-} und OH^- entsprechend Gleichung 5-20 errechnet und betrug im Mittel $0{,}54 \pm 0{,}12$ mol/dm³.

$$n = \frac{1}{2}\sum_i c_i v_i^2 \qquad (5\text{-}20)$$

In Gleichungen 5-19 und 5-20 bedeuten F_d = 96 468 C/mol die FARADAY-Konstante, R = 8,314 J/(mol K) die allgemeine Gaskonstante, T = 293,15 K die absolute Temperatur bei 20 °C, c_i die Ionenkonzentration einer gelösten Ionenart i in mol/dm³ mit der jeweiligen Valenz v_i. Mithilfe der oben aufgeführten Bestimmungsgleichung für das Doppelschichtpotential sowie die VAN-DER-WAALS-Anziehung und unter der vereinfachenden Annahme, dass die COULOMB'sche Atomwechselwirkung im Wesentlichen durch die Wechselwirkung zwischen zwei Ca^{2+}-Ionen geprägt ist, ergibt sich der in Abbildung 5-13 dargestellte, charakteristische Wechselwirkungsenergieverlauf. Die Doppelschichtdicke der untersuchten Zemente beträgt dabei im Mittel κ^{-1} = 13,5 ± 1,7 nm.

Die in Abbildung 5-12 dargestellte Wechselwirkungskennlinie zweier Zementpartikel kann entsprechend Abbildung 5-13 in fünf charakteristische Zustände unterteilt werden:

(i) Für große Partikelabstände $z/\kappa^{-1} \gg 1$ besteht zwischen den Partikeln keine Wechselwirkung. Die Wechselwirkungsenergie V_{tot} und die Kraft zwischen den Parikeln $F = -dV_{tot}/dz$ betragen somit null.

(ii) Mit zunehmender Annäherung der Partikel ist eine Überlappung der einzelnen Doppelschichthüllen zu verzeichnen. Infolge der gleichen Ladung dieser Hüllen nimmt die Wechselwirkungsenergie V_{tot} zu. Die Kraft zwischen den Partikeln F strebt gegen einen oberen Grenzwert F_{max}.

(iii) Mit dem Erreichen der maximalen abstoßenden Kraft F_{max} ist ein Rückgang des Widerstands, den beide Partikel bei einer Annäherung erfahren, verbunden. Bei einer anhaltend großen äußeren Einwirkung liegt somit kein Gleichgewichtszustand mehr vor und es kommt zu einer schlagartigen Annäherung der Partikel. Diese wird durch die COULOMB'sche Atomwechselwirkung zwischen den auf der Oberfläche der Partikel befindlichen Ionen gestoppt, durch die erneut eine sehr starke Abstoßung erzeugt wird.

(iv) Wird dieses System entlastet (d.h. die äußere Einwirkung wird zu null reduziert), so geht damit eine Vergrößerung des Partikelabstands z einher. In diesem Zustand heben sich die abstoßenden COULOMB'schen Atomwechselwirkungskräfte sowie die anziehenden VAN-DER-WAALS-Kräfte gegenseitig auf. Der mittlere Partikelabstand beträgt dann z_0. Die Steifigkeit der Verbindung entspricht dabei der Krümmung der Potentialkurve $-d^2V_{tot}/dz^2$ im diesem Punkt.

(v) Bei Beaufschlagung mit einer äußeren Zugbelastung ist eine stetige Vergrößerung des Partikelabstands z bis zum Erreichen der interpartikulären Festigkeit F_{min} festzustellen. Wird diese überschritten, kommt es zu einer schlagartigen und unbegrenzten Vergrößerung des Partikelabstands (siehe Zustand (*i*)) und damit zu einer Zerstörung des Agglomerats.

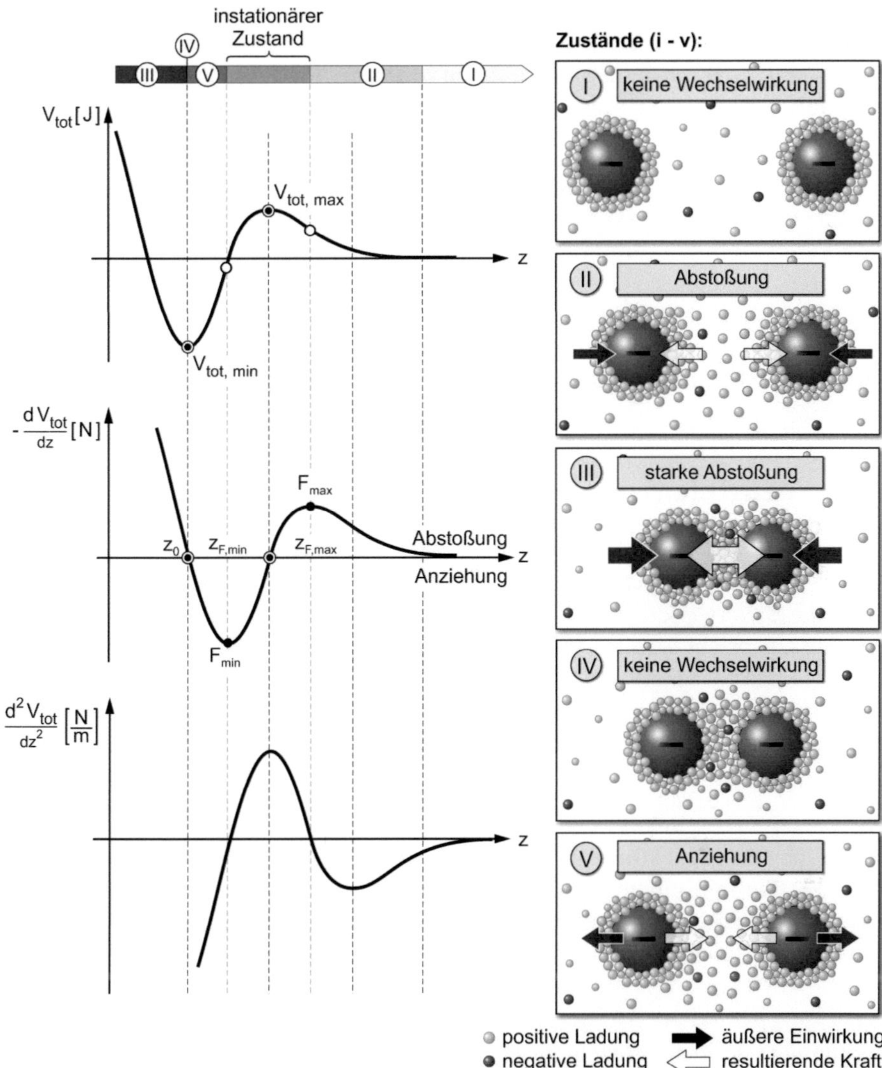

Abb. 5-13 Charakteristische Wechselwirkungsenergiekurve V_{tot}, Kraftverlauf $-dV_{tot}/dz$ und Steifigkeitsverlauf $-d^2V_{tot}/dz^2$ (links oben, Mitte, unten) in Abhängigkeit vom Partikelabstand z und schematische Darstellung möglicher Wechselwirkungszustände (i bis v; rechts) für unterschiedliche Partikelabstände

Die Zustände (ii), (iv) und (v) sind hierbei als maßgebend für das Verformungsverhalten frischer Zementsuspensionen bzw. der darin befindlichen Partikelagglomerate anzusehen. Aus der negativen Steigung der Wechselwirkungsenergiekurve $-dV_{tot}/dz$ in den Punkten $z_{F,min}$ und $z_{F,max}$ kann auf die Grundfestigkeit der Agglomeratstruktur bzw. auf die maximale Impulskraft geschlossen werden, bei der mit einer Koagulation einzelner Partikel zu rechnen ist. Die negative Krümmung $-d^2V_{tot}/dz^2$ der Potentialkurve gestattet darüber hinaus eine Beurteilung der Steifigkeit des Partikelagglomerats (Krümmung im Zustand (iv)).

Die obigen Ausführungen haben gezeigt, dass das Verformungsverhalten der Agglomerate auf die Größe und Reichweite elektrostatischer Feldkräfte zurückgeführt werden kann. Analog zu magnetischen Feldkräften ermöglichen diese eine verlustfreie und berührungslose Kraftübertragung zwischen den Partikeln. Die Steifigkeit dieser Verbindung kann dabei durch das mechanische Äquivalent einer Feder abgebildet werden. Hierbei muss beachtet werden, dass die Partikelwechselwirkung eine Funktion des Partikelabstands z und somit veränderlich ist. Im Folgenden werden daher nur Grenzzustände für bestimmte Partikelabstände betrachtet.

5.3.2 Federelemente

Die in Abschnitt 5.2 verwendeten Federelemente setzen eine ideal-elastische Verformung der suspendierten Teilchen voraus. Für einzelne Zementpartikel kann diese Voraussetzung als erfüllt angesehen werden. Die Steifigkeit dieser Partikel entspricht dem E-Modul des Klinkers. Weitaus geringer ist hingegen die Verformungssteifigkeit der Verbindung zwischen einzelnen Partikeln bzw. Agglomeraten, d.h. den Primär- und Sekundärteilchen. Wie bereits erläutert, ist diese eine Funktion der Wechselwirkungskräfte in den Zuständen (ii) und (iv) (siehe Abschnitt 5.3.1).

Abbildung 5-14 (links) zeigt die Wechselwirkungsenergielinie V_{tot} sowie die daraus abgeleiteten Wechselwirkungskräfte und Steifigkeiten für zwei benachbarte Partikel mit einem Durchmesser entsprechend der mittleren Partikelgröße des entsprechenden Zements (siehe Tabelle 3-3) in Abhängigkeit vom Partikelabstand z. Die Berechnung der Kennlinien erfolgte dabei auf Grundlage von Gleichung 5-18 und den in Abschnitt 5.3.1 angegebenen Eingangsgrößen. Der Anteil der COULOMB'schen Atomwechselwirkung wurde aus den in Abschnitt 5.3.1 erläuterten Gründen vernachlässigt.

Die Steifigkeit G zweier sich aufgrund einer äußeren, konstanten (Druck-) Kraft annähernden Partikel $z_\infty \rightarrow z_{F,max}$ kann, wie bereits erläutert, aus der Krümmung der Wechselwirkungsenergiekurve abgeleitet werden und beträgt in Abhängigkeit von der verwendeten Zementart zwischen $-0{,}2 \cdot 10^{-3}$ N/m und $-1{,}0 \cdot 10^{-3}$ N/m. Der Kennwert G ist somit eine direkte Funktion des Verlaufs der Wechselwirkungsenergielinie im Bereich von $V_{tot,max}$ und kann aus deren negativer Krümmung $G \sim -d^2V_{tot}/dz^2$ abgeschätzt werden.

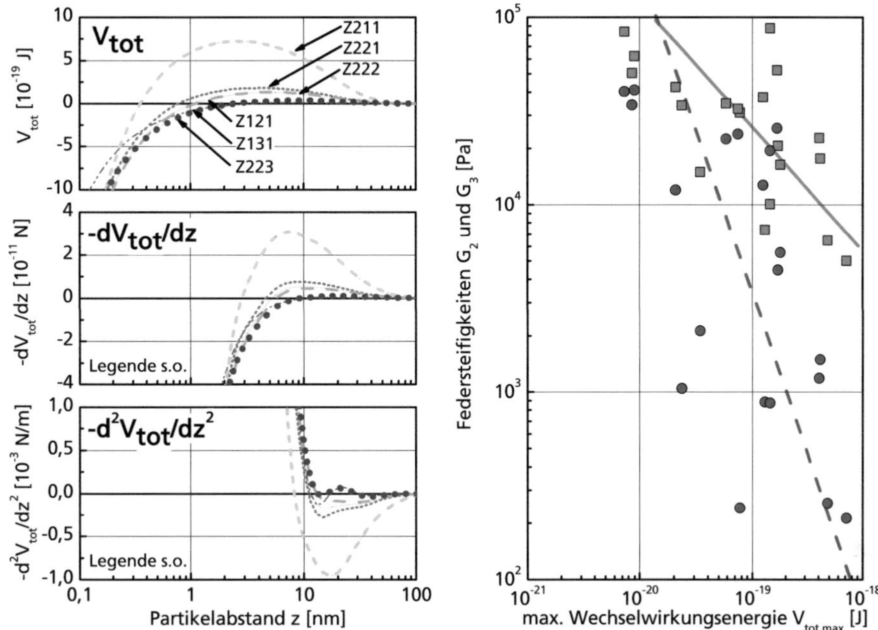

Abb. 5-14 Abstoßende bzw. anziehende Wechselwirkungsenergien V_{tot} (links, oben), Wechselwirkungskräfte $-dV_{\text{tot}}/dz$ (links, Mitte) und Steifigkeiten $-d^2V_{\text{tot}}/dz^2$ (links, unten) entsprechend Gleichung 5-18 für die untersuchten Zemente Z121, Z131, Z211, Z221, Z222, Z223 (Legende siehe Bild) und Steifigkeiten der Federelemente G_2 (■) und G_3 (●) (rechts) in Abhängigkeit von der maximalen abstoßenden Wechselwirkungsenergie $V_{\text{tot,max}}$

Deutlich schwieriger gestaltet sich hingegen die Ermittlung der Steifigkeit eines existierenden Partikelagglomerats. Hierzu ist die exakte Kenntnis der COULOMB'schen Atomwechselwirkung und deren Überlagerung mit den anziehenden VAN-DER-WAALS-Kräften sowie den abstoßenden Doppelschichtkräften erforderlich. Unter der vereinfachenden Annahme, dass die COULOMB'sche Wechselwirkung bei einer bestimmten Annäherung der Partikel maßgebend wird, vereinfacht sich Gleichung 5-18 zu

$$V_{\text{tot}} \approx \frac{1}{4\pi\varepsilon_0\varepsilon_r} \cdot \frac{q_{\text{p},1} \cdot q_{\text{p},2}}{z} \text{ für } z \ll \kappa^{-1}. \tag{5-21}$$

Wie aus dem Vergleich der Gleichungen 5-21 und 2-5 deutlich wird, ist die Oberflächenladung q_i sowohl für die Ausbildung der elektrochemischen Doppelschicht als auch für die COULOMB'sche Atomwechselwirkung und die jeweils damit verbundenen Abstoßungserscheinungen verantwortlich. Hierbei muss jedoch beachtet werden, dass mit zunehmender Anzahl adsorbierter Ionen an der geladenen Partikeloberfläche eine Reduktion der effektiven Oberflächenladung

q_{eff} einhergeht. Die Ausbildung einer elektrochemischen Doppelschicht beeinflusst somit auch die Steifigkeit der COULOMB'schen Bindung und führt mit zunehmender maximaler Wechselwirkungsenergie $V_{\text{tot,max}}$ bzw. zunehmendem Betrag des Zeta-Potentials zu einer Reduktion der Agglomeratsteifigkeit (vgl. Abbildung 5-13). Vor diesem Hintergrund können somit beide Mechanismen mithilfe der maximalen Wechselwirkungsenergie $V_{\text{tot,max}}$ bzw. des Zeta-Potentials ζ der Partikel charakterisiert werden. Abbildung 5-14 (rechts) bestätigt diese Ausführungen.

Mit betragsmäßig zunehmendem Zeta-Potential und damit zunehmender Wechselwirkungsenergie $V_{\text{tot,max}}$ ist eine Abnahme der Agglomeratsteifigkeiten G_2 und G_3 zu verzeichnen. Falls es aufgrund von Impulswirkung dennoch zu einer Koagulation zweier Teilchen kommt, geht mit zunehmendem Betrag des Zeta-Potentials die Steifigkeit der Verbindung zwischen beiden Partikeln bzw. Teilchen zurück (siehe Abbildung 5-15).

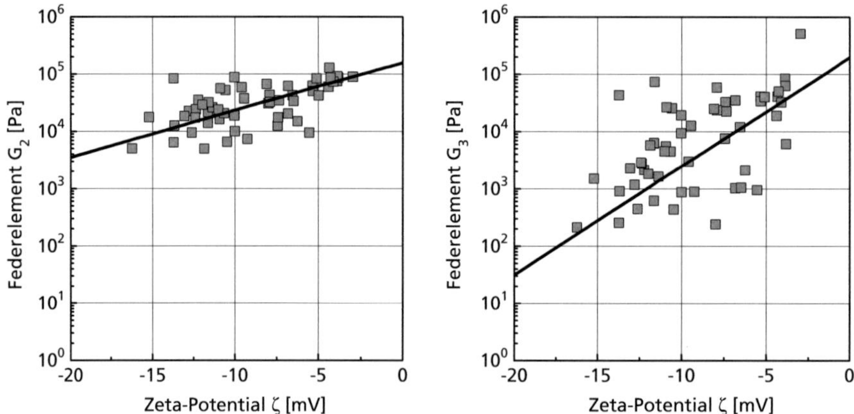

Abb. 5-15 Steifigkeiten der Elemente G_2 und G_3 in Abhängigkeit vom Zeta-Potential der suspendierten Phase sowie zugehörige Regression entsprechend Gleichung 5-22 (Regressionsparameter siehe Tabelle 5-1)

Auf der Grundlage der in Abbildung 5-15 dargestellten Ergebnisse können die Steifigkeiten der Federelemente G_2 und G_3 in Abhängigkeit vom Zeta-Potential angegeben werden zu

$$G_i(\zeta) = G_{[0],i} \cdot \exp(-\theta_i \cdot |\zeta|) \tag{5-22}$$

Hierin bezeichnen $G_{[0],i}$ den Grundwert der Steifigkeit des Partikelnetzwerks, wenn reine VAN-DER-WAALS-Bindung vorliegt und die Doppelschichtkräfte verschwinden ($V_R = 0$; siehe Abbildung 5-13), sowie θ_i den Einfluss des Zeta-Potentials auf die Federsteifigkeit. Die einzelnen Parameter für die in Abbildung 5-15 dargestellten Verläufe können Tabelle 5-1 entnommen werden. Die reduzierte Güte der Regression ist darauf zurückzuführen, dass für die Gegenüberstellung in Abbildung 5-15 alle Versuche im Alter von 15 min, unabhängig von ihrem Phasengehalt ϕ und ihrer Granulometrie, berücksichtigt wurden.

Tab. 5-1 Regressionsparameter zur Beschreibung der Abhängigkeit der Eigenschaften der Federelemente G_2 und G_3 vom Zeta-Potential der Phase entsprechend Gleichung 5-22

| Federelement | Kennwert | | Bestimmtheitsmaß |
	Grundwert $G_{[0],i}$ [Pa]	Variabilität θ_i [mV^{-1}]	R^2
Federelement G_2	157 240	0,190	0,70
Federelement G_3	195 660	0,437	0,53

Bei den in den Abbildungen 5-14 und 5-15 sowie Tabelle 5-1 gezeigten Unterschieden im Einfluss der elektrochemischen Eigenschaften der suspendierten Phase auf die Steifigkeit der Primär- und Sekundärstruktur muss beachtet werden, dass die einzelnen Federelemente unterschiedliche Mechanismen sowie damit verbundene Lastfälle abbilden.

Wie bereits in Abschnitt 5.2.2.2 erläutert, beschreibt die Feder G_2 das Verformungsverhalten der Primärstruktur bei einer schlagartigen Erstbelastung mit einer unterkritischen Last $\tau < \tau_s$. Aufgrund der schnellen Lastaufbringung reagieren die Primärteilchen auf die Scherung mit einer Vergrößerung des Abstands zwischen einzelnen Partikeln. Das Verformungsverhalten ist daher durch die Steifigkeit der kombinierten COULOMB'schen- und VAN-DER-WAALS'schen-Wechselwirkung geprägt (s.o.). Für den Fall, dass das suspendierte Zementpartikel kein Zeta-Potential aufweist und somit lediglich VAN-DER-WAALS-Kräfte zwischen den Partikeln wirksam sind, beträgt die maximale Steifigkeit der Primärteilchen für diesen Lastfall $G_{2,\mathrm{max}}$ = 157 240 Pa. Der Einfluss von Wasserumlagerungen innerhalb der Primärteilchen wird hierbei vernachlässigt.

Geringere Steifigkeiten und damit größere Verformungen für den relevanten Zeta-Potentialbereich weist hingegen die Sekundärstruktur bei einem Verformungsvorgang auf (Federelement G_3). Dies ist darauf zurückzuführen, dass die einzelnen Teilchen beispielsweise aufgrund sterischer Effekte zwar einer gegenseitigen Anziehung unterliegen (Zustand v; vgl. Abbildung 5-13), diese jedoch deutlich weicher ist als die der Bindung der Primärteilchen. Damit einher geht zudem eine erhöhte Empfindlichkeit gegenüber Veränderungen im Zeta-Potential der Primärteilchen (Variabilität θ_3). Die dabei wirksamen Mechanismen entsprechen jedoch denen der Primärteilchen.

Wird die Festigkeit der Sekundärteilchen überschritten ($\tau > \tau_s$) kommt es entsprechend Abbildung 5-13 schlagartig zu einer Vergrößerung des Partikelabstands z ($z_{\mathrm{F,min}} \rightarrow z_\infty$). Damit verbunden ist eine erhebliche Abnahme der Gesamtsteifigkeit der Suspension bei gleichzeitiger Zunahme der viskosen Eigenschaften.

5.3.3 Dämpfer-Elemente

Das Verhalten der Dämpfer-Elemente ist durch die rheologischen Eigenschaften der elektrolytischen Trägerflüssigkeit geprägt. Wie Abbildung 5-1 zeigt, ist ein viskoses Fließen dabei nur in den Gleitschichten zwischen einzelnen Partikeln möglich. Die resultierende Endgeschwindigkeit, mit der dieser Vorgang abläuft, ist neben der Viskosität der Trägerflüssigkeit stark von der Dicke der einzelnen Gleitschichten abhängig.

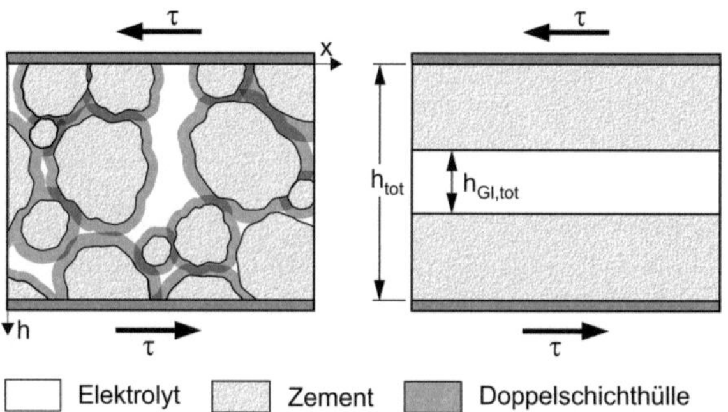

Abb. 5-16 Schematische Darstellung der Zementleimstruktur im Messspalt (links) und idealisierte Darstellung der Festkörperstrukturen und der Gleitschichten (rechts)

Idealisiert können die einzelnen Gleitschichten zu einer einzigen Schicht der Dicke $h_{Gl,tot} = \sum h_{Gl,i}$ zusammengefasst werden (siehe Abbildung 5-16). Dabei gilt, dass die Summe der einzelnen Gleitschichten $h_{Gl,tot}$ viel kleiner ist als die Gesamthöhe des Scherspalts h ($h_{Gl,tot} \ll h$). Die Gesamtgeschwindigkeit des Gleitvorgangs setzt sich somit aus den Geschwindigkeitsanteilen der einzelnen Gleitschichten zusammen. Dabei wird davon ausgegangen, dass die Festkörperpartikel keinen Anteil zur rein-viskosen Verformung leisten. Der Vergleich der in Abschnitt 5.2 ermittelten Viskositäten mit der Viskosität der Trägerflüssigkeit η_s gestattet somit Rückschlüsse auf die Gesamtdicke der Gleitschichten $h_{Gl,tot}$ (siehe Gleichung 5-23). Da alle Versuche spannungsgesteuert durchgeführt wurden, kann dabei τ als konstant über den gesamten Scherspalt angenommen werden. Es gilt somit

$$\tau_{Susp} = \dot{\gamma}_{tot} \cdot \eta_{tot} \equiv \tau_{Gl,tot} = \dot{\gamma}_{Gl,tot} \cdot \eta_s \; . \tag{5-23}$$

Für die Schergeschwindigkeit in der Gleitschicht $\dot{\gamma}_{Gl,tot}$ folgt

$$\dot{\gamma}_{Gl,tot} = \dot{\gamma}_{tot} \cdot \frac{\eta_{tot}}{\eta_s} \; . \tag{5-24}$$

Unter Verwendung der Bestimmungsgleichung für die Schergeschwindigkeit

$$\dot{\gamma} = \frac{1}{h} \cdot \frac{dx}{dt} \qquad\qquad (5\text{-}25)$$

und der Voraussetzung, dass die Verformungsgeschwindigkeit dx/dt der gesamten Probe identisch zu der in der Gleitschicht wirkenden Geschwindigkeit ist, ergibt sich für die Spalthöhe der Gleitschicht

$$\frac{h_{\mathrm{Gl,tot}}}{h} = \frac{\eta_{\mathrm{s}}}{\eta_{\mathrm{tot}}} \, . \qquad\qquad (5\text{-}26)$$

Für eine Messspaltweite h von 3 mm, eine Elektrolytviskosität von $\eta_{\mathrm{s}} = 1{,}1 \cdot 10^{-3}$ Pas und eine Kriechviskosität $\eta_{\mathrm{tot}} = \eta_1 = 50000$ Pas ergibt sich eine Gleitschichtdicke von ca. $6 \cdot 10^{-11}$ m. Der Vergleich mit den Ausführungen zur Struktur von Zementleimen in Abschnitt 5.3.1 belegt, dass Gleichung 5-26 die Gleitschichtdicke stark unterschätzt bzw. im Fall einer bekannten Gleitschichtdicke zu geringe Kriechviskositäten $\eta_{\mathrm{tot}} = \eta_1$ vorhersagt. Wie Abbildung 5-14 zeigt, ist diese Diskrepanz auf die Tatsache zurückzuführen, dass bereits bei einer Annäherung der Partikel auf $z < 30$ nm die abstoßenden Kräfte zwischen diesen stark ansteigen und somit ein Impulsaustausch ohne direkten Festkörperkontakt möglich ist. Mit zunehmender Wechselwirkungsenergie V_{tot} bzw. abnehmendem Zeta-Potential ζ ist dabei ein z.T. deutlicher Rückgang der Viskositäten η_1, η_5 und η_6 zu verzeichnen (siehe Abbildungen 5-17 und 5-18). Besonders stark ausgeprägt ist der Einfluss des Zeta-Potentials auf die Eigenschaften des Dämpfers η_1.

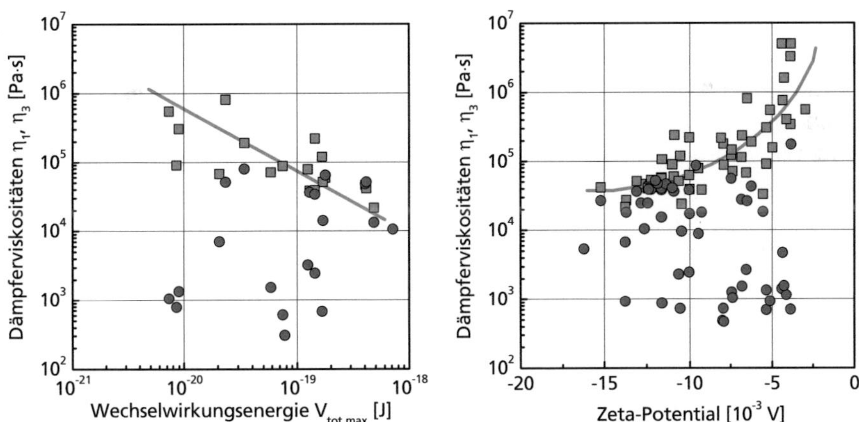

Abb. 5-17 Dämpferviskositäten η_1 (■) und η_3 (●) in Abhängigkeit von der Wechselwirkungsenergie $V_{\mathrm{tot,max}}$ (links) bzw. dem Zeta-Potential des Zements (rechts) für alle untersuchten Zementsuspensionen [unterschiedlicher Datenumfang, da $V_{\mathrm{tot,max}}$ nicht für alle Systeme verfügbar]

Abbildung 5-17 (rechts) macht deutlich, dass für eine betragsmäßige Abnahme des Zeta-Potentials die Viskosität η_1 gegen unendlich und das Verformungsverhalten des Leims bei unterkritischen Belastungen gegen das eines elastischen Festkörpers strebt. Die mangels abstoßender Kräfte fortschreitende Bildung von Primär- und Sekundärstrukturen ermöglicht in diesem Fall eine direkte Kraftübertragung über den Messspalt.

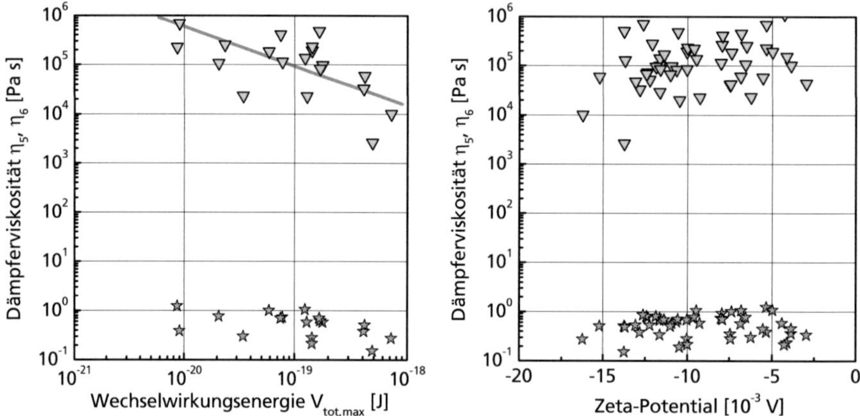

Abb. 5-18 Dämpferviskositäten η_5 (☆), η_6 (▽) in Abhängigkeit von der Wechselwirkungsenergie $V_{tot,max}$ (links) bzw. dem Zeta-Potential des Zements (rechts) für alle untersuchten Zementsuspensionen [unterschiedlicher Datenumfang, da $V_{tot,max}$ nicht für alle Systeme verfügbar]

Auch für die Eigenschaften der Dämpfer η_5 und η_6 ist eine Abhängigkeit von der Wechselwirkungsenergie $V_{tot,max}$ bzw. dem Zeta-Potential ζ der Phase festzustellen. Mit zunehmendem $V_{tot,max}$ bzw. abnehmendem ζ nimmt die Anzahl der Gleitschichten zwischen den Partikeln und damit die wirksame Gleitschichtdicke $h_{Gl,tot}$ stark zu. Dies hat einen starken Rückgang der Viskosität der einzelnen Elemente zur Folge.

Keine Abhängigkeit von den elektrochemischen Eigenschaften der suspendierten Phase konnte hingegen für den Dämpfer η_3 festgestellt werden. Entsprechend den Ausführungen in Abschnitt 5.1.2 beschreibt dieser viskose Wasserumlagerungen innerhalb der Sekundäragglomerate. Dieser Vorgang ist im Wesentlichen eine Funktion der rheologischen Eigenschaften der Trägerflüssigkeit sowie des Strömungswiderstands innerhalb des Agglomerats und ist somit unabhängig von den elektrochemischen Eigenschaften der suspendierten Phase.

5.3.4 St.-Venant-Elemente

Wie bereits erläutert, handelt es sich bei den verwendeten St.-Venant-Elementen um Reibglieder, die bis zum Versagen keine und anschließend unbegrenzte Verformungen zulassen. Diese rheologischen Elemente sind in der Lage, auch nach Überschreiten der Festigkeit – und damit der Zerstörung der festigkeitsbildenden Struktur – unverändert Schubspannungen zu übertragen.

Gleichzeitig haben jedoch die Ausführungen in Abschnitt 5.3.1 gezeigt, dass nach dem Überschreiten der Agglomerats(zug-)festigkeit keine Kräfte mehr zwischen den Partikeln übertragen werden können. Die Partikel entfernen sich zunehmend voneinander, lediglich gebremst durch die viskosen Strömungskräfte der Trägerflüssigkeit.

Dieser vermeintliche Widerspruch ist auf die Tatsache zurückzuführen, dass durch die extrinsische Koagulation ständig neue Agglomerate gebildet und in Abhängigkeit des Belastungsgradienten auch sofort wieder zerstört werden. Der zur Bildung und Dispergierung von einzelnen Agglomeraten notwendige Spannungsanteil kann bezogen auf die gesamte Suspension in Form einer Reibspannung interpretiert werden, die der Festigkeit der Agglomerate entspricht. Mit zunehmender Verformungsgeschwindigkeit $\dot{\gamma}$ der Suspension nimmt dabei der Anteil der Reibarbeit im Vergleich zu der durch viskose Strömungskräfte geleisteten Arbeit in der Suspension kontinuierlich ab. Auch leistet die mit zunehmendem Probenalter ansteigende Oberflächenrauheit einen Beitrag zur Reibspannung (siehe Abschnitt 5.7).

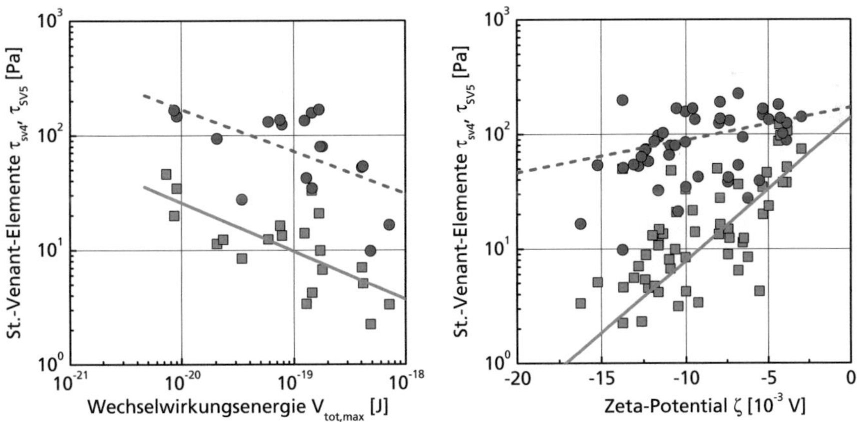

Abb. 5-19 Reibspannung der St.-Venant-Elemente τ_{SV4} (■) und τ_{SV5} (●) in Abhängigkeit von der maximalen Wechselwirkungsenergie $V_{tot,max}$ (links) bzw. dem Zeta-Potential ζ (rechts) der suspendierten Phase sowie zugehörige Regression entsprechend Gleichung 5-27 (Regressionsparameter siehe Tabelle 5-2)

Analog zur Vorgehensweise für die Feder- und Dämpfer-Elemente können die Eigenschaften der ST.-VENANT-Elemente τ_{SV4} und τ_{SV5} somit auf eine Wechselwirkung zwischen den suspendierten Teilchen zurückgeführt werden. Diese kann wiederum mithilfe der DLVO-Theorie erklärt werden (siehe Abschnitt 5.3.1).

Mit zunehmender Ladung der elektrochemischen Doppelschicht ist ein Rückgang des Einflusses der anziehenden Kräfte zu verzeichnen. Die Steigung der Wechselwirkungsenergiekurve und damit die zwischen den Teilchen wirkende Kraft geht zurück (siehe Abbildung 5-13). Dies wird durch die Gegenüberstellung der ST.-VENANT-Reibspannung in den Elementen τ_{SV4} und τ_{SV5} mit der maximalen Wechselwirkungsenergie $V_{tot,max}$ bzw. dem Zeta-Potential bestätigt.

Abbildung 5-19 zeigt, dass mit zunehmender Wechselwirkungsenergie $V_{tot,max}$ bzw. abnehmendem Betrag des Zeta-Potentials eine starke Zunahme der Agglomeratfestigkeit festgestellt wird. Die Abhängigkeit vom Zeta-Potential kann analog zur Vorgehensweise für die Federelemente durch eine zur Spannungsachse symmetrische LAPLACE-Funktion beschrieben werden (siehe Gleichung 5-27).

$$\tau_{SV,i}(\zeta) = \tau_{SV,i,[0]} \cdot \exp(-\theta_i \cdot |\zeta|) \tag{5-27}$$

Tabelle 5-2 gibt eine Übersicht über die Größe der einzelnen Regressionsparameter für beide Reibelemente.

Tab. 5-2 Regressionsparameter für die ST.-VENANT-Elemente τ_{SV4} und τ_{SV5} entsprechend Gleichung 5-27

ST.-VENANT-Element	Kennwert		Bestimmtheitsmaß
	Grundwert $\tau_{SV,i,[0]}$ [Pa]	Variabilität θ_i [mV^{-1}]	R^2
Element τ_{SV4}	141	0,289	0,74
Element τ_{SV5}	172	0,066	0,22

Die reduzierte Regressionsgüte, insbesondere für das Element τ_{SV5}, wird auf die Tatsache zurückgeführt, dass zu dessen Ermittlung die Probe zunächst hohen Scherkräften ausgesetzt wird und diese anschließend kontinuierlich reduziert werden. Damit ist das Materialverhalten stark durch eine extrinsische Koagulation geprägt. Trotz einer spannungsgesteuerten Versuchsregelung erfahren die Suspensionen somit automatisch einen unterschiedlichen Energieeintrag, der sich in der Strukturstärke widerspiegelt.

5.4 Bruchmechanische Beschreibung des Versagensvorgangs

Wie in Abschnitt 5.3 gezeigt werden konnte, ist das Schubversagen der Primär- und Sekundärstruktur durch eine Festigkeitsüberschreitung der anziehenden Wechselwirkungskräfte zwischen den Partikeln geprägt. Hierbei gilt, dass das

Versagen durch eine Überschreitung der einaxialen Zugfestigkeit der Partikelstruktur auf der Mikroebene verursacht wird. Das in dieser Struktur enthaltene Wasser leistet keinen festigkeitsbildenden Beitrag. Analog zur Vorgehensweise in der Bodenmechanik erscheint es daher zielführend, das Prinzip der wirksamen Spannungen anzuwenden. Der in der Suspension wirksame Spannungszustand σ kann dabei in einen isotropen (Druck-) Spannungszustand p und einen Schubspannungsanteil (Spannungsdeviator) $\mathbf{D}$ aufgeteilt werden (siehe Gleichung 5-28; $\mathbf{I}$ bezeichnet den Einheitstensor). Letzterer wir dabei der Partikelstruktur zugewiesen und ist für die Scherung der Probe verantwortlich.

$$\sigma = -p\mathbf{I} + \mathbf{D} \tag{5-28}$$

Da es sich bei frischen Zementsuspensionen um übersättigte Systeme handelt – d.h. es gilt $\phi < \phi_p$ – können aus einer Kapillarwirkung resultierende Saugspannungen vernachlässigt werden. Für das Verformungsverhalten sind somit nur die Deviatorspannungen $\mathbf{D}$ maßgebend.

Abbildung 5-20 zeigt das Versagenskriterium für homogene Zementsuspensionen im MOHR'schen Spannungskreis. Wie oben erläutert, ist dieses unabhängig vom anliegenden isotropen Druck (hydrostatischer Spannungszustand) und beschreibt daher einen reinen Schubspannungszustand, der einer maximalen Schubspannungshypothese genügt. Versagen tritt demnach dann ein, wenn die kritische Schubspannung τ_{crit} erreicht wird.

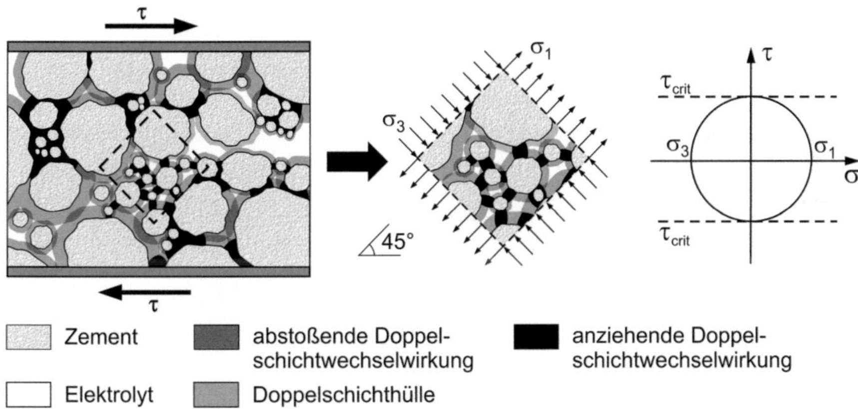

Abb. 5-20 Beschreibung des Versagenszustands der Primärstruktur im MOHR'schen Spannungskreis unter Anwendung einer Hypothese der maximalen Schubspannung

Unter der Voraussetzung, dass die anliegenden Spannungen klein im Vergleich zur Festigkeit der keramischen Zementpartikel sind, kann das Konzept der wirksamen Spannungen auch auf die Mikroebene übertragen werden. Der isotrope Druck $-p$ wird dabei vollständig durch die inkompressible Trägerflüssigkeit bzw. durch einen Spannungsaufbau in den einzelnen Zementpartikeln abgetragen. Die

Wechselwirkungskräfte zwischen den Partikeln bleiben nach dieser Hypothese jedoch unbeeinflusst von diesen Spannungen. Werden die Primär- bzw. Sekundärteilchen hingegen zusätzlich mit einer Deviatorspannung $\mathbf{D}$ beaufschlagt, kommt es zunächst zu einer Ausrichtung der Partikelstruktur in Richtung der Hauptdeviatorspannungen. Dies ist darauf zurückzuführen, dass die Partikel in der Trägerflüssigkeit kinematisch gelagert sind.

Aus Abbildung 5-20 wird weiterhin die Ursache für das strukturviskose Verhalten frischer Zementleime deutlich. Die Scherung der Suspension führt demnach zu einem schiefen Hauptspannungszustand, bei dem Druck- und Zugkräfte gleichen Betrags in der Partikelstruktur auftreten. Wie aus den Ausführungen in Abschnitt 5.3 deutlich wurde, ist der Versagenszustand durch ein Überschreiten der Agglomeratzugfestigkeit – d. h. der Überschreitung der anziehenden Kräfte – gekennzeichnet. Quer zur Hauptzugrichtung unterliegen die Partikel bzw. Teilchen hingegen einem Druckspannungszustand. In Abhängigkeit von der Relation der abstoßenden und anziehenden Wechselwirkungskräfte kommt es daher in dieser Richtung unweigerlich zu einer Agglomerierung einzelner Partikel. Dispergierende und koagulierende Prozesse sind somit in Zementleimen unter einer Scherbeanspruchung untrennbar miteinander verbunden.

Aus dem Verhältnis zwischen den abstoßenden Wechselwirkungkräften bei der Kollision zweier Teilchen und der anziehenden Wechselwirkung in einem Agglomerat – beide sind eine Funktion der Wechselwirkungsenergie – kann weiterhin auf das thixotrope Verhalten und die Neigung zu Dilatanz geschlossen werden. Überschreitet der Betrag der maximalen anziehenden Wechselwirkung den der maximalen abstoßenden, werden bei steigender Belastung mehr Agglomerate gebildet als gleichzeitig zerstört werden. Dies spiegelt sich in einem dilatanten Materialverhalten wider. Im umgekehrten Fall werden pro Zeiteinheit mehr Agglomerate zerstört als gebildet werden. Dementsprechend ist mit einem stark strukturviskosen und thixotropen Materialverhalten zu rechnen.

5.5 Prognose der Modellkenngrößen

Wie in Abschnitt 5.3 gezeigt werden konnte, sind die einzelnen rheologischen Kennwerte Funktionen der elektrophysikalischen Eigenschaften der suspendierten Partikel sowie der Zusammensetzung der Suspension. Zunächst wird daher in Abschnitt 5.5.1 ein Modell zur Vorhersage des Zeta-Potentials von Zementpartikeln vorgestellt. Hierzu muss die mineralogische Zusammensetzung des Zements beispielsweise in Form einer sogenannten RIEDVELT-Analyse vorliegen. Weiterhin gehen in das Modell die Dichte und spezifische Oberfläche des Zements sowie der Phasengehalt der damit hergestellten Zementsuspension mit ein.

Auf der Grundlage des Zeta-Potentials können anschließend die Eigenschaften der Feder-, Dämpfer und ST.-VENANT-Reibelemente vorhergesagt werden (siehe Abschnitte 5.5.2 bis 5.5.4). Für Fälle, in denen keine oder nur eine unzureichende

Abhängigkeit vom Zeta-Potential besteht, konnte der in Abschnitt 5.3 bereits entwickelte Modellansatz durch Berücksichtigung weiterer Kennwerte der Zusammensetzung verbessert werden und liefert nun eine gute Vorhersagegenauigkeit.

5.5.1 Prognose des Zeta-Potentials der Partikel

Wie aus Abschnitt 5.3 ersichtlich ist, sind die Kennwerte der Feder- und ST.-VENANT-Elemente sowie einzelner Dämpferelemente eine direkte Funktion des Zeta-Potentials der suspendierten Phase. Zielsetzung des Prognosemodells muss es daher zunächst sein, eine möglichst genaue Vorhersage des Zeta-Potentials auf der Grundlage der Mischungszusammensetzung zu geben.

Einen Ansatz liefert hier die in der Parameterstudie (siehe Abschnitt C.1) festgestellte Abhängigkeit des Zeta-Potentials von der verwendeten Zementart. Danach ist für identische Phasengehalte ϕ ein deutlicher Rückgang des Betrags des Zeta-Potentials $|\zeta|$ mit zunehmendem C_3S-Gehalt des Zements zu verzeichnen (siehe Abbildung C-2). Dies bedeutet, dass trotz seiner vergleichsweise geringen Reaktivität in der Induktionsperiode und der Ruhephase das Tricalciumsilikat C_3S aufgrund seines hohen Masseanteils im Zement maßgeblich die Ausbildung der elektrochemischen Doppelschicht beeinflusst.

Dabei ist davon auszugehen, dass Tricalciumsilikat im Wesentlichen als Calcium-Lieferant wirkt. Die in die Lösung freigesetzten Calcium-Ionen werden bevorzugt an der Zementoberfläche angelagert und führen insbesondere aufgrund ihrer zweifachen Valenz zu einer starken Komprimierung der Doppelschicht. Damit verbunden ist ein Abfall des Zeta-Potentials mit zunehmendem Calcium-Gehalt in der Lösung.

In den Ausführungen in Abschnitt C.1 wurde bislang der Einfluss der spezifischen Oberfläche auf die Löslichkeit der einzelnen Mineralphasen und damit auf das Zeta-Potential nicht berücksichtigt. Hierzu erweist es sich als zweckmäßig, den Anteil an Tricalciumsilikat an der spezifischen Oberfläche des Zementpartikels Γ_{C_3S} entsprechend der Beziehung

$$\Gamma_{C_3S} = \phi \cdot \rho_p \cdot c_{C_3S} \cdot O_{\text{Blaine}} \tag{5-29}$$

anzugeben. In Gleichung 5-29 bezeichnen O_{Blaine} die spezifische Oberfläche des Zements entsprechend der NORM DIN EN 196-6 in cm²/g, c_{C_3S} den dimensionslosen Masseanteil des Tricalciumsilikats am Zement und ρ_p die Zementrohdichte entsprechend der NORM DIN 66 137-2 (siehe auch Tabelle 3-2) in g/cm³.

Aus Gleichung 5-29 wird ersichtlich, dass mit zunehmender spezifischer Oberfläche O_{Blaine}, zunehmendem Phasengehalt ϕ bzw. zunehmender C_3S-Konzentration im Zement c_{C_3S} die absolute Oberfläche von Tricalciumsilikat in der Suspension ansteigt. Wie Abbildung 5-21 (links) zeigt, geht damit ein für alle untersuchten Zemente und Phasengehalte gültiger Abfall des Betrags des Zeta-Potentials $|\zeta|$ einher.

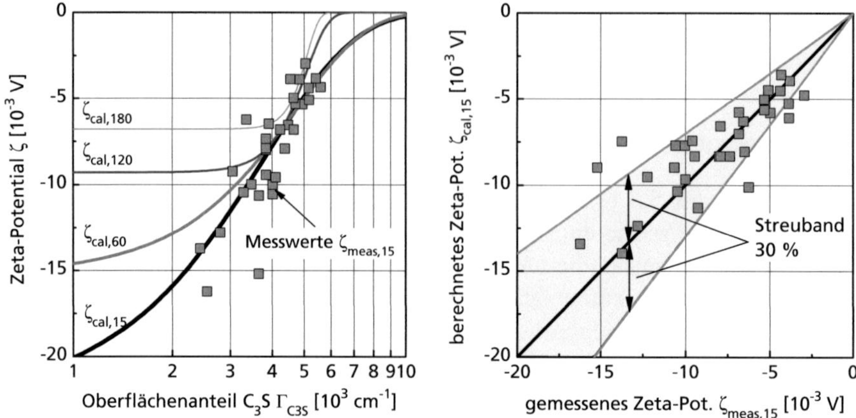

Abb. 5-21 Zeta-Potential (links) von Zementpartikeln im Alter von 15 min in Abhängigkeit von der spezifischen Oberfläche der Klinkerphase Tricalciumsilikat Γ_{C_3S} (siehe Gleichung 5-29) einschließlich Regressionsfunktionen (siehe Gleichung 5-30) für unterschiedliche Probenalter und Gegenüberstellung von Zeta-Potential-Messwerten und deren Vorhersage auf Grundlage von Gleichung 5-30 im Alter von 15 min (rechts)

Das Zeta-Potential $\zeta_{cal,t}$ reinen Portlandzements kann für die unterschiedlichen Probenalter durch Regression entsprechend Gleichung 5-30 ermittelt werden zu

$$\zeta_{cal,\,t} = \zeta_{0,\,t} \cdot \exp\left\{-\left[\frac{\Gamma_{C_3S}}{\Gamma_{C_3S,0,t}}\right]^{m_t}\right\}. \tag{5-30}$$

Hierin bezeichnen $\zeta_{0,\,t}$ das minimale Zeta-Potential, $\Gamma_{C_3S,0,t}$ die mittlere spezifische Oberfläche der C$_3$S-Phase und m_t einen Regressionskoeffizienten. Die Kennwerte für die einzelnen Untersuchungszeitpunkte 15, 60, 120 und 180 min nach Wasserzugabe sowie die zugehörigen Bestimmtheitsmaße sind in Tabelle 5-3 aufgeführt.

Tab. 5-3 Regressionsparameter zur Berechnung des Zeta-Potentials entsprechend Gleichung 5-30

Zeitpunkt [min]	Regressionsparameter			
	$\zeta_{0,t}$ [10^{-3} V]	$\Gamma_{C_3S,0,t}$ [cm^{-1}]	m_t [-]	R^2
15	-22,44	3860	1,63	0,77
60	-15,20	4750	2,07	0,70
120	-9,30	5075	6,67	0,64
180	-6,79	5090	11,85	0,13

Der gewählte Funktionsansatz in Gleichung 5-30 berücksichtigt, dass mit zunehmender Calcium-Anlagerung an der Partikeloberfläche das Zeta-Potential gegen null strebt. Deutlich schwieriger hingegen ist die Beurteilung des Verhaltens für abnehmende Tricalciumsilikatgehalte. Hierbei ist davon auszugehen, dass in Abwesenheit von Calcium dieses zunehmend durch andere Ionen wie beispielsweise K^+, Na^+ oder Mg^{2+} ersetzt wird. Das Zeta-Potential ist somit in seinem absoluten Betrag begrenzt. Für Zement nicht relevant ist der Fall, dass keine Ionen in der Lösung vorhanden sind und dadurch das Zeta-Potential gegen null strebt (siehe Abschnitt 2.4).

Tabelle 5-3 und Abbildung 5-22 belegen, dass das Zeta-Potential einer zeitlichen Veränderung unterliegt. Mit zunehmendem Probenalter geht dabei der Betrag des Grundwerts des Zeta-Potentials $\zeta_{0,t}$ deutlich zurück. Dies wird auf zunehmende sterische Effekte in der Probe zurückgeführt. Die Ausbildung von Hydratphasen auf der Zementkornoberfläche hat dabei eine Verschiebung der Zeta-Scherebene (vgl. Abschnitt 2.4.5) hin zu größeren Abständen z zur Folge. Mit zunehmendem Probenalter ist damit eine Verschiebung der mittleren spezifischen Oberfläche der C_3S-Phase $\Gamma_{C_3S,0,t}$ sowie des Exponenten m_t hin zu größeren Werten verbunden (siehe Abbildung 5-22).

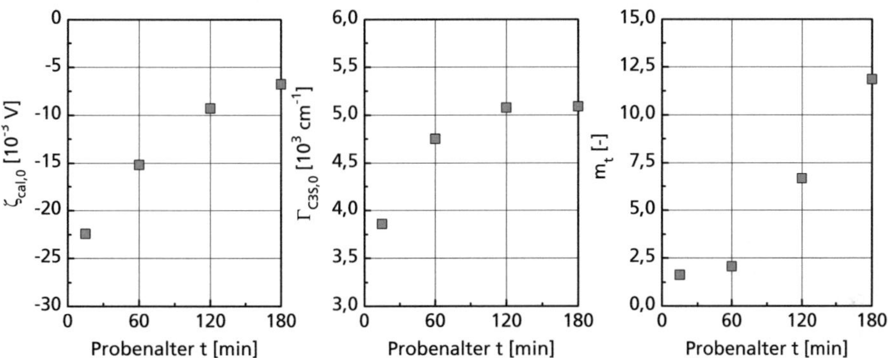

Abb. 5-22   Alterung der Modellparameter $\zeta_{cal,0}$, $\Gamma_{C3S,0}$ und m_t entsprechend Gleichung 5-30

Auf der Grundlage von Gleichung 5-30 kann das Zeta-Potential eines beliebigen Portlandzements nun in Abhängigkeit von seiner chemischen Zusammensetzung, seiner spezifischen Oberfläche und des Phasenanteils in der Suspension prognostiziert werden. Als Grundwert für alle weiteren Berechnungen wird dabei das Zeta-Potential im Alter von 15 min nach Wasserzugabe herangezogen. Unter Verwendung der experimentell bestimmten Werte kann dies berechnet werden zu

$$\zeta_{cal,15} = -22{,}44 \cdot \exp\left\{-\left[\frac{\Gamma_{C_3S}}{3{,}86 \cdot 10^3 \cdot \Gamma_0}\right]^{1,63}\right\}. \tag{5-31}$$

Hierin bezeichnet $\Gamma_0 = 1\ \mathrm{cm}^{-1}$ einen Dimensionsfaktor. $\zeta_{\mathrm{cal},15}$ besitzt die Dimension mV.

Abbildung 5-21 (rechts) zeigt eine Gegenüberstellung des gemessenen ζ_{meas} und des vom Modell vorhergesagten Zeta-Potentials ζ_{cal} für Zemente im Alter von 15 min nach Wasserzugabe. Trotz vielfältiger Einflussgrößen, die nicht in das Modell mit eingehen (z.B. Sulfatgehalt etc.) zeigt dieses eine gute Übereinstimmung mit den Messwerten. Als Streuband wurde hier eine zulässige Abweichung von $\pm\,30\,\%$ angesetzt. Das Bestimmtheitsmaß betrug dabei $R^2 = 0{,}77$.

5.5.2 Prognose der Federsteifigkeiten

Mit Kenntnis des Zeta-Potentials (siehe Abschnitt 5.5.1) ist es nun möglich, die Steifigkeiten der Federelemente G_2 und G_3 im Alter von 15 min mit Gleichung 5-22 sowie der Regressionsparameter in Tabelle 5-1 vorherzusagen.

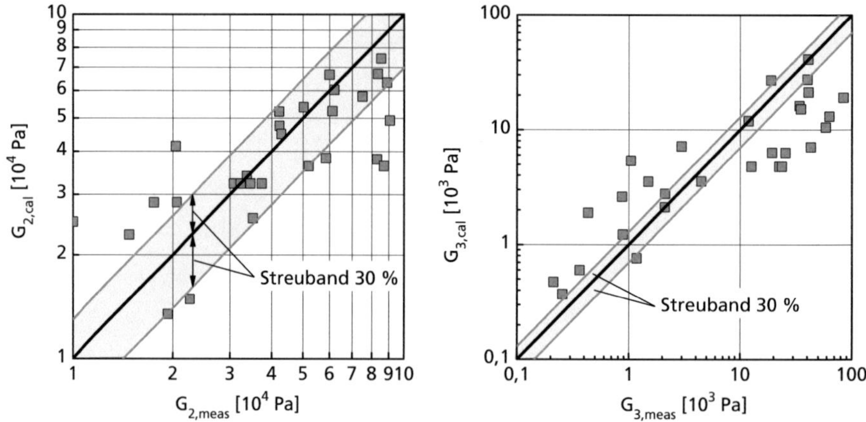

Abb. 5-23 Gemessene $G_{i,\mathrm{meas}}$ und vom Modell entsprechend Gleichung 5-22 vorhergesagte Federsteifigkeiten $G_{i,\mathrm{cal}}$ für die Federelemente 2 (links) und 3 (rechts), jeweils mit einem Streuband von $\pm\,30\,\%$

Abbildung 5-23 zeigt eine Gegenüberstellung der tatsächlich gemessenen $G_{i,\mathrm{meas}}$ und der vom Modell vorhergesagten Federsteifigkeiten $G_{i,\mathrm{cal}}$. Daraus wird deutlich, dass das Modell gut dazu geeignet ist, die Steifigkeiten des Federelements 2 vorherzusagen. Lediglich für sehr geringe Steifigkeiten neigt das Modell dazu, die Federkennwerte zu überschätzen. Dies ist darauf zurückzuführen, dass der Rückgang des Zeta-Potentials i.d.R. durch eine Zunahme des Phasengehalts ϕ verursacht wird. Damit verbunden ist eine Zunahme des Einflusses der Gleitschichten zwischen den einzelnen Teilchen auf das Messergebnis. Deutlich größer sind die Streuungen hingegen bei der Vorhersage des Federkennwerts G_3. Dies wird damit begründet, dass die Steifigkeit der Sekundärstruktur auch stark von der Schergeschichte der Probe beeinflusst wird.

5.5.3 Prognose der Dämpferviskositäten

Die Dämpfer η_1 und η_6 beschreiben das Kriechverhalten einer ungescherten bzw. stark vorgescherten Suspension bei sehr geringen unterkritischen Scherbelastungen. Hierbei handelt es sich um sehr langsam ablaufende Schervorgänge, bei denen der zwischen den Partikeln übertragene Impuls nicht ausreicht, um deren dauerhafte Koagulation zu bewirken. Die Dämpferelemente η_1 und η_6 bilden somit im Wesentlichen das Verhalten der Partikel im Zustand (ii) entsprechend Abbildung 5-13 ab und sind eine Funktion der physikalischen Oberflächeneigenschaften der suspendierten Phase.

Gleiches gilt für das Dämpferelement η_5. Im Gegensatz zum Verformungsverhalten im Kriechversuch überschreiten hier jedoch die Impulskräfte zwischen den Partikeln die abstoßenden Kräfte und es kommt zur Koagulation. Andererseits werden bereits bestehende Agglomerate durch den eingetragenen Impuls aufgebrochen. Die bei diesem Vorgang geleistete Arbeit wird u. a. durch das ST.-VENANT-Element τ_{SV5} abgebildet (siehe Abschnitt 5.5.4). Bevor es zur Koagulation kommt, leisten jedoch auch die abstoßenden Wechselwirkungskräfte einen Beitrag zur Dämpfung des Stoßes zwischen den Partikeln. Dieser dämpfende Anteil wird durch das Element η_5 berücksichtigt. Da für sehr hohe Scherbelastungen ($\tau \gg \tau_{SV5}$) der Dispergierungsgrad der Probe zunimmt und das in den einzelnen Primär- und Sekundärteilchen gebundene Wasser freigesetzt wird, nimmt für hohe Scherraten auch die mittlere Gleitschichtdicke zwischen den einzelnen Partikeln zu. Damit verbunden ist ein deutlicher Rückgang der effektiven dynamischen Viskosität. Die Viskosität des Dämpfers η_5 beträgt somit lediglich ca. ein Millionstel der Kriechviskosität η_6.

Bei der Prognose der Dämpferkennwerte η_1, η_5 und η_6 muss berücksichtigt werden, dass mit zunehmender Annäherung des Phasengehalts ϕ an die Packungsdichte ϕ_p der Abstand zwischen den einzelnen Partikeln – und damit die Dicke der Gleitschichten – ab- und damit die Viskosität der betreffenden Dämpferelemente entsprechend zunimmt. Beide Einflussfaktoren überlagern sich gegenseitig und gehen in Form der Konstanten θ_i und Π_i in das Prognosemodell ein.

Abbildung 5-24 zeigt das Modell sowie die jeweils zugehörigen Ausgangsdaten für die Dämpfer η_1, η_5 und η_6. Die zugehörige Regressionsfunktion ist in Gleichung 5-32 wiedergegeben.

$$\eta_i\left[\Gamma_{C_3S} \cdot \frac{\phi}{\phi_p}\right] = \eta_{i,[0]} \cdot \exp\left\{\theta_i \cdot \left(\frac{\Gamma_{C_3S} \cdot \dfrac{\phi}{\phi_p}}{\Gamma_0}\right)^{\Pi_i}\right\} \tag{5-32}$$

Hierin bezeichnen Γ_{C3S} die Oberfläche des Minerals C_3S (siehe Gleichung 5-29, $\Gamma_0 = 1\ \text{cm}^{-1}$ einen Dimensionsfaktor, ϕ/ϕ_p den auf die Packungsdichte ϕ_p bezogenen Phasengehalt ϕ und $\eta_{i,[0]}$ die dynamische Viskosität der Trägerflüssigkeit (hier Wasser mit $\eta_{i,[0]} = 0{,}001$ Pa·s). Die Werte θ_i und Π_i sind spezifische Regressionskoeffizienten.

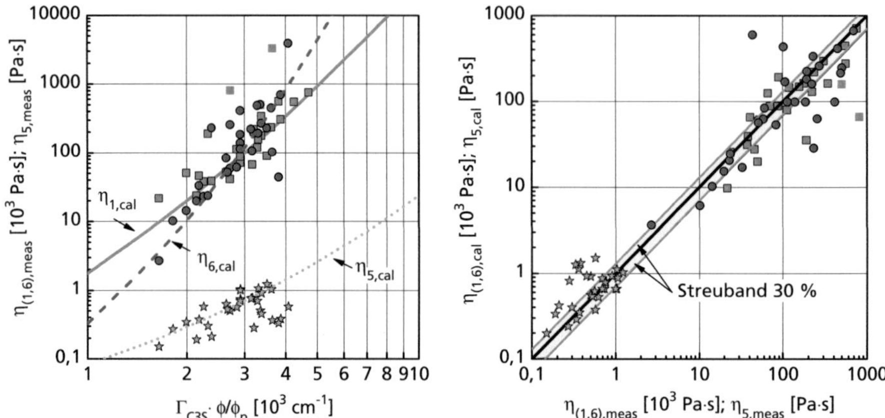

Abb. 5-24 Abhängigkeit der Dämpfer-Viskositäten $\eta_{1,\text{meas}}$ (■), $\eta_{5,\text{meas}}$ (☆) und $\eta_{6,\text{meas}}$ (●) vom Produkt aus der C_3S-Oberfläche und dem bezogenen Phasengehalt $\Gamma_{C_3S} \cdot (\phi/\phi_p)$ einschließlich Regressionsfunktion entsprechend Gleichung 5-33 (links) sowie Gegenüberstellung der gemessenen und durch das Modell prognostizierten Werte einschließlich Streuband $\pm\,30\,\%$ (rechts)

Die Regressionsparameter für die einzelnen Dämpferelemente entsprechend Gleichung 5-33 sind in Tabelle 5-4 angegeben.

Tab. 5-4 Regressionsparameter zur Berechnung der Dämpferkennwerte η_1, η_5 und η_6 entsprechend Gleichung 5-30

Parameter i	Regressionsparameter			
	$\eta_{i,[0]}$ [Pa·s]	θ_i [-]	Π_i [-]	R^2
1		3,040	0,225	0,84
5	0,001	0,373	0,358	0,77
6		1,153	0,347	0,91

Die Gegenüberstellung der gemessenen und vom Modell vorhergesagten Werte belegt eine hohe Vorhersagegüte des gewählten Ansatzes mit einem Bestimmtheitsmaß R^2 zwischen 0,77 und 0,91 (siehe Abbildung 5-24, rechts).

5.5.4 Prognose der St.-Venant-Reibkennwerte

Wie aus den Ausführungen in Abschnitt 5.3 deutlich wird, kann auch die Reibspannung in den St.-Venant-Elementen 4 und 5 mit dem Zeta-Potential vorhergesagt werden. Abbildung 5-25 zeigt, dass Gleichung 5-27 für das St.-Venant-Element τ_{SV4} eine gute Übereinstimmung mit den messtechnisch ermittelten

Kennwerten liefert (Bestimmtheitsmaß $R^2 = 0,74$). Dies gilt jedoch nicht für die Reibspannung τ_{SV5} im ST.-VENANT-Element 5. Die in Gleichung 5-27 gewählte Regressionsfunktion zeigt eine nur äußerst unbefriedigende Abbildung des tatsächlichen Materialverhaltens (Bestimmtheitsmaß $R^2 = 0,22$). Für geringe Spannungen überschätzt das Modell zunächst das tatsächliche Materialverhalten sehr stark, während für hohe Reibspannungen eine befriedigende Abbildung des Materialverhaltens gegeben ist.

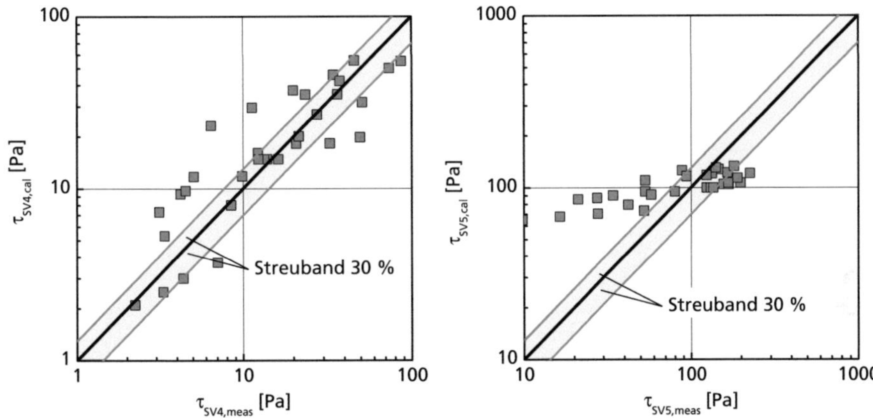

Abb. 5-25 Gemessene $\tau_{SV,i,meas}$ und vom Modell entsprechend Gleichung 5-22 vorhergesagte ST.-VENANT-Reibspannungen $\tau_{SV,i,cal}$ für die Reibelemente 4 (links) und 5 (rechts), jeweils mit einem Streuband von $\pm 30\,\%$

Die Ursache für dieses abweichende Verhalten ist in der Tatsache zu sehen, dass der Kennwert τ_{SV5} im vorliegenden Versuch bei fallender Schergeschwindigkeit $\dot{\gamma}$ ermittelt wurde. Dies bedeutet, dass die Vernetzung einzelner Partikel zu Primärteilchen maßgeblich durch die extrinsische Koagulation beeinflusst wird. Neben den Eigenschaften der suspendierten Phase – d.h. insbesondere des Zeta-Potentials – ist die Vernetzung somit auch eine Funktion der Impulsbilanz in der Suspension. Mit zunehmender Annäherung an die Packungsdichte ϕ/ϕ_p ist eine Zunahme des Impulsaustauschs und damit der Reibspannungen zu erwarten.

Dies wird durch Abbildung 5-26 bestätigt. Hier wird die Reibspannung im ST.-VENANT-Element τ_{SV5} durch eine Exponentialfunktion angenähert. Als bestimmende Größe geht in Gleichung 5-33 das Produkt aus der mittleren spezifischen Oberfläche der Phase C_3S, Γ_{C3S} und des bezogenen Phasengehalts ϕ/ϕ_p ein. Der Einfluss der Oberflächenbeschaffenheit und somit des Zeta-Potentials der Partikel nimmt linear mit ansteigendem bezogenen Phasengehalt zu. Durch Quadrierung dieses Produkts wird schließlich berücksichtigt, dass am Impulsaustausch mindestens zwei Partikel beteiligt sind und somit die Wechselwirkung im Mittel eine Funktion beider Oberflächeneigenschaften ist.

$$\tau_{SV5,cal}\!\left[\Gamma_{C_3S}\cdot\frac{\phi}{\phi_p}\right] = \tau_{SV5,[0]}\cdot\exp\left\{-\left[\frac{\theta_{\tau 5}}{\Gamma_{C_3S}\cdot\dfrac{\phi}{\phi_p}}\right]^2\right\} \tag{5-33}$$

Hierin bezeichnen Γ_{C3S} die Oberfläche des Minerals C_3S entsprechend Gleichung 5-29, ϕ/ϕ_p den auf die Packungsdichte ϕ_p bezogenen Phasengehalt ϕ, $\tau_{SV5,[0]}$ die maximal mögliche Reibspannung und $\theta_{5\tau}$ die mittlere spezifische Oberfläche des Minerals C_3S, ab der verstärkt Festkörperwechselwirkung in der Suspension auftritt.

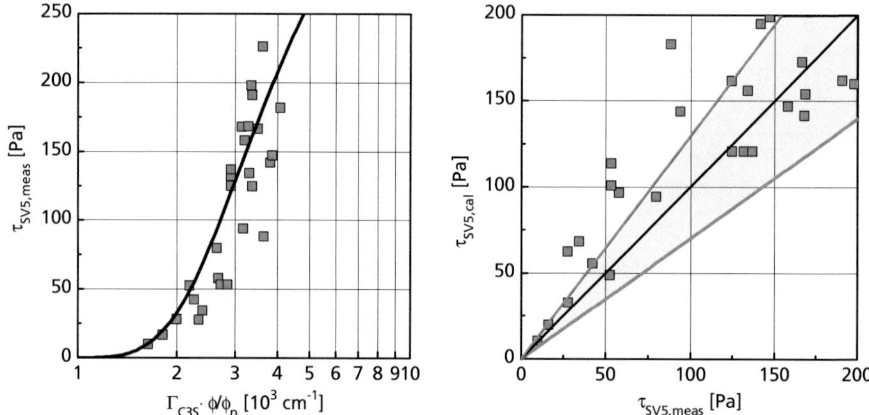

Abb. 5-26 Abhängigkeit der Reibspannung $\tau_{SV5,meas}$ vom Produkt aus der C_3S-Oberfläche Γ_{C_3S} und dem bezogenen Phasengehalt ϕ/ϕ_p einschließlich Regressionsfunktion (siehe Gleichung 5-33; links) sowie Gegenüberstellung des gemessenen und durch das Modell prognostizierten Werts für τ_{SV5} einschließlich Streuband $\pm\,30\,\%$ (rechts)

Gleichung 5-33 berücksichtigt durch Einführung des Grenzwerts $\tau_{SV5,[0]}$, dass die Festigkeit der resultierenden Agglomeratstruktur physikalisch beschränkt sein muss. Dieser kann durch Regression aus den Daten in Abbildung 5-26 abgeschätzt werden und beträgt $\tau_{SV5,[0]} = 391\,\mathrm{Pa}$. Eine Überprüfung dieses Grenzwerts ist leider mangels Messdaten nicht möglich. Durch die hyperbolische Form des Exponenten wird weiterhin sichergestellt, dass mit abnehmendem Phasengehalt bzw. abnehmender mittlerer spezifischer Oberfläche der Phase C_3S die Reibspannung τ_{SV5} verschwindet und das Materialverhalten gegen das eines reinen NEWTON-Fluids strebt. Der Faktor $\theta_{\tau 5}$ wurde im vorliegenden Fall zu $\theta_{5\tau} = 3158\,\mathrm{cm^{-1}}$ bestimmt. Das Bestimmtheitsmaß betrug $R^2 = 0{,}77$.

Die Gegenüberstellung der gemessenen $\tau_{SV5,meas}$ und der vom Modell entsprechend Gleichung 5-33 vorhergesagten Kennwerte $\tau_{SV5,cal}$ belegt, dass das Modell gut dazu geeignet ist, die ST.-VENANT-Reibspannung von Element 5 vorherzusagen. Dabei neigt das Modell tendenziell dazu, das tatsächliche Materialverhalten zu überschätzen.

5.6 Einfluss von Zumahl- und Zusatzstoffen

Wie in Abschnitt B.3 gezeigt werden konnte, werden die rheologischen Eigenschaften frischer zementhaltiger Leime maßgeblich durch den Anteil an Zumahl- bzw. Zusatzstoffen beeinflusst. Der Austausch von Portlandzement durch Ersatzstoffe muss somit auch bei der Ermittlung der Modellparameter berücksichtigt werden. Hierzu ist ein Produktansatz geeignet:

$$G_i(\alpha_s) = G_{i,15} \cdot S_G(\alpha_s, ...) \tag{5-34}$$

$$\eta_i(\alpha_s) = \eta_{i,15} \cdot S_\eta(\alpha_s, ...) \tag{5-35}$$

$$\tau_{SV,i}(\alpha_s) = \tau_{SV,i,15} \cdot S_\tau(\alpha_s, ...) . \tag{5-36}$$

In den Gleichungen 5-34 bis 5-36 bezeichnen $G_{i,15}$, $\eta_{i,15}$ und $\tau_{SV,i,15}$ den Grundwert der Steifigkeit, Viskosität bzw. Reibspannung im Alter von 15 min entsprechend Abschnitt 5.2. Die Funktionen $S_G(\alpha_s, ...)$, $S_\eta(\alpha_s, ...)$ und $S_\tau(\alpha_s, ...)$ beschreiben die Abhängigkeit des jeweiligen Faktors von der verwendeten Zumahl- bzw. Zusatzstoffart S sowie deren Anteil α_s bezogen auf den Zement.

Da im Rahmen der vorliegenden Arbeit nur jeweils ein Produkt pro Zumahl- bzw. Zusatzstoffart untersucht werden konnte, müssen die Gewichtungsfunktionen S um weitere, bislang unbekannte Einflussfaktoren erweitert werden. Diese könnten beispielsweise die Löslichkeit des Stoffs in der alkalischen Trägerflüssigkeit, der Einfluss von Alkalien auf das Zeta-Potential etc. sein.

5.7 Zeitliche Entwicklung der Materialkennwerte

Bei den vorangegangenen Ausführungen wurden die untersuchten Zementleime als zeitlich invariantes System betrachtet, dessen Materialeigenschaften eine Funktion der Art der Ausgangsstoffe und der Zusammensetzung des Leims sind. Wie die in Abschnitt 4.4 wiedergegebenen Untersuchungen zur Zusammensetzung der Trägerflüssigkeit im Leim belegen, finden bereits in der Ruhephase starke chemische Veränderungen statt, die auch die rheologischen Eigenschaften der Suspension beeinflussen. Hierbei handelt es sich zum einen um lösende Prozesse und zum anderen um ausfällende Vorgänge sowie die Bildung neuer Mineralphasen. An diesen Vorgängen sind maßgeblich Sulfationen und der Zementbestandteil Tricalciumaluminat C_3A beteiligt (siehe u. a. Abschnitt 4.2.3). Im Rahmen der vorliegenden Arbeit konnten diese Vorgänge lediglich in Form der

Differenz aus lösenden und verbrauchenden Prozessen messtechnisch durch ionenchromatographische Untersuchungen an der Trägerflüssigkeit erfasst werden.

Die zeitliche Veränderung der in Abschnitt 5.2 hergeleiteten Modellparameter infolge der Hydratation kann mithilfe der Gleichungen 5-37, 5-38 und 5-39 berücksichtigt werden.

$$G_i(t) = G_{i,15} \cdot \beta_G(t, \ldots) \tag{5-37}$$

$$\eta_i(t) = \eta_{i,15} \cdot \beta_\eta(t, \ldots) \tag{5-38}$$

$$\tau_{SV,i}(t) = \tau_{SV,i,15} \cdot \beta_\tau(t, \ldots) \tag{5-39}$$

Hierin bezeichnen $G_{i,15}$, $\eta_{i,15}$ und $\tau_{SV,i,15}$ die Grundwerte der Steifigkeit, Viskosität bzw. Reibspannung im Alter von 15 min entsprechend Abschnitt 5.2. Die Funktionen $\beta_G(t, \ldots)$, $\beta_\eta(t, \ldots)$ und $\beta_\tau(t, \ldots)$ beschreiben die Abhängigkeit des jeweiligen Faktors von der Zeit t bzw. weiteren Faktoren. Nachfolgend wird auf die Herleitung der einzelnen Zeitfunktionen eingegangen.

5.7.1 Federsteifigkeiten

Für die zeitliche Entwicklung der Federsteifigkeiten konnte auf der Grundlage der vorliegenden Datenbasis kein eindeutiger Zusammenhang festgestellt werden (siehe Abbildung 5-27).

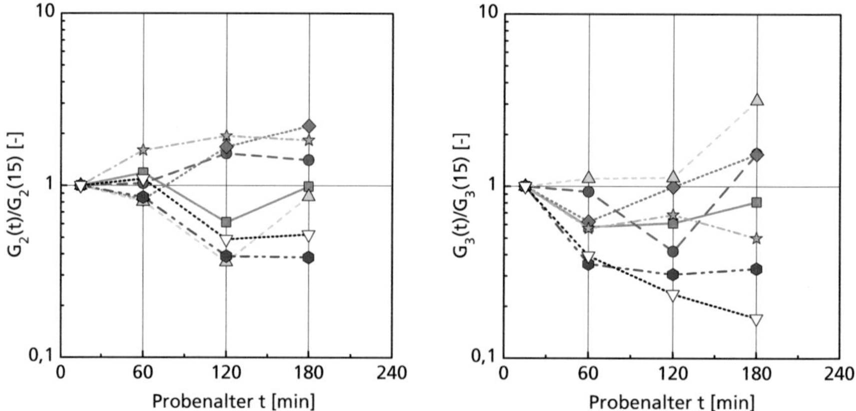

Abb. 5-27   Zeitliche Entwicklung der Federsteifigkeiten G_2 und G_3, jeweils bezogen auf den Ausgangswert im Alter von 15 min für Zementleime mit einem Phasengehalt von $\phi = 0{,}42$ und den Zementen Z121 (■), Z131 (●), Z211 (▲), Z221 (◆), Z222 (★), Z223 (⬟) bzw. Z232 (▽)

In Abhängigkeit von der untersuchten Zementart schwanken die Steifigkeiten der Zementleime im Alter von 60 min zwischen dem 0,6- und dem 1,4-fachen des Bezugswerts im Alter von 15 min. Die teilweise beobachtete Zunahme der Federkennwerte G_2 und G_3 steht in Einklang mit einem betragsmäßigen Abfall des Zeta-Potentials (siehe Abschnitt 4.3.1). Gleichzeitig findet bereits in frühem Alter ein Kristallwachstum an der Partikeloberfläche statt. Diese Mineralphasen besitzen eine sterische Wirkung und führen somit zeitweise zu einer Vergrößerung des Partikelabstands und einem Rückgang der Federsteifigkeiten G_2 und G_3. Erst eine starke Vernetzung der Mineralphasen lässt die Kennwerte in höherem Alter wieder ansteigen.

5.7.2 Dämpferviskositäten

Abbildung 5-28 zeigt die zeitliche Entwicklung der Dämpferkennwerte η_1, η_5 und η_6. Daraus wird deutlich, dass in Abhängigkeit von der Zementart ein mehr oder weniger stark ausgeprägter Rückgang der Dämpferviskosität η_1 im Alter von 60 min nach Wasserzugabe zu verzeichnen ist. Die Viskosität η_1 steigt anschließend langsam an, überschreitet im Alter von ca. 120 min den Ausgangswert und nimmt von da an weiter stark zu.

Eine gänzlich andere zeitliche Entwicklung ist hingegen für die Kennwerte η_5 und η_6 festzustellen. Bis zu einem Alter von ca. 60 min bleiben die Kennwerte nahezu unverändert. Ab diesem Zeitpunkt wird das Verhalten anscheinend von der Zementart beherrscht und ist sehr uneinheitlich. Die Ursachen hierfür sind ebenfalls in der sterischen Wirkungsweise von Hydratationsprodukten auf der Zementkornoberfläche zu sehen.

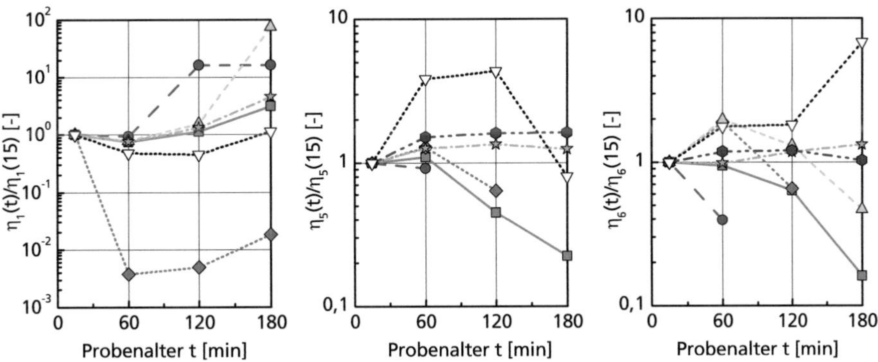

Abb. 5-28 Zeitliche Entwicklung der Dämpferkennwerte η_1, η_5 und η_6, jeweils bezogen auf den Ausgangswert im Alter von 15 min für Zementleime mit einem Phasengehalt von $\phi = 0,42$ und den Zementen Z121 (■), Z131 (●), Z211 (△), Z221 (◆), Z222 (☆), Z223 (⬣) bzw. Z232 (▽)

5.7.3 St.-Venant-Reibspannungen

Eine ähnliche zeitliche Entwicklung der Materialkennwerte wie bei den Dämpfern ist auch für die St.-Venant-Kennwerte τ_{SV4} und τ_{SV5} festzustellen (siehe Abbildung 5-28). Auffallend ist dabei, dass die St.-Venant-Spannung τ_{SV4} zunächst zurückgeht und erst in einem Alter von ca. 180 min erneut stark ansteigt, wohingegen beim Kennwert τ_{SV5} ein umgekehrtes zeitliches Verhalten beobachtet wird.

Die Ursachen hierfür sind in den unterschiedlichen physikalischen Mechanismen, die beide Elemente abbilden, begründet. Wie aus dem Vergleich der Abbildungen 4-18 und 5-29 ersichtlich ist, geht mit zunehmendem Probenalter zwar der Betrag des Zeta-Potentials der Partikel zurück. Nach Abbildung 5-19 lässt dies eine Zunahme von τ_{SV4} erwarten. Der hier beobachtete Abfall der Reibspannung kann somit nur durch eine sterische Wirkung zwischen den Partikeln infolge des Wachstums von Hydratationsprodukten an der Oberfläche erklärt werden. Eine festigkeitsbildende, zementtypische Vernetzung der Partikel findet jedoch zu diesem Zeitpunkt offensichtlich noch nicht statt. Statt dessen trägt die nun erhöhte Rauigkeit zu einer verstärkten Reibung bei höheren Schergeschwindigkeiten und damit zu einer Erhöhung von τ_{SV5} bei (siehe Abbildung 5-29).

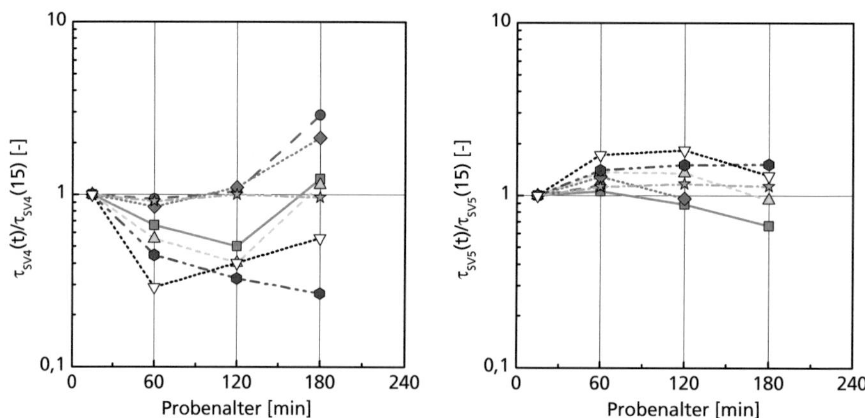

Abb. 5-29 Zeitliche Entwicklung der St.-Venant-Reibspannungen τ_{SV4} und τ_{SV5}, jeweils bezogen auf den Ausgangswert im Alter von 15 min für Zementleime mit einem Phasengehalt von $\phi = 0{,}42$ und den Zementen Z121 (■), Z131 (●), Z211 (▲), Z221 (◆), Z222 (★), Z223 (⬣) bzw. Z232 (▽)

5.8 Zusammenfassung

Die Struktur frischer Zementsuspensionen ist durch einen agglomerierten Zustand gekennzeichnet. Hierbei kann zwischen zwei verschiedenen Agglomeratstrukturen unterschieden werden. **Primäragglomerate** werden durch eine von außen aufgebrachte Scherung und den dadurch bedingten Impulsaustausch gebildet (extrinsische Koagulation). Gleichzeitig wird ein Teil der Struktur wiederum durch Scherkräfte zerstört, so dass sich ein Gleichgewichtszustand aus strukturaufbauenden und strukturzerstörenden Prozessen in der Suspension einstellt. Nach Abschluss einer Scherung liegen die Primärteilchen (d.h. einzelne, große Partikel und zu Agglomeraten vernetzte, kleinere Partikel) vereinzelt vor.

Im Ruhezustand unterliegen diese Teilchen der Scherkraft und der BROWN'schen Bewegung. Der dadurch bedingte Impulsaustausch führt zur Ausbildung der sogenannten **Sekundärstruktur**, d.h. der Vernetzung der einzelnen Primärteilchen.

Die Sekundärstruktur weist eine deutlich geringere Steifigkeit auf als die Primärstruktur und ist zusätzlich mit flüssigkeitsgefüllten Gleitschichten durchzogen. Diese ermöglichen eine viskose Verformung der gesamten Suspension bereits bei geringen Schubspannungen.

Das Verformungsverhalten der Suspension bis zum Erreichen der Festigkeit der Sekundärstruktur wird als unterkritisch bezeichnet. Die Festigkeitsüberschreitung der Sekundärstruktur führt zu einer Dispergierung, nicht jedoch zu einer Zerstörung der einzelnen Primärteilchen, und zur Bildung neuer Gleitschichten (kritischer Zustand). Damit einher geht ein ausgeprägter Rückgang des Scherwiderstands.

Wird die Scherbelastung weiter gesteigert, kommt es zu einer kontinuierlichen Zerstörung und gleichzeitigen Neubildung von Primärteilchen und zur Ausbildung des oben beschriebenen Gleichgewichtszustands.

Im vorliegenden Kapitel wurde ein Modell vorgestellt, das es gestattet, das Verformungsverhalten der Primär- und Sekundärstruktur auf energetische Wechselwirkungen zwischen einzelnen Partikeln zurückzuführen. Mit zunehmender Annäherung zweier Partikel wirken zunächst abstoßende elektrostatische Kräfte. Wird ein bestimmter Grenzwert überschritten, kommt es zu einer schlagartigen Annäherung und Koagulation der Partikel. Um das so gebildete Agglomerat zu zerstören, muss eine von der Wechselwirkungsenergie der Partikel abhängige Zugkraft aufgebracht werden. Darüber hinaus bestimmt die Wechselwirkungsenergie auch die Steifigkeit dieser Wechselwirkung.

Mithilfe dieser grundlagenphysikalischen Beziehung konnte im vorliegenden Kapitel ein rheologisches Materialgesetz abgeleitet werden, das das Last-Verformungsverhalten frischer zementhaltiger Mehlkornsuspensionen sowohl im unterkritischen als auch im überkritischen Zustand beschreibt. Die Teilmodelle sind aus den rheologischen Elementen Feder, Dämpfer und ST.-VENANT-Reibelement aufgebaut. Deren Kennwerte konnten aus den Wechselwirkungsbeziehungen der einzelnen Partikel abgeleitet werden. Die statistische Bewertung des Modells belegt eine gute Abbildungsgenauigkeit der einzelnen untersuchten Belastungszustände.

Weiterhin wurde der Einfluss verschiedener Zumahl- bzw. Zusatzstoffarten sowie der Hydratation auf die Materialkennwerte untersucht. Hier zeigte sich ein sehr differenziertes Bild.

In Abschnitt 5.5 wurde schließlich ein Ansatz vorgestellt, mit dem die einzelnen Kennwerte des rheologischen Modells gezielt auf Grundlage einer bekannten Mischungszusammensetzung vorhergesagt werden können.

Anwendung des rheologischen Modellgesetzes

6.1 Allgemeines

Bislang ist es nicht oder nur sehr eingeschränkt möglich, das rheologische Verhalten frischer Zementsuspensionen auf der Grundlage ihrer Zusammensetzung und der Art der verwendeten Ausgangsstoffe vorherzusagen. Ein Kernziel der vorliegenden Arbeit war es daher, ein Prognosemodell für die maßgebenden rheologischen Kenngrößen zu entwickeln, um insbesondere kritische Zustände in der Suspension „planbar" zu machen. Hierbei handelt es sich beispielsweise um das Entlüftungsverhalten der Suspension, das Sedimentationsverhalten der groben Gesteinskörnung im Beton oder das Blockierverhalten der Gesteinskörnung in engen Bewehrungszwischenräumen (siehe Abbildung 6-1; nachstehend nochmals abgebildet).

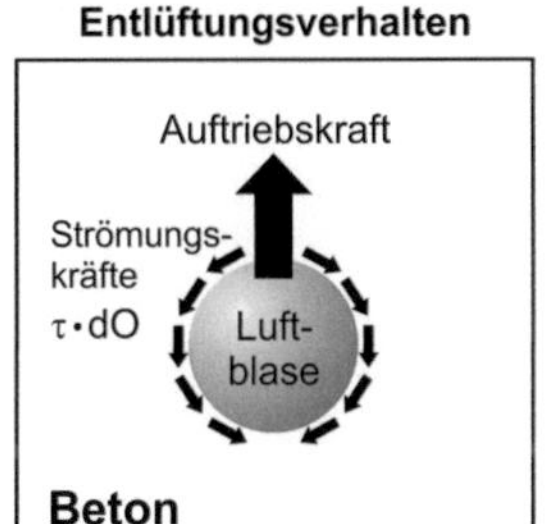

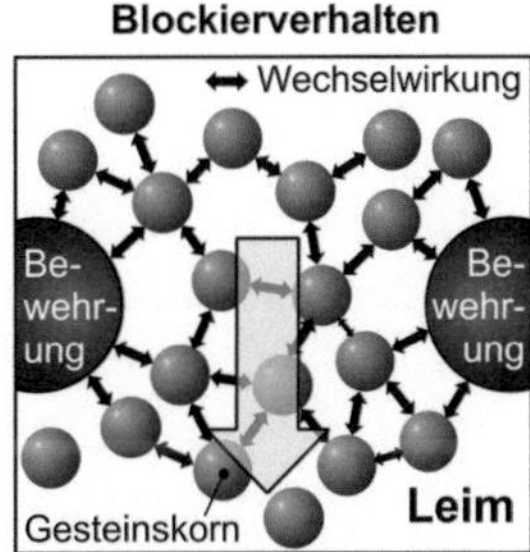

Abb. 6-1 Schematische Darstellung der Mechanismen bei der Entlüftung (links) und Entmischung (Mitte) von Beton sowie beim Blockieren der Gesteinskörnung in engen Bewehrungszwischenräumen (rechts)

Alle oben genannten und in Abbildung 6-1 dargestellten Zustände sind maßgeblich von den rheologischen Eigenschaften des Mehlkornleims bei geringen Scherbelastungen abhängig und können nun mit Kenntnis verschiedener Kenngrößen des Zements bzw. der Mischungszusammensetzung vorhergesagt werden.

Ausgangsbasis für die nachfolgenden Berechnungen bildet das in Kapitel 5 vorgestellte rheologische Modellgesetz. Die Vorgehensweise bei der Anwendung des Modells ist in Abbildung 6-2 dargestellt und wird hier exemplarisch für drei

Zemente mit unterschiedlichen BLAINE-Werten durchgeführt. Deren Eigenschaften sowie die Ergebnisse der einzelnen Berechnungen sind in Tabelle 6-1 wiedergegeben.

6.2 Prognose des Verformungsverhaltens

6.2.1 Festlegung der Eingangsparameter

Die rheologischen Eigenschaften frischer Mehlkornleime werden maßgeblich durch die Art und die Eigenschaften des verwendeten Zements sowie durch dessen volumetrischen Anteil an der gesamten Suspension geprägt. Folgende Kenngrößen gehen daher in das Modell ein (siehe Abbildung 6-2, Nr. 1):

Partikelrohdichte: Der Impulsaustausch in der Suspension ist maßgeblich von der Masse der suspendierten Partikel abhängig. Gleiches gilt für Lösungsprozesse, wie beispielsweise den Ionentransport. Das rheologische Verhalten der Suspension beschreibt hingegen die Scherung bzw. Verschiebung von Volumenelementen. Die Partikelrohdichte ρ_p wird mithilfe gaspyknometrischer Verfahren nach der NORM DIN 66 137-2 bestimmt und in der Dimension g/cm³ angegeben.

Spezifische Oberfläche: Das rheologische Verhalten der Suspension wird stark durch die Interaktion der Oberflächen der einzelnen Zementpartikel bestimmt. Dieser Einfluss wird durch Einführung der spezifischen Oberfläche nach BLAINE (siehe NORM DIN EN 196-6) erfasst. Der sogenannte BLAINE-Wert O_{Blaine} wird in der Dimension cm²/g angegeben.

C₃S-Gehalt: Die Mineralphase Tricalciumsilikat beeinflusst maßgeblich die rheologischen Eigenschaften der Suspension und muss daher Eingang in das Modell finden. Der Tricalciumsilikatgehalt c_{C_3S} [-] kann als Masseanteil mithilfe des RIEDVELT-Verfahrens aus röntgendiffraktometrischen Untersuchungen an Zement ermittelt werden.

Packungsdichte der Phase: Mit zunehmender Annäherung des Phasengehalts an die Packungsdichte nimmt die Anzahl der Kontaktstellen zwischen einzelnen Teilchen in der Suspension zu. Dies wirkt sich wiederum vergrößernd auf die Impulsbilanz aus. Die Packungsdichte ϕ_p wird mithilfe des PUNTKE-Verfahrens nach der Richtlinie „SVB" des Deutschen Ausschusses für Stahlbeton ermittelt und hier dimensionslos angegeben.

Phasengehalt der Suspension: Der Phasengehalt der Suspension ϕ wird vom Anwender vorgegeben und kann für reine Zementsuspensionen aus dem Wasserzementwert w/z entsprechend der Beziehung $\phi = 1/(1 + \rho_p \cdot w/z)$ abgeleitet werden. Der Parameter ϕ ist dimensionslos.

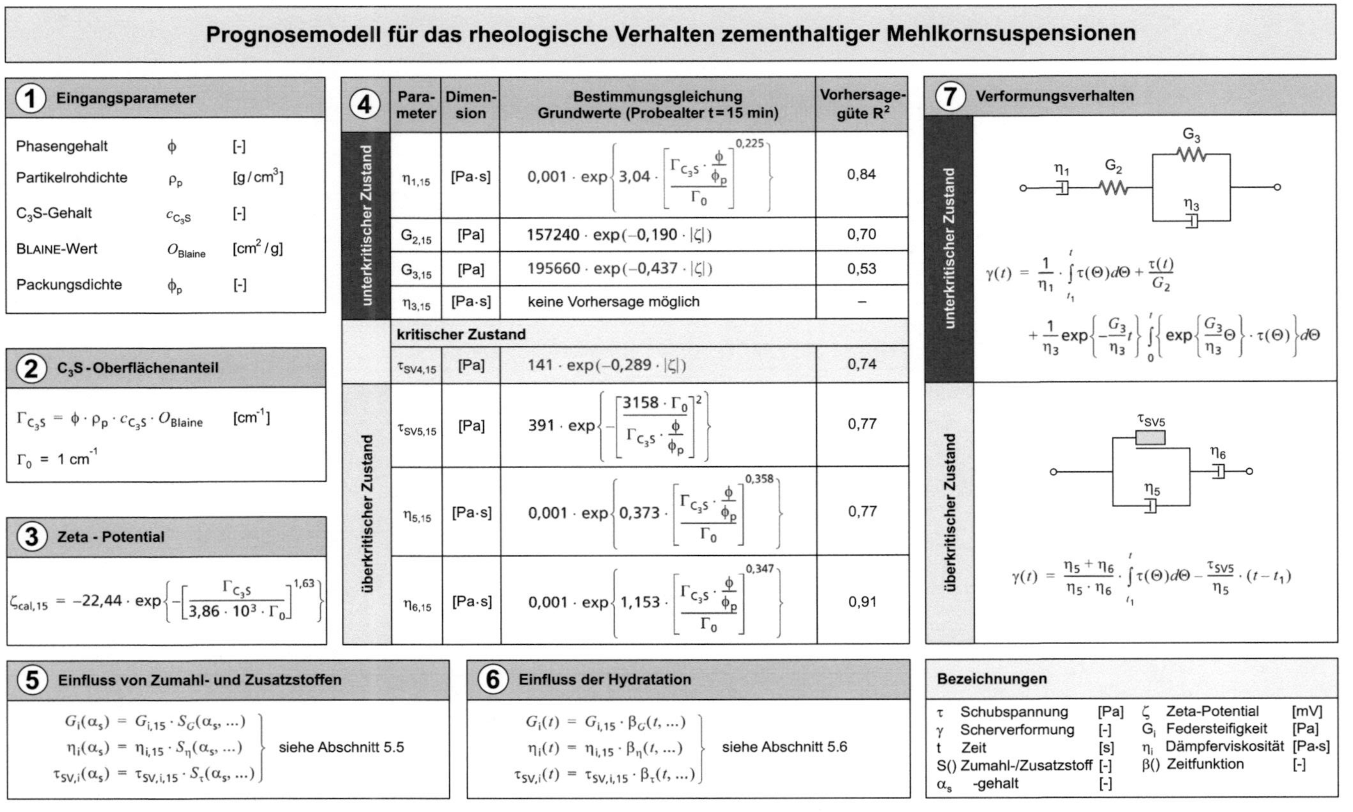

Abb. 6-2   Schematische Darstellung der Vorgehensweise zur Prognose des Last-Verformungsverhaltens frischer Zementsuspensionen

Tab. 6-1   Exemplarische Anwendung des Prognosemodells entsprechend Abbildung 6-2 für Zementleime mit den Portlandzementen Z211 ($\phi=0{,}40$), Z131 ($\phi=0{,}42$) und Z121 ($\phi=0{,}40$) entsprechend Tabelle 3-3

Nr.	Parameter	Dimension	Gleichung	Zement								
				Z211			Z121			Z131		
①	Partikelrohdichte ρ_p	[g/cm³]		3,13			3,13			3,15		
	C_3S-Masseanteil c_{C_3S}	[-]		0,642			0,633			0,674		
	BLAINE-Wert O_{Blaine}	[cm²/g]		3035			4612			5535		
	Packungsdichte ϕ_p	[-]		0,591			0,553			0,536		
	Phasengehalt ϕ			0,40			0,40			0,42		
②	C_3S-Oberflächenanteil Γ_{C_3S}	[cm⁻¹]	5-29	2437			3655			4940		
				cal	meas	cal/meas	cal	meas	cal/meas	cal	meas	cal/meas
③	Zeta-Potential ζ_{15}	[mV]	5-31	-13,7	-14,0	0,97	-9,0	-10,6	0,84	-5,0	-5,3	0,94
	Dämpferviskosität $\eta_{1,15}$	[Pa·s]	5-32	9785	21743	0,45	59438	51174	1,16	293939	305304	0,96
	Federsteifigkeit $G_{2,15}$	[Pa]	5-22	10991	6434	1,70	28452	20604	1,38	60341	62064	0,97
	Federsteifigkeit $G_{3,15}$	[Pa]	5-22	436	244	1,79	3868	3676	1,05	21719	24676	0,88
④	Reibspannung $\tau_{SV4,15}$	[Pa]	5-27	2,1	2,2	0,95	11,8	9,9	1,19	45,8	34,5	1,32
	Reibspannung $\tau_{SV5,15}$	[Pa]	5-33	10,3	9,8	1,05	94,2	79,8	1,18	199,0	147,0	1,35
	Dämpferviskosität $\eta_{5,15}$	[Pa·s]	5-32	0,19	0,15	1,27	0,53	0,62	0,85	1,31	0,38	3,44
	Dämpferviskosität $\eta_{6,15}$	[Pa·s]	5-32	3638	2677	1,36	53705	83494	0,64	662198	696097	0,95

6.2.2 Ermittlung des C₃S-Oberflächenanteils

Für die Berechnung des Zeta-Potentials wird zunächst der Anteil der Mineralphase C_3S an der spezifischen Oberfläche des Partikels Γ_{C_3S} benötigt (siehe Abschnitt 5.5.1 sowie Abbildung 6-2, Nr. 2). Dieser Kennwert kann unter Verwendung der in Abschnitt 6.2.1 aufgeführten Eingangsgrößen mithilfe von Gleichung 5-29 berechnet werden.

6.2.3 Ermittlung des Zeta-Potentials

Auf der Grundlage der Ausführungen in Abschnitt 5.5.1 und unter Kenntnis des C_3S-Oberflächenanteils Γ_{C_3S} kann das Zeta-Potential der suspendierten Zementpartikel im Alter von 15 min entsprechend Gleichung 5-31 vorhergesagt werden (siehe Abbildung 6-2, Nr. 3).

6.2.4 Ermittlung der rheologischen Modellparameter

Mit Kenntnis des Zeta-Potentials der Partikel sowie des bezogenen Phasengehalts ϕ/ϕ_p können die Parameter des rheologischen Modells unter Anwendung der Gleichungen 5-22, 5-27, 5-32 und 5-33 berechnet werden (siehe Abbildung 6-2, Nr. 4). Hierbei handelt es sich um Grundwerte im Alter von 15 min ($G_{i,15}$, $\eta_{i,15}$, $\tau_{SV,i,15}$).

Der Vergleich der berechneten Werte (cal) mit den Messwerten (meas) im Alter von 15 min belegt eine gute Vorhersagegenauigkeit (siehe Tabelle 6-1).

Im Regelfall wird für den Planer die Ermittlung der rheologischen Modellparameter ausreichend sein, um eine Bewertung einer Mischungszusammensetzung vornehmen zu können. Falls eine genauere Kenntnis des Verformungsverhaltens der Suspension erforderlich ist, können die prognostizierten Kennwerte als Parameter in das in Kapitel 5 beschriebene rheologische Modellgesetz eingesetzt werden (siehe Abschnitt 6.2.7).

6.2.5 Berücksichtigung des Einflusses von Zumahl- und Zusatzstoffen

Die obigen Ausführungen gelten für reine Portlandzementsuspensionen. Wird der Zement durch Zumahl- oder Zusatzstoffe, wie beispielsweise Kalksteinmehl oder Flugasche, ausgetauscht, so hat dies z. T. deutliche Veränderungen der Materialeigenschaften zur Folge (siehe Abbildung 6-2, Nr. 5).

Auf Grundlage der vorliegenden Datenbasis ist es leider nicht möglich, eine geschlossene Funktion zur Vorhersage des Einflusses unterschiedlicher Zumahl- bzw. Zusatzstoffarten und -gehalte auf die einzelnen Modellparameter anzugeben. Grundsätzlich scheint aber auch hier ein Produktansatz geeignet (siehe Abschnitt 5.6).

6.2.6 Einfluss der Hydratation

Die Hydratation des Zements äußert sich in einer starken Zunahme der Oberflächenrauheit der Partikel. Auf die Partikel aufgewachsene Hydratationsprodukte besitzen eine sterische Wirkung und beeinflussen maßgeblich das rheologische Verhalten der Suspension. Das Ausmaß dieser Wechselwirkung konnte im Rahmen dieser Arbeit nur am Rande untersucht werden. Auf Grundlage der vorliegenden Datenbasis ist es daher nicht möglich, die zeitliche Entwicklung der in Abschnitt 6.2.4 ermittelten Modellparameter vorherzusagen (siehe Abbildung 6-2, Nr. 6). Anhaltswerte hierfür liefern jedoch die Ausführungen in Abschnitt 5.7.

Unter Kenntnis der Zeitabhängigkeit der einzelnen Modellparameter erscheint die Prognose mittels eines Produktansatzes möglich.

6.2.7 Ermittlung des Last-Verformungsverhaltens

Neben der Vorgehensweise zur Vorhersage der Materialparameter der Zementsuspensionen ist in Abbildung 6-2 (Nr. 7) auch ein Last-Verformungsgesetz für das unterkritische und das überkritische Verformungsverhalten angegeben. Nähere Erläuterungen hierzu gibt Kapitel 5.

6.3 Praktische Anwendung des Modells

Neben der Prognose des Last-Verformungsverhaltens kann das Modell auch dazu genutzt werden, das Sedimentationsverhalten eines groben Gesteinskorns in Zementleim abzuschätzen. Die Sedimentationsgeschwindigkeit kann mithilfe des STOKE'schen Gesetz entsprechend der Beziehung

$$V = \frac{G-A}{6 \cdot \pi \cdot r \cdot \eta} = \frac{2 \cdot r^2 \cdot (\rho_p - \rho) \cdot g}{9\eta} \tag{6-1}$$

berechnet werden. Hierin bezeichnen G und A die Gewichts- bzw. Auftriebskraft des Korns, ρ_p und ρ die Rohdichten des Korns bzw. des Zementleims, r den Radius des Korns und η die dynamische Viskosität des Zementleims.

Da der Radius und die Dichte des Gesteinskorns durch betontechnologische Randbedingungen weitgehend vorgegeben sind und die Dichte des Zementleims eine Funktion des Phasengehalts ϕ ($\rho_{\text{Leim}} = \phi \cdot \rho_{\text{Zement}} + (1 - \phi) \cdot \rho_{\text{Wasser}}$) bzw. des *w/z*-Werts ist, muss, um die Sedimentationsgeschwindigkeit *V* zu minimieren, die dynamische Viskosität η des Zementleims möglichst hoch gewählt werden. Im Ruhezustand kann dabei der Parameter η aus Gleichung 6-1 gleich der Dämpferviskosität η_1 gesetzt werden.

Unter Vorgabe einer maximal zulässigen Sedimentationsgeschwindigkeit des Partikels von *V* = 16 mm/h ergibt sich unter Anwendung von Gleichung 6-1 für ein kugelförmiges Partikel mit einem Durchmesser d = 16 mm und einer Rohdichte von ρ_p = 2600 kg/m³ in Zementleim mit einer Dichte von ρ = 1900 kg/m³ eine erforderliche Mindestviskosität von η_{min} > 22 400 Pa·s. Umgekehrt kann die Sedimentationsgeschwindigkeit eines kugelförmigen Gesteinskorns in Abhängigkeit vom *w/z*-Wert des Leims und vom BLAINE-Wert des Zements entsprechend Abbildung 6-3 abgeschätzt werden.

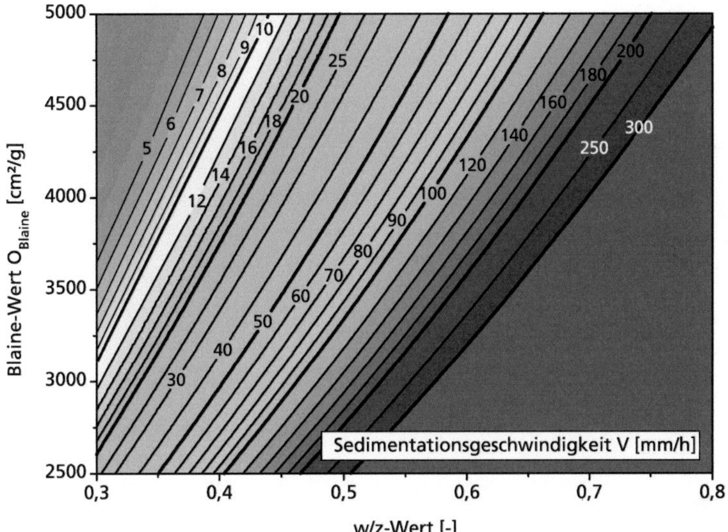

Abb. 6-3 Sedimentationsgeschwindigkeit *V* in mm/h eines kugelförmigen Gesteinskorns d_{Korn} = 16 mm, ρ_{Korn} = 2,6 g/cm³ in Zementleim in Abhängigkeit von dessen *w/z*-Wert und dem BLAINE-Wert des Zements (Zement: ρ_z = 3,1 g/cm³, c_{C_3S} = 0,65, ϕ/ϕ_p = 0,55)

Aus Abbildung 6-3 wird deutlich, dass für übliche w/z-Werte im Bereich von 0,5 der Zement eine Mahlfeinheit O_{Blaine} von mindestens 3200 bis 3500 cm²/g aufweisen sollte, damit keine signifikante Sedimentation eintritt. Die Darstellung berücksichtigt jedoch nicht, dass sich mit zunehmender Mahlfeinheit des Zements auch die Packungsdichte ϕ_p und bei gegebenem *w/z*-Wert das Verhältnis ϕ/ϕ_p verändert. Für eine genauere Berechnung sollten daher in jedem Fall Gleichung 5-32 zur Berechnung von η_1 und anschließend Gleichung 6-1 zur Berechnung der Sinkgeschwindigkeit *V* herangezogen werden.

Kapitel 7
Zusammenfassung und Ausblick

In der vorliegenden Arbeit wurden sowohl das Last-Verformungsverhalten frischer zementhaltiger Mehlkornsuspensionen als auch die zugrunde liegenden physikalischen Mechanismen untersucht. Das primäre Ziel bestand dabei in der Entwicklung eines Stoffgesetzes zur Beschreibung des rheologischen Verhaltens von Zementsuspensionen bei geringen Scherbelastungen. Dieser weitgehend unerforschte Teilbereich der Rheologie ist von zentraler Bedeutung für das Verständnis von Sedimentations- und Entlüftungsvorgängen bzw. langsam ablaufenden Strömungen im Allgemeinen. Die vorliegende Arbeit schließt die Wissenslücke zu diesem Thema und liefert dem Anwender ein physikalisches Modell, das die im Material ablaufenden Prozesse abbildet und unter Kenntnis zentraler Eigenschaften der Ausgangsstoffe und der Zusammensetzung der Suspension vorhersagbar macht.

In einer Literatursichtung wurde zunächst der Kenntnisstand aller hier relevanter wissenschaftlicher Teilbereiche dargestellt und kritisch diskutiert. Dies umfasste die Themenkomplexe der Rheologie von Zementsuspensionen, der chemischen und physikalischen Eigenschaften der suspendierten Partikel sowie der daraus resultierenden Struktur der Suspension. Auf dieser Grundlage konnten die offenen, noch zu erforschenden Fragen präzisiert und die Voraussetzungen für deren Bearbeitung geschaffen werden.

In einem nächsten Schritt wurde ein umfangreiches experimentelles Untersuchungsprogramm durchgeführt. Hierzu mussten zunächst mehrere messtechnische Einrichtungen zur korrekten Bestimmung der rheologischen Eigenschaften von Zementsuspensionen, insbesondere bei geringen Scherbelastungen, sowie zur Echtzeit-Ermittlung der elektrochemischen Eigenschaften und der mittleren Korngröße der suspendierten Partikel entwickelt werden. Das Ergebnis dieser Entwicklungsarbeit, die sogenannte **Baustoff-Partikelmesszelle**, ermöglicht es erstmals, den Einfluss einer Scherung auf die rheologischen Eigenschaften der Suspension und die Granulometrie der suspendierten Partikel kombiniert zu untersuchen.

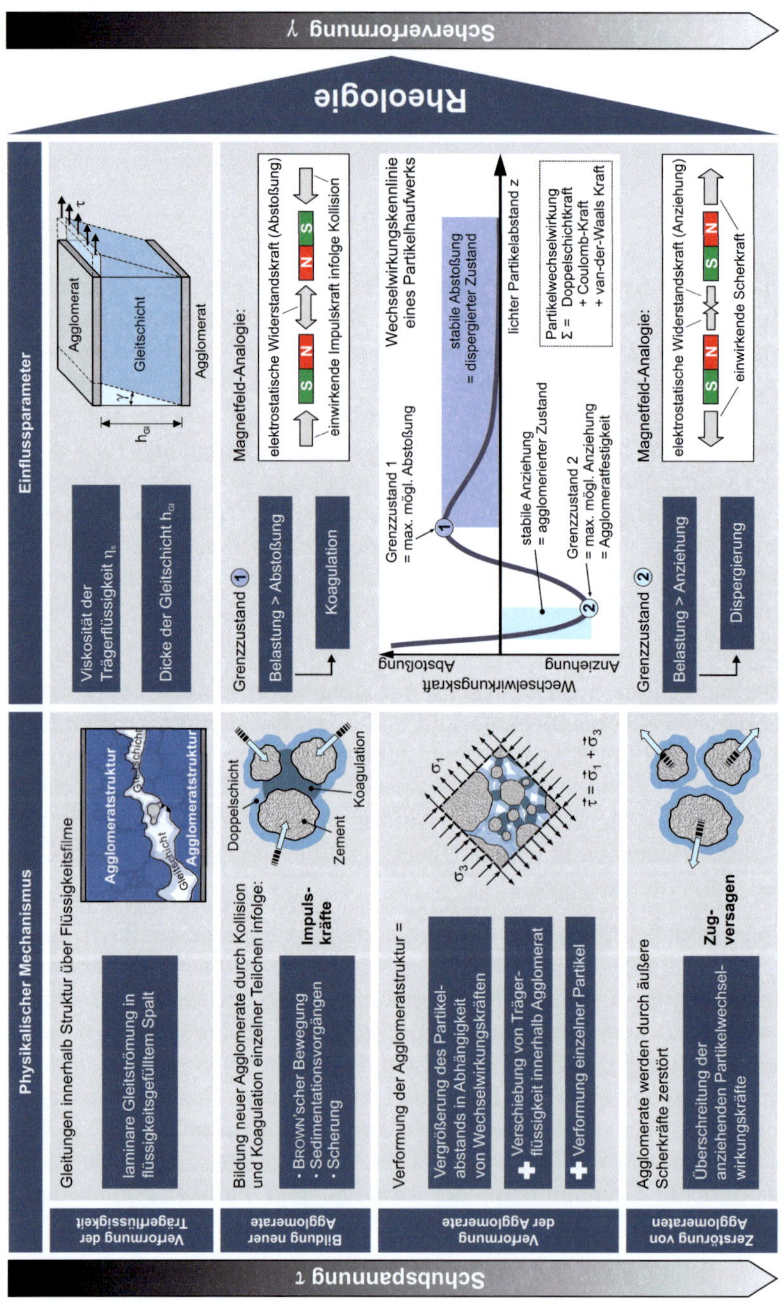

Abb. 7-1 Schematische Darstellung des Kraft-Verformungsverhaltens frischer Zementsuspensionen sowie Erklärung der zugrunde liegenden Mechanismen

Da zum Verformungsverhalten frischer Mehlkornsuspensionen bei geringen Scherbelastungen bislang nur sehr wenige Ergebnisse in der internationalen Literatur vorlagen, wurde anschließend das Materialverhalten ausgewählter Zementleime studiert. In einer Parameterstudie wurde darauf aufbauend der Einfluss verschiedener Kenngrößen auf die rheologischen Eigenschaften der Zementleime sowie die Eigenschaften der Partikel untersucht. Bei diesen Parametern handelte es sich um den Wasserzementwert w/z (hier ausgedrückt durch den volumetrischen Phasengehalt ϕ), die Korngrößenverteilung und Packungsdichte ϕ_p der Feststoffphase, die mineralogische Zusammensetzung und der Sulfatgehalt der Zemente, den Gehalt an Zumahl- und Zusatzstoffen sowie die Art und Dosierung verflüssigender Betonzusatzmittel.

Das Ergebnis der Arbeit ist schematisch in Abbildung 7-1 dargestellt. Die Gesamtverformung γ eines frischen Zementleims unter einer gegebenen Scherbelastung τ setzt sich danach aus folgenden Verformungsanteilen zusammen:

- **Verformung der Trägerflüssigkeit:** Große Teile der suspendierten Zementpartikel liegen nicht vereinzelt, sondern in Form von Agglomeraten vor. Dabei kommt es nicht zu einer vollständigen Vernetzung bzw. Agglomerierung aller Partikel über den Scherspalt. Statt dessen sind die resultierenden Strukturen mit flüssigkeitsgefüllten Gleitschichten durchzogen, die auch bei sehr geringen Scherbelastungen eine viskose Verformung ermöglichen (siehe Abbildung 7-1). Die Geschwindigkeit dieses Gleitvorgangs ist eine Funktion der Viskosität der Trägerflüssigkeit η_s (hier Wasser) und der Dicke der Gleitschichten h_{Gl}.

- **Verformung durch Bildung neuer Agglomerate:** Durch die Kollision einzelner Partikel bzw. Agglomerate kommt es zur Bildung neuer bzw. größerer Agglomeratstrukturen. Voraussetzung hierfür ist, dass die dabei wirkenden Impulskräfte die abstoßenden Kräfte zwischen den Teilchen – diese können aus der Wechselwirkungskennlinie der Partikel abgeschätzt werden (siehe Abbildung 7-1, Grenzzustand 1) – überschreiten. Dies ist insbesondere bei hohen Scherbelastungen der Fall. Hierbei werden ständig Agglomeratstrukturen neu gebildet und bei anhaltender Scherung sofort wieder zerstört. Die resultierende Struktur wird als Primärstruktur bezeichnet. Darüber hinaus kommt es auch im Ruhezustand zu einer Strukturbildung – der sog. Sekundärstruktur. Insbesondere für kleine Partikel ($d_{50} < 1\ \mu m$) reicht bereits der durch die BROWN'sche Bewegung verursachte Impulsaustausch aus, um eine Koagulation zu bewirken. Gleiches gilt für Sedimentationsvorgänge.

- **Verformung der Agglomerate:** Unter einer gegebenen Schubbelastung τ leisten auch die Agglomeratstrukturen einen Beitrag zur Scherverformung γ. Dies äußert sich in einer Vergrößerung des Partikelabstands z und einem gleichzeitigen Einströmen von Trägerflüssigkeit in die sich vergrößernden Partikelzwischenräume. Bis zum Erreichen der Festigkeit der Struktur (hier als Strukturgrenze τ_s bezeichnet) ist diese Verformung elastischer Natur. Die Steifigkeit der Agglomerate kann wiederum aus der Wechselwirkungskennlinie einzelner Partikel abgeschätzt werden (siehe Abbildung 7-1, agglomerierter Zustand). Einen vernachlässigbaren Anteil an der Gesamtverformung leisten die einzelnen Partikel selbst.

- **Verformung durch Zerstörung von Agglomeraten:** Wird die Schubspannung τ weiter gesteigert, so kommt es neben der Neubildung auch zunehmend zu einer Zerstörung von Agglomeratstrukturen. Hierbei handelt es sich um ein Zugversagen, bei dem die zwischen den Partikeln wirkende maximale Anziehung überschritten wird (siehe Abbildung 7-1, Grenzzustand 2). Die zwischen den Partikeln befindliche Trägerflüssigkeit dient nun als neue Gleitschicht und führt zu einer signifikanten Zunahme der Scherverformungen γ.

Das im Rahmen der vorliegenden Arbeit vorgestellte physikalische Modell bildet die oben beschriebenen Prozesse mithilfe der rheologischen Modellelemente Feder, Dämpfer und ST.-VENANT-Reibelement ab. Die Kennwerte dieser Elemente – d.h. Dämpferviskositäten, Federsteifigkeiten und Reibspannungen – konnten wiederum auf die elektrophysikalischen Eigenschaften der suspendierten Partikel sowie die Zusammensetzung der Suspension zurückgeführt werden. Grundsätzlich gilt dabei, dass mit abnehmendem Betrag des Zeta-Potentials der Partikel und zunehmendem Phasengehalt der Anteil der viskosen Verformungen an der Gesamtverformung zurückgeht. Dies ist auf eine verstärkte Bildung vernetzter Agglomerate und eine Zunahme von deren Festigkeit zurückzuführen.

Weiterhin konnte in umfangreichen elektrophysikalischen und -chemischen Untersuchungen ein eindeutiger Zusammenhang zwischen dem Zeta-Potential der Zementpartikel und dem Gehalt der Mineralphase Tricalciumsilikat C_3S im Zement festgestellt werden. Mit zunehmendem C_3S-Gehalt gehen der Betrag des Zeta-Potentials $|\zeta|$ und damit auch die viskosen Verformungsanteile der Suspension zurück.

Untersuchungen an Zementleimen, bei denen der Zement durch verschiedene Zumahl- bzw. Zusatzstoffe ausgetauscht wurde, belegen, dass diese Stoffe z.T. signifikanten Einfluss auf die rheologischen Eigenschaften der so hergestellten Leime besitzen. Die Wirkungsweise ist jedoch stark von der Dosierung der Stoffe und von den Eigenschaften des verwendeten Zements abhängig.

Auf Basis der Ergebnisse einer Parameterstudie ist die Vorhersage der elektrochemischen Eigenschaften von Zementpartikeln und darauf aufbauend des Verformungsverhaltens frischer Zementleime möglich. Mit seiner grundlagenorientierten Ausrichtung ist dieses Modell auch für die Implementierung der Wirkungsweise moderner Betonverflüssiger und Fließmittel vorbereitet. Die statistische Bewertung des Modells belegt eine hohe Abbildungsgenauigkeit.

Anwendung des Modells

Eine detaillierte Anleitung zur Anwendung des Modells wird in Kapitel 6 (siehe Abbildung 6-2) gegeben. Als Ausgangsparameter dienen neben dem w/z-Wert (hier ausgedrückt als Phasengehalt ϕ) die Partikelrohdichte ρ_p und der Gehalt der Mineralphase C_3S am Zement c_{C_3S} sowie die Mahlfeinheit O_{Blaine} (BLAINE-Wert) und die Packungsdichte ϕ_p des Zements. Mithilfe dieser fünf Kennwerte können das zu erwartende Zeta-Potential $\zeta_{cal,15}$ des Zements (siehe Abbildung 6-2, Nr. 3) und in einem nächsten Schritt die rheologischen Eigenschaften der Suspension (siehe Nr. 4) im Alter von 15 min nach Wasserzugabe errechnet werden.

Dem planenden Betontechnologen ermöglichen diese Kennwerte, das Verhalten eines frischen Zementleims – und ggf. auch eines Betons – in verschiedenen, typischen Anwendungssituationen vorherzusagen. Um einen Beton mit möglichst hohem Widerstand gegen Entmischen herzustellen, sollten beispielsweise die Kennwerte im unterkritischen Zustand (siehe Abbildung 6-2, Nr. 4) möglichst hoch eingestellt werden. Dies gilt insbesondere für die Kriechviskosität $\eta_{1,15}$, die den viskosen Strömungswiderstand, den ein sedimentierendes Gesteinskorn in Zementleim erfährt, beschreibt. Eine Abschätzung der Sedimentationsgeschwindigkeit V eines typischen Gesteinskorns in Zementleim in Abhängigkeit von dessen Zusammensetzung zeigt Abbildung 6-3.

Gleichzeitig kann auch das rheologische Verhalten im überkritischen Zustand – d.h. für erhöhte Scherkräfte – ermittelt werden. Der Parameter $\tau_{SV5,15}$ gibt beispielsweise die BINGHAM-Fließgrenze (ein gängiger Modellparameter zur Beschreibung des Fließverhaltens von Beton) an.

Nicht implementiert in das Modell ist bislang der Einfluss verflüssigender Betonzusatzmittel. Da diese zur Adsorption auf der Zementoberfläche i.d.R. jedoch ein betragsmäßig geringes Zeta-Potential erfordern, kann der erfahrene Betontechnologe anhand des prognostizierten Zeta-Potentials $\zeta_{cal,15}$ auf die Wirkleistung eines Fließmittels schließen.

Gleiches gilt für den Einfluss von Zumahl- bzw. Zusatzstoffen, wie beispielsweise Kalksteinmehl, Hüttensand, Flugasche und Silikastaub. Anhand der Ausführungen in Abschnitt 5.6 kann deren Einfluss auf die rheologischen Eigenschaften des daraus hergestellten Mehlkornleims abgeschätzt werden.

Soll das tatsächliche Verformungsverhalten eines frischen Zementleims berechnet werden, so können die Modellparameter dem rheologischen Modellgesetz übergeben werden (siehe Abbildung 6-2, Nr. 7). Dieses Modell kann dann die Grundlage beispielsweise für eine numerische Strömungsanalyse bilden.

Ausblick

Im Rahmen der vorliegenden Arbeit wurden reine Scherbelastungszustände, wie sie beispielsweise bei Fließ- und Verdichtungs- bzw. Entmischungsvorgängen auftreten, untersucht. Ein Schwerpunkt weiterführender Arbeiten sollte nach Ansicht des Autors in einer Überprüfung des hier vorgestellten Modells für mehraxiale Spannungszustände liegen. Derartige Stoffgesetze werden u. a. zur Prognose des Schalungsdrucks von Beton benötigt.

Forschungsbedarf besteht nach Ansicht des Autors weiterhin bezüglich des Einflusses sterischer Wechselwirkungen auf die rheologischen Eigenschaften. Hierzu sind jedoch zwingend messtechnische Einrichtungen notwendig, die eine Quantifizierung der Oberflächenrauheit eines hydratisierenden Zementpartikels gestatten.

Literatur

[1]   ANDERSEN, P. J.: The Effect of Superplasticizers and Air-Entraining Agents on the Zeta Potential of Cement Particles. In: Cement and Concrete Research **16** (1996), S. 931-940

[2]   ANDERSEN, P. J., KUMAR, A., ROY, D. M., WOLFE-CONFER, D.: The Effect of Calcium Sulphate Concentration on the Adsorption of a Superplasticizer on a Cement – Methods, Zeta Potential and Adsorption Studies. In: Cement and Concrete Research **16** (1986), S. 255-259

[3]   ANDERSEN, P. J., ROY, D. M.: The Effects of Adsorption of Superplasticizers on the Surface of Cement. In: Cement and Concrete Research **17** (1987), S. 805-813

[4]   ANDERSEN, P. J., ROY, D. M.: The Effect of Superplasticizer Molecular Weight on its Adsorption on, and Dispersion of, Cement. In: Cement and Concrete Research **18** (1988), S. 980-986

[5]   ANDREASEN, A. H. M.: Über die Beziehung zwischen Kornabstufung und Zwischenraum in Produkten aus losen Körnern (mit einigen Experimenten). In: Kolloid-Zeitung **50** (1930), S. 217-228

[6]   ATZENI, C., MASSIDDA, L., SANNA, U.: Comparison Between Rheological Models for Portland Cement Pastes. In: Cement and Concrete Research **15** (1985), S. 511-519

[7]   BABCHIN, A. J., CHOW, R. S., SAWATZKY, R. P.: Electrokinetic Measurements by Electroacoustical Methods. In: Advances in Colloid and Interface Science **30** (1989), S. 111-151

[8]   BANFILL, P. F. G.: A Viscometric Study of Cement Pastes Containing Superplasticizers with a Note on Experimental Techniques. In: Magazine of Concrete Research **33** (1991) Nr. 114, S. 37-47

[9]   BANFILL, P. F. G., SAUNDERS, D. C.: On the Viscometric Examination of Cement Pastes. In: Cement and Concrete Research **11** (1981), S. 363-370

[10] BANFILL, P. F. G., KITCHING, D. R.: Use of a Controlled Stress Rheometer to Study the Yield Stress of Oilwell Cement Slurries. In: Rheology of Fresh Cement an Concrete, Banfill, P. F. G. (Hrsg.), Chapman & Hall, 1991, S. 125-136

[11] BANFILL, P. F. G., CARTER, R. E., WEAVER, P. J.: Simultaneous Rheological and Kinetic Measurements on Cement Paste. In: Cement and Concrete Research **21** (1991), S. 1148-1154

[12] BANFILL, P. F. G.: The Rheology of Fresh Cement and Concrete – A Review. In: Proc. 11th International Cement Chemistry Congress, Durban, Südafrika, 2003

[13] BARNES, H. A., WALTERS, K.: The Yield Stress Myth?. In: Rheologica Acta **24** (1985), S. 323-326

[14] BARNES, H. A., HUTTON, J. F., WALTERS, K.: An Introduction to Rheology. Elsevier Science Publishers, Amsterdam, Niederlande, 1989

[15] BARTHELMES, G.: Theoretische Untersuchungen zum Einfluss der Agglomeration auf die Rheologie konzentrierter Suspensionen. Universität Karlsruhe (TH), Dissertation, Shaker Verlag, Aachen, 2000

[16] BAŽANT, Z., LI, G.-H.: Unbiased Statistical Comparison of Creep and Shrinkage Prediction Models. Structural Engineering Report No. 07-12/A210u, Northwestern University, Evanston, USA, 2007

[17] BINGHAM, E. C.: An Investigation of the Laws of Plastic Flow. In: Bulletin of the Bureau of Standards 13 (1916), S. 309-353

[18] BJÖRNSTRÖM, J., CHANDRA, S.: Effect of Superplasticizers on the Rheological Properties of Cements. In: Materials and Structures 36 (2003) Nr. 10, S. 685-692

[19] BLASK, O.: Zur Rheologie von polymermodifizierten Bindemittelleimen und Mörtelsystemen. Dissertation, Universität Siegen, 2002

[20] BOMBLED, J. P.: Rheologie des Frischbetons. In: Zement-Kalk-Gips (1966) Nr. 5, S. 242-245

[21] BOMBLED, J. P.: Rhéologie des Mortiers et des Betons Frais – Influence du Facteur Ciment. RILEM Seminar Fresh Concrete, Leeds, England, 1973

[22] BOMBLED, J. P.: Rhéologie des Mortiers et des Bétons Frais - Etudes de la Pâte Interstitielle de Ciment. In: Revue des Matériaux de Construction 688 (1974) Mai/Juni, S. 137-155

[23] BOOTH, F., ENDERBY, J. A.: On Electrical Effects due to Sound Waves in Colloidal Suspensions. In: Proceedings of the Physical Society 65 (1952), S. 321-324

[24] BRÄUNIG, R. E.: Theorie und Korrekturterme der Elektroakustik. In: Handbuch zur Messsonde „Field-ESA", Schreiben vom 19.09.2006, Persönliche Kommunikation

[25] BRÄUNIG, R. E.: Persönliche Kommunikation

[26] BREZESINSKI, G., MÖGEL, H.-J.: Grenzflächen und Kolloide. Spektrum Akademischer Verlag, Heidelberg, 1993

[27] BUCHENAU, G.: Die rheologischen Eigenschaften eines selbstverdichtenden Betons mit Steinmehlen. Dissertation, TU Berlin, 2004

[28] CAUBERG, N., DESMYTER, J., DIERYCK, V.: Rheology of Self-Compacting Concrete – Validation of Empirical Test Methods. In: Proceedings of the Fourth International RILEM Symposium on Self-Compacting Concrete, Shah, S. P. (Hrsg.), Hanley Wood Publication, Chicago, USA, 2001, S. 765-773

[29] CHANDLER, H. W., MACPHEE, D. E.: A Model for the Flow of Cement Pastes. In: Cement and Concrete Research 33 (2003), S. 265-270

[30] CHAPMAN, D. L.: A Contribution to the Theory of Electrocapillarity. In: Plutos Mag. 25 (1913), S. 475-481

[31] CHEN, S.-S., MEHTA, P. K.: Zeta Potential and Surface Area Measurements on Ettringite. In: Cement and Concrete Research 12 (1982), S. 257-259

[32] CHIDIAC, S. E., MAADANI, O., RAZAQPUR, A. G., MAILVAGANAM, N. P.: Correlation of Rheological Properties to Durability and Strength of Hardened Concrete. In: Journal of Materials in Civil Engineering (2003) Juli/August, S. 391-399

[33] COSTA, U., MASSAZZA, F.: Structure and Properties of Cement Suspensions. In: Proceedings of the 8th International Congress on the Chemistry of Cement, Rio de Janeiro, Brasilien, 1986, S. 248-259

[34] CYR, M., LEGRAND, C., MOURET, M.: Study of the Shear Thickening Effect of Superplaticizers on the Rheological Behaviour of Cement Pastes Containing or not Mineral Additives. In: Cement and Concrete Research **30** (2000), S. 1477-1483

[35] DARWIN, D. C., LEUNG, R. Y., TAYLOR, R. T.: Surface Charge of Portland Cement in the Presence of Superplasticizers. In: National Institute of Standards and Technology Special Publication 856, USA Department of Commerce, USA, 1993, S. 238-262

[36] DEBYE, P., HÜCKEL, E.: Zur Theorie der Elektrolyte. In: Physikalische Zeitschrift **24** (1923) Nr. 9, S. 185-206

[37] DEBYE, P.: A Method for the Determination of the Mass of Electrolythic Ions. In: Journal of Chemical Physics **1** (1933), S. 13-16

[38] DE KRETSER, R. G., BOGER, D. V.: A Structural Model for the Time-Dependent Recovery of Mineral Suspensions. In: Rheologica Acta **40** (2001) Nr. 6, S. 582-590

[39] DELAHAY, P.: Double Layer and Electrode Kinetics. Verlag John Wiley & Sons, New York, USA, 1965

[40] DE LARRARD, F., FERRARIS, C. F., SEDRAN, T.: Fresh Concrete: A Herschel-Bulkley Material. In: Materials and Structures **31** (1998), S. 449-498

[41] DERJAGUIN, B.: Untersuchungen über die Reibund und Adhäsion, IV. In: Kolloid-Zeitung **69** (1934), S. 155-164

[42] DUKHIN, A. S., GOETZ, P.: Acoustic and Electroacoustic Spectroscopy. In: Langmuir **12** (1996), S. 4336-4344

[43] DUKHIN, A. S., SHILOV, V. N., OHSHIMA, H., GOETZ, P. J.: Electroacoustic Phenomena in Concentrated Dispersions: New Theory and CVI Experiment. In: Langmuir **15** (1999), S. 6692-6706

[44] DUKHIN, A. S., OHSHIMA, H., SHILOV, V. N., GOETZ, P. J.: Electroacoustics for Concentrated Dispersions. In: Langmuir **15** (1999), S. 3445-3451

[45] DUKHIN, A. S., SHILOV, V. N., OHSHIMA, H., GOETZ, P. J.: Electroacoustic Phenomena in Concentrated Dispersions: Effect of the Surface Conductivity. In: Langmuir **16** (2000), S. 2615-2620

[46] DUKHIN, A. S., GOETZ, P.: Ultrasound for Characterizing Colloids. Elsevier, Amsterdam, 2002

[47] ENDERBY, J. A.: On Electrical Effects due to Sound Waves in Colloidal Suspensions. In: Proceedings of the Royal Society of London, Series A, Mathematical and Physical Sciences **207** (1951), S. 329-342

[48] ENNIS, J., SHUGAI, A. A., CARNIE, S. L.: Dynamic Mobility of Two Spherical Particles with Thick Double Layers. In: Journal of Colloid and Interface Science **223** (2000), S. 21-36

[49] ENNIS, J., SHUGAI, A. A., CARNIE, S. L.: Dynamic Mobility of Particles with Thick Double Layers in a Nondilute Suspension. In: Journal of Colloid and Interface Science **223** (2000), S. 37-53

[50] FERRARIS, C. F., GAIDIS, J. M.: Connection between the Rheology of Concrete and Rheology of Cement Paste. In: ACI Materials Journal (1992) Juli/August, S. 388-393

[51] FERRARIS, C. F.: Measurement of the Rheological Properties of High Performance Concrete – State of the Art Report. In: Journal of Reasearch of the National Institute of Standards and Technology **104** (199) Nr. 5, S. 461-478

[52] FERRARIS, C. F., BROWER, L. E. (HRSG.): Comparison of Concrete Rheometers – International Tests at LCPC. National Institute of Standards and Technology (NIST), Report NISTIR 6819, Gaithersburg, USA, 2003

[53] FERRARIS, C. F., BROWER, L. E.: Comparison of Concrete Rheometers. In: Concrete International **25** (2003) Nr. 8, S. 41-47

[54] FERRARIS, C. F., MARTYS, N. S.: Relating Fresh Concrete Viscosity Measurements from Different Rheometers. In: Journal of Research of the National Institute of Standards and Technology **108** (2003) Nr. 3, S. 229-234

[55] FLATT, R. J., HOUST, Y. F.: A Simplified View on Chemical Effects Perturbing the Action of Superplasticizers. In: Cement and Concrete Research **31** (2001), S. 1169-1176

[56] FLATT, R. J., FERRARIS, C. F.: Acoustophoretic Characterization of Cement Suspensions. In: Materials and Structures **35** (2002), Nr. 11, S. 541-549

[57] GEIKER, M.: On the Combined Effect of Measuring Procedure and Coagulation Rate on Apparent Rheological Properties. In: Proc. of the 3rd International Symposium on Self-Compacting Concrete, Wallevik, O. (Hrsg.), 2003, S. 35-40

[58] GIBBS, J. W.: Thermodynamische Studien. Verlag Wilhelm Engelmann, Leipzig, 1892

[59] GOUY, C.: Sur la Constitution de la Charge Électrique a la Surface d'un Électrolyte. In: Annales de Physique **9** (1917) Nr. 7, S. 457-468

[60] GOUY, C.: Sur la Fonction Électrocapillaire. In: Annales de Physique **7** (1917) Nr. 9, S. 129-184

[61] GRAM, H. E.: Camflow – Automatized Slump Flow Measurements. In: Proceedings of the Fourth International RILEM Symposium on Self-Compacting Concrete, Shah, S. P. (Hrsg.), Hanley Wood Publication, Chicago, USA, 2001, S. 701-704

[62] GRIESSER, A., JACOBS, F., HUNKELER, F.: Rheologische Optimierungen von Beton. Technische Forschung und Beratung für Zement und Beton, Wildegg, Schweiz, ohne Jahresangabe

[63] HAIST, M.: Rheological Mechanisms of Self-Compacting Concrete. In: Proceedings of the 4th International Ph.D. Symposium in Civil Engineering, Springer VDI Verlag, Schießl, P., Gebbeken, N., Keuser, M., Zilch, K. (Hrsg.), 2002, S. 236-241

[64] HAIST, M., MÜLLER, H. S.: Rheometer Testing – A Scientific Study. In: World Cement **38** (2007) Nr. 2, S. 129-134

[65] HAIST, M., RICH, J., MÜLLER, H. S.: System zur Messung der rheologischen Eigenschaften von frischen Baustoffsuspensionen. In: Materialprüfung (in Vorbereitung)

[66] HACKLEY, V. A., FERRARIS, C. F.: Guide to Rheological Nomenclature – Measurements in Ceramic Particulate Systems. National Institute of Standards (NIST) Special Publication 946, Gaithersburg, USA, 2001

[67] HAMAKER, H. C.: The London – Van Der Waals Attraction Between Spherical Particles. In: Physica IV **10** (1937), S. 1058-1072

[68] HATTORI, K.: A New Viscosity Equation for Non-Newtonian Suspensions and its Application. In: Rheology of Fresh Cement and Concrete, Banfil, P. F. G. (Hrsg.), 1991, S. 83-92

[69] HELMUTH, R. A.: Structure et Rhéologie des Pâtes Fraîches de Ciment. In: 7e Congrès International de la Chimie des Ciments, Paris, 1980, S. VI 0/1-0/15

[70] HINZE, F., RIPPERGER, S., STINTZ, M.: Praxisrelevante Zetapotentialmessung mit unterschiedlichen Meßtechniken. In: Chemie Ingenieur Technik **71** (1999), S. 338-347

[71] HINZE, F., RIPPERGER, S., STINTZ, M.: Characerisierung von Suspensionen nanoskaliger Partikel mittels Ultraschallspektroskopie und elektroakustischer Methoden. In: Chemie Ingengieur Technik **72** (2000), S. 322-332

[72] HENNING, O., KNÖFEL, D.: Baustoffchemie. Verlag für Bauwesen, Berlin, 1997

[73] HODNE, H., SAASEN, A.: The Effect of the Cement Zeta Potential and Slurry Conductivity on the Consistency of Oilwell Cement Slurries. In: Cement and Concrete Research **30** (2000), S. 1767-1772

[74] HU, C., DE LARRARD, F., GJØRV, O. E.: Rheological Testing and Modelling of Fresh High Performance Concrete. In: Materials and Structures **28** (1995), S. 1-7

[75] HUNGER, M.: Analysis of Water-Powder Mixtures. In: Proceedings of the 7th fib Ph.D. Symposium, Stuttgart, 2008, keine Seitenangabe

[76] HUNTER, R. J.: Recent developments in the Electroacoustic Characterisation of Colloidal Suspensions and Emulsion. In: Colloids and Surfaces A: Physicochemical and Engineering Aspects **141** (1998), S. 37-65

[77] JAMES, R. O., TEXTER, J.: Frequency Dependence of Electroacoustic (Electrophoretic) Mobilities. In: Langmuir **7** (1991), S. 1993-1997

[78] JAMES, M., HUNTER, R. J., O'BRIEN, R. W.: Effect of Particle Size Distribution and Aggregation on Electroacoustic Measurements of ζ Potential. In: Langmuir **8** (1992), S. 420-423

[79] JANSSENS-MAENHOUT, G., SCHULENBERG, T.: Linear and Nonlinear Interface Model Based on the Electric Double Layer Theory. Forschungszentrum Karlsruhe, Wissenschaftlicher Bericht Nr. FZKA 6669, Karlsruhe, 2002

[80] JÖNSSON, B., WENNERSTRÖM, H., NONAT, A., CABANE, B.: Onset of Cohesion in Cement Paste. Langmuir **20** (2004), S. 6702 - 6709

[81] JONES, T. E. R., TAYLOR, S.: A Mathematical Model Relating the Flow Curve of a Cement Paste to its Water/Cement Ratio. In: Magazine of Concrete Research **29** (1977), Nr. 101, S. 207-212

[82] KAISER, W.: Untersuchungen an Zementsuspensionen. In: Zement-Kalk-Gips (1974) Nr. 11, S. 565-569

[83] KALLMANN, H., WILLSTAETTER, M.: Zur Theorie des Aufbaues kolloidaler Systeme. In: Die Naturwissenschaften **16** (1932) Nr. 51, S. 952-953

[84] KAMMER, H.-W., SCHWABE, K.: Thermodynamik irreversibler Prozesse. Physik-Verlag, Weinheim, 1985

[85] KECK, H.-J.: Untersuchung des Fließverhaltens von Zementleim anhand rheologischer Messungen. Dissertation, Universität Essen, 1997

[86] KHANDAL, R. K., TADROS, T. F.: Application of Viscoelastic Measurement to the Investigation of the Swelling of Na-Montmorillonite Suspensions In: Journal of Colloid and Interface Science **125** (1988), S. 122-128

[87] KHAYAT, K. H., YAHIA, A.: Effect of Welan Gum-High-Range Water Reducer Combinations on Rheology of Cement Grout. In: ACI Materials Journal (1997) Nr. Sept./Oct., S. 365-372

[88] KAYAT, K. H., SARIC-CORIC, M., LIOTTA, F.: Influence of Thixotropy on Stability Characteristics of Cement Grout and Concrete. In: ACI Materials Journal **99** (2002) Nr. 3, S. 234-241

[89] KONG, H. J., BIKE, S., G., LI, V. C.: Electrosteric Stabilization of Concentrated Cement Suspensions Imparted by a Strong Anionic Polyelectrolyte and a Non-Ionic Polymer. In: Cement and Concrete Research **36** (2006), S. 842-850

[90] KONG, H. J., BIKE, S., G., LI, V. C.: Effects of a Strong Polyelectrolyte on the Rheological Properties of Concentrated Cementitious Suspensions. In: Cement and Concrete Research **36** (2006), S. 851-857

[91] KRALCHEVSKY, P. A., DANOV, K. D., DENKOV, N. D.: Chemical Physics of Colloid Systems and Interfaces. In: Handbook of Surface and Colloid Chemistry, Birdi, K. S. (Hrsg.), CRC Press, Boca Raton, USA, 2003, S. 137-344

[92] LANGMUIR, I.: Surface Chemistry. Nobel Lecture 1932, In: Nobel Lectures - Chemistry, 1922-1941, Elsevier Publishing Company, Amsterdam, Niederlande, 1966, S. 287-325

[93] LEGRAND, C.: Les Comportements Rheologiques du Mortier Frais. In: Cement and Concrete Research **2** (1972), S. 17-31

[94] LEGRAND, C.: L'état flocculent des pâtes de ciment avant prise et ses conséquences sur le comportement rhéologique. In: Compte-rendus du 15e Colloque du Groupe Francais de Rhéologie, Paris, 1980, S. 129-135

[95] LEI, W.-G., STRUBLE, L. J.: Microstructure and Flow Behaviour of Fresh Cement Paste. In: Journal of the American Ceramic Society **80** (1997), S. 2021-2028

[96] LOEB, A. L., OVERBEEK, J. T. G., WIERSEMA, P. H.: The Electrical Double Layer Around a Spherical Colloid Particle. MIT Press, Cambridge, USA, 1961

[97]   LONDON, F.: The General Theory of Molecular Forces. In: Zeitschrift für Physikalische Chemie B **11** (1936), S. 8-26

[98]   LYKLEMA, J.: Elektrische Doppelschichten: Elektrostatik und Elektrodynamik. In: Chemie Ingenieur Technik **71** (1999), S. 1364-1369

[99]   MANSOUTRE, S., COLOMBET, P., VAN DAMME, H.: Water Retention and Granular Rheological Behaviour of Fresh C_3S Paste as a Function of Concentration. In: Cement and Concrete Research **29** (1999), S. 1441-1453

[100] METZGER, T.: Das Rheologie-Handbuch. Curt R. Vincentz Verlag, Hannover, 2000

[101] MÜLLER, H. S., MECHTCHERINE, V.: Selbstverdichtender Leichtbeton. In: Sachstandbericht Selbstverdichtender Beton (SVB), Deutscher Ausschuss für Stahlbeton, Heft 516, Beuth Verlag, Berlin, S. 74 - 84, 2001

[102] MÜLLER, H. S., HAIST, M., MECHTCHERINE, V.: Entwicklung Selbstverdichtender Leichtbetone. Abschlussbericht Nr. 00 30 70 1041, Institut für Massivbau und Baustofftechnologie, Universität Karlsruhe, 2001

[103] MÜLLER, H. S., HAIST, M., MECHTCHERINE, V.: Selbstverdichtender Hochleistungs-Leichtbeton. In: Beton- und Stahlbetonbau **97** (2002) Nr. 6, S. 326-333

[104] MÜLLER, H. S., HAIST, M.: Bauwerksertüchtigung mit selbstverdichtendem pumpbaren Leichtbeton. Abschlussbericht zum Forschungsprojekt im Auftrag des Bundesamts für Bauwesen und Raumordnung, Institut für Massivbau und Baustofftechnologie, Universität Karlsruhe, 2004

[105] MÜLLER, H. S., HAIST, M.: Rheological Properties of Starch-modified Cement-Pastes. Abschlussbericht Nr. 04 60 69 0125. Institut für Massivbau und Baustofftechnologie, Universität Karlsruhe, 2005

[106] MÜLLER, I.: Influece of Cellulose Ethers on the Kinetic of Early Portland Cement Hydration. Universitätsverlag Karlsruhe, Karlsruhe, 2006

[107] NACHBAUER, L., NKINAMUBANZI, P.-C., NONAT, A., MUTIN, J.-C.: Electrokinetic Properties which Control the Coagulation of Silicate Cement Suspensions During Early Age Hydration. Journal of Colloid Interface Science **202** (1998), S. 261-268

[108] NACHBAUR, L., MUTIN, J. C., NONAT, A., CHOPLIN, L.: Dynamic Mode Rheology of Cement and Tricalcium Silicate Pastes from Mixing to Setting. In: Cement and Concrete Research **31** (2001), S. 183-192

[109] NÄGELE, E.: The Zeta-Potential of Cement. In: Cement and Concrete Research **15** (1985), S. 453-462

[110] NÄGELE, E.: The Zeta-Potential of Cement, Part II: Effect of pH-Value. In: Cement and Concrete Research **16** (1986), S. 853-863

[111] NÄGELE, E.: The Zeta-Potential of Cement, Part III: The Non-Equilibrium Double Layer of Cement. In: Cement and Cocnrete Research **17** (1987), S. 573-580

[112] NÄGELE, E., SCHNEIDER, U.: The Zeta-Potential of Cement, Part IV: Effect of Simple Salts. In: Cement and Concrete Research **17** (1987), S. 977-982

[113] NÄGELE, E., SCHNEIDER, U.: The Zeta-Potential of Cement, Part V: Effect of Surfactants. In: Cement and Concrete Research **18** (1988), S. 257-264

[114] NÄGELE, E., SCHNEIDER, U.: From Cement to Hardened Paste – An Elektrokinetic Study. In: Cement and Concrete Research **19** (1989), S. 978-986

[115] NÄGELE, E.: The Transient Zeta Potential of Hydrating Cement. In: Chemical Engineering Science **44** (1989) Nr. 8, S. 1637-1645

[116] NÄGELE, E., SCHNEIDER, U.: The Zeta-Potential of Blast Furnace Slag and Fly Ash. In: Cement and Concrete Research **19** (1989), S. 811-820

[117] NEHDI, M.: Why some Carbonate Fillers Cause Rapid Increases of Viscosity in Dispersed Cement-Based Materials. In: Cement and Concrete Research **30** (2000), S. 1663-1669

[118] NGUYEN, Q. D., BOGER, D. V.: Thixotropic Behaviour of Concentrated Bauxite Residue Suspensions. In: Rheologica Acta **24** (1985), S. 427-437

[119] NOTHNAGEL, R.: Hydratations- und Strukturmodell für Zementstein. Dissertation, Universität Braunscheig, 2007

[120] O'BRIEN, R. W.: Electro-Acoustic Effects in a Dilute Suspension of Spherical Particles. In: Journal of Fluid Mechanics **190** (1988), S. 71-86

[121] O'BRIEN, R. W.: The Electroacoustic Equations for a Colloidal Suspension. In: Journal of Fluid Mechanics **212** (1990), S. 81-93

[122] O'BRIEN, R. W., MIDMORE, B. R., LAMB, A., HUNTER, R. J.: Electroacoustic Studies of Moderately Concentrated Colloidal Suspensions. In: Faraday Discussions of the Chemical Society **90** (1990), S. 301-315

[123] O'BRIEN, R. W., CANNON, D. W., ROWLANDS, W. N.: Electroacoustic Determination of Particle Size and Zeta Potential. In: Journal of Colloid and Interface Science **173** (1995), S. 406-418

[124] OKAMURA, H.: Self-Compacting High-Performance Concrete. In: Concrete International **7** (1997), S. 50-53

[125] OVERBEEK, J. T. G.: Electrokinetic Phenomena. In: Colloid Science, Kruyt, H. R. (Hrsg.), Elsevier, Amsterdam, Niederlande, 1969

[126] PAPO, A.: Rheological Models for Cement Pastes. In: Materials and Structures **21** (1988), S. 41-46

[127] PLANK, J., HIRSCH, CH.: Impact of Zeta Potential of Early Cement Hydration Phases on Superplasticizer Adsorption. In: Cement and Concrete Research **37** (2007), S. 537 - 542

[128] PETROU, M. F., WAN, B., GADALA-MARIA, F., KOLLI, V. G., HARRIES, K. A.: Influence of Mortar Rheology on Aggregate Settlement. In: ACI Materials Journal (2000) Nr. Jul./Aug., S. 479-485

[129] POWERS, T. C.: The Properties of Fresh Concrete. John Wiley & Sons, New York, USA, 1968

[130] RAMACHANDRAN, V. S.: Concrete Admixtures Handbook – Properties, Science and Technology. Noyes Pubn, Bracknell, Großbritannien, 1996

[131] REINER, M.: The Rheology of Concrete. In: Rheology: Theory and Application, Eirich F. (Hrsg.), Academic Press, 1960, S. 341-364

[132] REINER, M.: Rheologie in elementarer Darstellung. Carl Hanser Verlag München, 1969

[133] REINER, M.: Advanced Rheology. H. K. LEWIS & Co. Ltd., London, 1971

[134] REINHARDT, H.-W.: Beton. In: Betonkalender 2005, Ernst & Sohn Verlag, 2005, S. 3-141

[135] RENDCHEN, K.: Einfluss verschiedener Zemente auf das Fliessverhalten und die Stabilität von Zementsuspensionen. In: Beton **26** (1976), S. 321-325

[136] RICH, J.: Neues Konzept zur Herstellung von selbstverdichtendem Leichtbeton. Diplomarbeit, Institut für Massivbau und Baustofftechnologie, Universität Karlsruhe (TH), 2004

[137] RIDER, P. F., O'BRIEN, R. W.: The Dynamic Mobility of Particles in a Non-Dilute Suspension. In: Journal of Fluid Mechanics **257** (1993), S. 607-636

[138] RIXOM, R., MAILVAGANAM, N.: Chemical Admixtures for Concrete. Routledge Chapman & Hall, 2001

[139] ROHA, D.: The Mechanism of Particulate Enhanced Mass Transport in Shearing Fluids. In: Electrochemistry in Colloids and Dispoersions, Mackay, R. A., Texter, J. (Hrsg.), VCH Publishers, Inc., New York, USA, 1992, S. 179-194

[140] RUSANOV, A. I.: Phasengleichgewichte und Grenzflächenerscheinungen. Akademie-Verlag, Berlin, 1978

[141] SAAK, A. W., JENNINGS, H. M., SHAH, S. P.: The Influence of Wall Slip on Yield Stress and Viscoelastic Measurements of Cement Paste. In: Cement and Concrete Research **31** (2001), S. 205-212

[142] SAAK, A. W., JENNINGS, H. M., SHAH, S. P.: A Generalized Approach for the Determination of Yield Stress by Slump and Slump Flow. In: Cement and Concrete Research **34** (2004), S. 363-371

[143] SAASEN, A., MARKEN, C., DAWSON, J., ROGERS, M.: Oscillating Rheometer Measurements on Oilfield Cement Slurries. In: Cement and Concrete Research **21** (1991), S. 109-119

[144] SAWATZKY, R. P., BABCHIN, A. J.: Hydrodynamics of Electrophoretic Motion in an Alternating Electric Field. In: Journal of Fluid Mechanics **246** (1993), 321-334

[145] SCALES, P. J., JONES, E.: Effect of Particle Size Distribution on the Accuracy of Electroacoustic Mobilities. In: Langmuir **8** (1992), S. 385-389

[146] SCHEYDT, J. C.: Dauerhaftigkeitskenngrößen von ultrahochfestem Beton. Diplomarbeit, Institut für Massivbau und Baustofftechnologie, Universität Karlsruhe (TH), 2004

[147] SCHEYDT, J. C., HEROLD, G., MÜLLER, H. S.: Systematische Entwicklung Ultrahochfester Betone. In: Tagung Bauchemie der GDCh-Fachgruppe Bauchemie, Tagungsband, Gesellschaft Deutscher Chemiker, Eigenverlag, Frankfurt, 2005

[148] SCHULTZ, M., STRUBLE, L. J.: Use of Oscillatory Shear to Study Flow Behavior of Fresh Cement Paste. In: Cement and Concrete Research **23** (1993), S. 2273-282

[149] SHAW, D. J.: Introduction to Colloid and Surface Chemistry. Butterworth-Heinemann Ltd., Londun, UK, 1992

[150] SHAUGHNESSY, R. III., CLARK, P. E.: The Rheological Behaviour of Fresh Cement Pastes. In: Cement and Concrete Research **18** (1988), S. 327-341

[151] SIGMA-ALDRICH: Ludox TM-50 colloidal silica, Specification Sheet, URL http://www.sigmaaldrich.com

[152] SMOLUCHOWSKI, M.: Zur kinetischen Theorie der Brownschen Molekularbewegung und der Suspensionen. In: Annalen der Physik **21** (1906), S. 756-780.

[153] SPANKA, G., GRUBE, H., THIELEN, G.: Wirkungsmechanismen verflüssigender Betonzusatzmittel. In: Beton **11** (1995), S. 802-808

[154] STARK, J., MÖSER, B., ECKART, A.: Neue Ansätze zur Zementhydratation (Teil 1). In: Zement-Kalk-Gips International **54** (2001) Nr. 1, S. 52-60

[155] STARK, J., MÖSER, B., ECKART, A.: Neue Ansätze zur Zementhydratation (Teil 2). In: Zement-Kalk-Gips International **54** (2001) Nr. 2, S. 114-119

[156] STERN, O: Zur Theorie der Elektrolytischen Doppelschicht. In: Zeitschrift für Elektrochemie **30** (1924), S.508-516

[157] STÖCKER, H.: Taschenbuch der Physik. Verlag Harri Deutsch, Frankfurt, 1994

[158] STRUBLE, L. J., SCHULTZ, M. A.: Using Creep and Recovery to Study Flow Behaviour of Fresh Cement Paste. In: Cement and Concrete Research **23** (1993), S. 1369-1379

[159] STRUBLE, L. J., LEI, W.-G.: Rheological Changes Associated with Setting of Cement Paste. In: Advanced Cement Based Materials **2** (1995) Nr. 6, S. 224-230

[160] STRUBLE, L. J., ZHANG, H., SUN, G.-K., LEI, W.-G.: Oscillatory Shear Behaviour of Portland Cement Paste During Early Hydration. In: Concrete Science and Engineering **2** (2000) Nr. 7, S. 141-149

[161] STUTZMAN, P.: Chemistry and Structure of Hydration Products. In: Cement Research Progress, American Ceramic Society (Hrsg.), USA, 1999, S. 37-69

[162] TATTERSALL, G. H., BANFILL, P. F. G.: The Rheology of Fresh Concrete. Pitman Books Ltd., London, 1983

[163] TAYLOR, H. F. W.: Cement Chemistry. Academic Press Ltd., London, Großbritanien, 1990

[164] TERPSTRA, J.: Stabilizing Low-Viscous Self-Compacting Concrete. In: Proceedings of the Fourth International RILEM Symposium on Self-Compacting Concrete, Sha, S. P. (Hrsg.), Hanley Wood Publication, Addision, USA, 2005, S. 47-54

[165] THERMO FISHER SCIENTIFIC: Rheostress 600 Benutzerhandbuch. 2002

[166] THERMO FISHER SCIENTIFIC: Haake MARS Benutzerhandbuch. 2007

[167] UCHIKAWA, H., UCHIDA, S., HANEHARA, S.: Flocculation Structure of Fresh Cement Paste Determined by Sample Freezing – Back Scattered Electron Image Method. In: Il Cemento **84** (1987) Nr. 1, S. 3-22

[168] UCHIKAWA, H., SAWAKI, D., HANEHARA, S.: Influence of Kind and Added Timing of Organic Admixtures on the Composition, Structure and Property of Fresh Cement Paste. In: Cement and Concrete Research **25** (1995) Nr. 2, S. 353-364

[169] UCHIKAWA, H., HANEHARA, S., SAWAKI, D.: The Role of Steric Repulsive Force in the Dispersion of Cement Particles in Fresh Paste Prepared with Organic Admixtures. In: Cement and Concrete Research **27** (1997) Nr. 1, S. 37-50

[170] UEBACHS, S.; BRAMESHUBER, W.: Investigations of the Fluid Structure Interaction on the Flow Behaviour of Self Compacting Concrete Regarding the Numerical Flow Simulation. In: 5th International RILEM Symposium on Self-Compacting Concrete – SCC 2007, Schutter de, G.; Boel, V. (Hrsg.), Ghent, Belgien, 2007, Band 1, S. 429-435

[171] VERWEY, E. J. W., OVERBEEK, J. TH., G.: Therory of the Stability of Lyophobic Colloids. Elsevier Publishing Company, Amsterdam, Niederlande, 1948

[172] VERWEY, E. J. W.: The Electrical Double Layer and the Stability of Lyophobic Colloids. Chemical Reviews **16** (1935), S. 363-415

[173] VIKAN, H., JUSTNES, H., WINNEFELD, F. FIGI, R.: Correlating Cement Characteristics with Rheology of Paste. In: Cement and Concrete Research **37** (2007), S. 1502-1511

[174] VOM BERG, W.: Zum Fließverhalten von Zementsuspension. Dissertation, RWTH Aachen, 1982

[175] VOM BERG, W.: Influence of Specific Surface and Concentration of Solids Upon the Flow Behaviour of Cement Pastes. In: Magazine of Concrete Research **31** (1979) Nr. 109, S. 211-216

[176] WALLEVIK, J. E.: Rheology of Particle Suspensions: Fresh Concrete, Mortar and Cement Paste with Various Types of Lignosulfonates. Dissertation, Norwegian University of Science and Technology, Trondheim, Norwegen, 2003

[177] WALLEVIK, O. H., NIELSSON, I.: Self Compacting Concrete – A Rheological Approach. In: International Workshop on Self-Compacting Concrete, 1998, S. 136-159

[178] WALLEVIK, J. E., WALLEVIK, O. H.: Effect of Eccentricity and Tilting in Coaxial Cylinder Viscometers when Testing Cement Paste. In: Nordic Concrete Research **1** (1998) Nr. 1, keine Seitenangabe

[179] WANG, Y., HUTTER, K.: A Constitutive Theory of Fluid-Saturated Granular Materials and its Application in Gravitational Flows. In: Rheologica Acta **38** (1999) Nr. 3, S. 215-223

[180] WEIß, J.: Ionenchromatographie. Wiley VCH, Weinheim, 2001

[181] WESTERHOLM, M., LAGERBLAD, B., FORSSBERG, E.: Rheological Properties of Micromortars Containing Fines from Manufactured Aggregates. In: Materials and Structures **40** (2007), S. 615-625

[182] WIERSEMA, P. H., LOEB, A. L., OVERBEEK, J. T. G.: Calculation of the Electrophoretic Mobility of a Spherical Colloid Particle. In: Journal of Colloid and Interface Science **22** (1966), S. 78-99

[183] WINNEFELD, F.: Rheologische Eigenschaften von Mörteln und Betonen. In: tec21 **40** (2001), S. 14-18

[184] WINNEFELD, F., HOLZER, L.: Monitoring Early Cement Hydration by Rheological Measurements. In: Proc. 11th International Congress on the Chemistry of Cement, Durban, Südafrika, 2003

[185] WISCHERS, G., RENDCHEN, K.: The Influence of Cement on Viscosity and Segregation of Cement Suspensions. RILEM Seminar Fresh Concrete, Leeds, England, 1973

[186] WOLTER, G: Messung der relativen Viskosität von Zementmörteln – Messprinzip und Anwendungsbereiche. In: Betonwerk + Fertigteil-Technik (1985) Nr. 12, S. 816-823

[187] WOLTER, H.: Messung des Fliessverhaltens neuer Betonrezepturen. In: Holderbank News (1995) Nr. 1-2, S. 50-52

[188] WÜSTHOLZ, T.: Experimentelle und theoretische Untersuchungen der Frischbeton-eigenschaften von Selbstverdichtendem Beton. Dissertation, Universität Stuttgart, 2005

[189] YAHIA, A., KHAYAT, K. H.: Analytical Models for Estimating Yield Stress of High-Performance Pseudoplastic Grout. In: Cement and Concrete Research **31** (2001), S. 731-738

[190] YAHIA, A., KHAYAT, K. H.: Applicability of Rheological Models to High-Performance Grouts Containing Supplementary Cementitious Materials and Viscosity Enhancing Admixture. In: Materials and Structures **36** (2003), S. 402-412

[191] YANG, M., NEUBAUER, C. M., JENNINGS, H. M.: Interparticle Potential and Sedimentation Behavior of Cement Suspensions. In: Advanced Cement Based Materials **5** (1997), Nr. 1, S. 1-7

[192] YOSHIOKA, K., TAZAWA, E., KAWAI, K., ENOHATA, T.: Adsorption Characteristics of Superplasticizers on Cement Component Minerals. In: Cement and Concrete Research **32** (2002), S. 1507-1513

[193] Zana, R.: Ultrasonic Vibration Potentials. In: Modern Aspects of Electrochemistry, Nr. 14, Bockris, J., Conway, B. E., White, R. (Hrsg.), Plenum Press, New York, USA, 1982, S. 1-60

[194] ZHANG, T., SHANG, S., YIN, F., AISHAH, A., SALMIAH, A., OOI, T. L.: Adsorptive Behaviour of Surfactants on Surface of Portland Cement. In: Cement and Concrete Research **31** (2001), S. 1009-1015

Normen

DIN 1045-1 Tragwerke aus Beton, Stahlbeton und Spannbeton – Teil 1: Bemessung und Konstruktion. Beuth Verlag, Berlin, 2008

DIN 1045-2 Tragwerke aus Beton, Stahlbeton und Spannbeton – Teil 2: Beton; Festlegung, Eigenschaften, Herstellung und Konformität. Beuth Verlag, Berlin, 2008

DIN 13343 Linear-viskoelastische Stoffe. Beuth Verlag, Berlin, 1994

DIN 51810-2 Prüfung von Schmierstoffen - Bestimmung der Scherviskosität von Schmierfetten mit dem Rotationsviskosimeter - Teil 2: Messsystem Platte/Platte, Beuth Verlag, Berlin

DIN 53019-1 Viskosimetrie – Messung von Viskositäten und Fließkurven mit Rotationsviskosimetern – Teil 1: Grundlagen und Messgeometrie. Beuth Verlag, Berlin, 2004

DIN 66145 RRSB-Netz, Darstellung von Korn-(Teilchen-)größenverteilungen. Beuth Verlag, Berlin, 1976

DIN 66137-2 Bestimmung der Dichte fester Stoffe, Teil 2: Gaspyknometrie. Beuth Verlag, Berlin, 2004

DIN EN 196-1 Prüfverfahren für Zement – Teil 1: Bestimmung der Festigkeit. Beuth Verlag, Berlin, 2005

DIN EN 196-3 Prüfverfahren für Zement – Teil 3: Bestimmung der Erstarrungszeiten und der Raumbeständigkeit. Beuth Verlag, Berlin 2005

DIN EN 196-6 Prüfverfahren für Zement – Teil 6: Bestimmung der Mahlfeinheit. Beuth Verlag, Berlin, 1990

DIN EN 197-1 Zement - Teil 1: Zusammensetzung, Anforderungen und Konformitätskriterien von Nomalzement. Beuth Verlag, Berlin, 2004

DIN EN 1015-3 Prüfverfahren für Mörtel für Mauerwerk – Teil 3: Bestimmung der Konsistenz von Frischmörtel (mit Ausbreittisch). Beuth Verlag, Berlin, 2007

DIN EN 1015-6 Prüfverfahren für Mörtel für Mauerwerk – Teil 6: Bestimmung der Rohdichte von Frischmörtel. Beuth Verlag, Berlin, 2007

DAFSTB-RILI „SVB" Deutscher Ausschuss für Stahlbeton Richtlinie „Selbstverdichtender Beton", Deutscher Ausschuss für Stahlbeton (Hrsg.), Beuth Verlag, Berlin, 2003

Elektroakustische Messung des Zeta-Potentials

A.1 Eignung der verschiedenen Messmethoden für Zement

Die korrekte messtechnische Erfassung des Zeta-Potentials von Zement ist mit einer Vielzahl von Problemen behaftet. Zum einen sind diese auf die reaktive Natur des Zements und die daraus resultierende, fortwährende Veränderung der Partikeloberfläche während der Induktionsperiode bzw. der Ruhephase zurückzuführen. Als maßgebend für das Zeta-Potential ist hierbei das Wachstum von Ettringit und anderen Phasen, wie z. B. $Ca(OH)_2$, auf der Partikeloberfläche und deren Einfluss auf das Zeta-Potential des gesamten Partikels anzusehen (siehe Abschnitt 2.2.2) [109]. Inwieweit dieses jedoch von den Eigenschaften des reinen Ettringits oder aber durch eine Überlagerung der Potentiale von Ettringit und einzelner Klinkerphasen geprägt ist, ist bislang nicht bekannt.

Darüber hinaus muss berücksichtigt werden, dass Zementpartikel grundsätzlich eine große Oberflächenrauheit aufweisen [154, 155, 184, 153], die durch die aufwachsenden Hydratationsprodukte noch verstärkt wird. Über die Bildungsmechanismen der elektrochemischen Doppelschicht auf derartigen Systemen liegen in der internationalen Literatur bislang keine Informationen vor [98, 191]. Von besonderer Bedeutung erscheint hier die Frage, inwieweit einzelne, singuläre Erhebungen auf der Oberfläche eines Zementpartikels (z. B. einzelne Ettringit- bzw. CSH-Kristalle) von dessen Doppelschicht eingehüllt werden und somit auch an diesen Stellen ein ausreichend großes Oberflächenpotential vorhanden ist, um eine Dispergierung der Partikel sicherzustellen.

Dies gilt vor dem Hintergrund, dass es sich bei Zementsuspensionen i. d. R. um hoch gefüllte Suspensionen mit einem hohen Phasengehalt ϕ handelt. Nach HATTORI bzw. WALLEVIK [68, 176] wird das rheologische Verhalten derartiger Systeme maßgeblich durch den Impulsaustausch zwischen einzelnen Partikeln beeinflusst. Für die für Zementsuspensionen relevanten Phasengehalte ist daher grundsätzlich von einer Überlappung der einzelnen Doppelschichthüllen auszugehen. Entsprechend den Ausführungen in Abschnitt 2.4.1 kommt es in diesem

Fall zu einer zusätzlichen Komprimierung der Doppelschicht. Die Kenngrößen Phasengehalt ϕ und Zeta-Potential sind daher als gekoppelte Parameter anzusehen [110, 114].

Die Kombination der oben beschriebenen Probleme hat für zementbasierte Systeme eine breit angelegte Auseinandersetzung mit dem Thema in der internationalen Literatur bislang verhindert (siehe Abschnitt 2.4.6). Dies ist auch darauf zurückzuführen, dass die zur Bestimmung des Zeta-Potentials eingesetzten elektrophoretischen Messverfahren für Untersuchungen an Zementleim ungeeignet sind bzw. einer Reihe gravierender Einschränkungen unterliegen [70, 182, 98].

Bei der sogenannten Elektrophorese werden einzelne Partikel in einer stark verdünnten, wässrigen Suspension (Phasengehalt $\phi < 0{,}1$ Vol.-%) einem gerichteten elektrischen Feld ausgesetzt. Die durch dessen Oberflächenladung verursachte Bewegung des Partikels von einer Elektrode zur anderen, respektive die Geschwindigkeit dieses Vorgangs, kann lichtmikroskopisch oder laseroptisch erfasst werden und dient als Grundlage für die Berechnung des Zeta-Potentials [70, 182, 30, 98]. Ein gravierender Nachteil dieser Methode ist jedoch, dass Messungen nur an stark verdünnten Suspensionen möglich sind. Der Einfluss interpartikulärer Wechselwirkungen kann somit messtechnisch nicht erfasst werden. Darüber hinaus sind lichtoptische Methoden aufgrund der Wellenlänge des Lichts in ihrer Auflösung stark eingeschränkt. Grundsätzlich gilt, dass die Wellenlänge λ groß im Vergleich zur untersuchten Partikelgröße d sein sollte (RAYLEIGH-Bedingung; siehe [46, 71]). Diese Bedingung ist für Licht mit einer typischen Wellenlänge von $0{,}5$ µm im Vergleich zur Partikelgröße der in Rede stehenden Zemente nicht erfüllt. Dem gegenüber stehen bei Ultraschallmethoden Frequenzen zwischen $0{,}1$ und 10 MHz und entsprechende Wellenlängen zwischen 15 und $0{,}15$ mm [46]. Schließlich sind lichtoptische Methoden aufgrund der nur sehr geringen Phasengehalte anfällig für Messfehler, insbesondere aus Verunreinigungen der Probe [46, 70] oder einer Sedimentation von großen Partikeln ($\varnothing > 50$ µm, [109]).

Als Alternative zu elektrophoretischen Messmethoden ist die moderne Elektroakustik anzusehen. Hierbei wird eine Probe einem oszillierenden, elektrischen Feld ausgesetzt, durch das die einzelnen Partikel zum Schwingen angeregt werden. Der durch diese Schwingung auf den Probenbehälter übertragene Impuls kann als Ultraschallsignal messtechnisch erfasst werden und dient zur Ermittlung des Zeta-Potentials der Phase.

Elektroakustische Messmethoden sind im Gegensatz zu elektrophoretischen Methoden nicht auf wässrige Systeme beschränkt. Ihre Robustheit, insbesondere auch im Umgang mit reaktiven Stoffen, machen sie besonders gut für Messungen an zementgebundenen Systemen geeignet [46, 56, 7]. Gleichzeitig handelt es sich jedoch auch um eine äußerst komplexe Messmethodik. Insbesondere die Datenauswertung ist dabei mit einer Vielzahl von zum Teil ungelösten (mathematischen) Problemen behaftet [120, 121, 123, 137, 43].

A.2 Einflussgrößen der elektroakustischen Messung

Frequenz: Üblicherweise werden für elektroakustische Messungen Frequenzen zwischen 0,3 und 20 MHz eingesetzt [70, 71]. Für grobdisperse Systeme gilt, dass aufgrund von Trägheitseffekten mit zunehmender Frequenz eine abnehmende Anzahl von Partikeln an der Generierung des Druckimpulses p teilnimmt. Das Messsignal nimmt somit mit zunehmender Frequenz kontinuierlich ab, und es wird nur noch das Zeta-Potential von sehr kleinen Partikeln erfasst (siehe auch Abschnitt 2.4.5) [77]. Für die Messung an Zementsuspensionen gilt daher, dass diese bei möglichst geringen Frequenzen $f < 1$ MHz durchgeführt werden sollte, um möglichst alle suspendierten Partikel zum Schwingen anzuregen.

Gleichzeitig lässt der beschriebene Effekt jedoch eine Aussage über die Partikelgrößenverteilung in der Suspension zu [71]. Dies stellt die Grundlage der elektroakustischen Partikelgrößencharakterisierung dar, die im Rahmen der vorliegenden Arbeit ebenfalls eingesetzt wurde (siehe Abschnitt 3.3.4).

Feldstärke: Die elektrische Feldstärke geht als Regelgröße direkt in die Berechnung des Zeta-Potentials ein. Neben der angelegten Spannung ist sie u. a. eine Funktion der Geometrie der Messzelle und der Leitfähigkeit der Suspension. Zum Einfluss dieses wichtigen Parameters liegen in der internationalen Literatur jedoch keine systematischen Untersuchungen vor. Dies ist auf die Tatsache zurückzuführen, dass die Feldstärke als Regelgröße bei den am Markt verfügbaren Geräten nicht frei variiert werden kann, sondern für alle Messungen konstant gehalten wird. Nach Auskunft von [25] ist dies messtechnisch nicht anders möglich.

Dicke der elektrochemischen Doppelschicht: Berücksichtigt man, dass der ESA-Effekt auf eine Relativverschiebung zwischen dem diffusen Teil der Doppelschicht und dem Partikel mit adsorbierter STERN'scher Grenzschicht zurückzuführen ist, wird deutlich, dass mit abnehmender Doppelschichtdicke die Messung des Zeta-Potentials von Partikelsuspensionen stark erschwert wird [45, 98]. Gleichung 2-22 verdeutlicht, dass in diesem Fall ein tangentialer Ladungstransport um das Partikel herum nicht oder nur sehr eingeschränkt möglich ist. Es liefern daher nur diejenigen Ionen einen Beitrag zum Ultraschallsignal, die tangential zu den Feldlinien des elektrischen Felds bestrichen werden. Ionen auf der Stirn- bzw. Schattenseite des Partikels in Bezug zur Feldrichtung leisten hingegen keinen Beitrag. Gleiches gilt bei Partikeln, die eine hohe Oberflächenrauheit aufweisen. Hier ist davon auszugehen, dass in Vertiefungen der Partikeloberfläche befindliche Ionen ebenfalls nicht zur Schwingung des Systems beitragen [45]. Für Zementpartikel muss berücksichtigt werden, dass Ionen aus dem Inneren des Partikels durch osmotische Prozesse nachgeliefert werden können. Trotz der geringen Dicke des diffusen Teils der Doppelschicht kann eine erhöhte Beweglichkeit der Ionenhülle gegeben sein [111].

Phasengehalt und Partikelgrößenverteilung: Der Phasengehalt der Suspension beeinflusst maßgeblich das Messergebnis und geht daher direkt in die Berechnung des Zeta-Potentials ein (siehe Gleichung 2-22). Nicht berücksichtigt wird durch diese Berechnungsformel jedoch eine Interaktion zwischen einzelnen Partikeln, wie sie bei hohen Phasengehalten auftritt. Hierzu liegen zwar umfangreiche Untersuchungen vor, jedoch herrscht Uneinigkeit in der Literatur, wie diese in ein Modell für den Einfluss des Phasengehalts auf das Zeta-Potential implementiert werden können [122, 137, 43-45, 48, 49]. Die gesichtete Literatur enthält keine Angaben, inwieweit die existierenden Modellvorstellungen Gültigkeit für Zementsuspensionen besitzen.

Untersuchungen von JAMES et al. [78] und SCALES et al. [145] zeigen, dass auch die Partikelgrößenverteilung und damit die Packungsdichte der Partikel die Stärke des ESA-Signals beeinflussen. Eine gute Übereinstimmung zu elektrophoretischen Messergebnissen konnte für Systeme mit normal verteilten Partikelgrößen festgestellt werden [145]. Für mono-, bimodal und weitere anders verteilte Systeme liegen bislang jedoch keine Untersuchungsergebnisse vor. James et al. [78] weisen jedoch darauf hin, dass die Partikelgrößenverteilung aufgrund von Koagulationsprozessen auch einer zeitlichen Veränderung unterliegt, die ggf. zusätzlich berücksichtigt werden muss. Diesem Hinweis sollte für Zementsuspensionen besondere Beachtung geschenkt werden, da hier mit ausgeprägten Koagulationseffekten zu rechnen ist (siehe auch Abschnitt 3.3.4, [176]).

Ionenkonzentration der Trägerflüssigkeit: Wie bereits erläutert, wird die Ausbildung der elektrochemischen Doppelschicht und damit auch das Zeta-Potential stark von der Konzentration und der Valenz der Ionen in der Trägerflüssigkeit beeinflusst. Hierbei handelt es sich um einen systemimmanenten Einfluss, der sich in dieser Form auch in der Wechselwirkung zwischen einzelnen Partikeln und damit in den rheologischen Eigenschaften der Suspension widerspiegelt.

Die Überlegungen von DEBYE [37] und die Ergebnisse von ZANA et al. [193] belegen jedoch, dass mit zunehmender Elektrolytkonzentration auch die hydratisierten Ionen einen Beitrag zum ESA-Signal liefern. Dieser Einfluss kann durch Messung des ESA-Signals sowohl der Suspension als auch des Elektrolyten und eine vektorielle Subtraktion beider (komplexer) Messgrößen berücksichtigt werden [18].

Anhang B
Parameterstudie –
Rheologische Untersuchungen

B.1 Einfluss des Phasengehalts und der Zementart

Wie aus Abbildung B-1 deutlich wird, sind sowohl der unter- und überkritische Strukturmodul G_0^* und G_1^* als auch die Strukturgrenze τ_s eine direkte Funktion des Phasengehalts ϕ. Dabei sind zwischen den einzelnen untersuchten Zementsorten signifikante Unterschiede zu verzeichnen. Dies spiegelt sich sowohl in der absoluten Lage der Kurven als auch in deren Steigung und damit der Empfindlichkeit der Leime gegenüber Veränderungen im Wassergehalt wider. Mit zunehmender Mahlfeinheit und Festigkeitsklasse der Zemente ist ein Anstieg beider Kenngrößen zu verzeichnen.

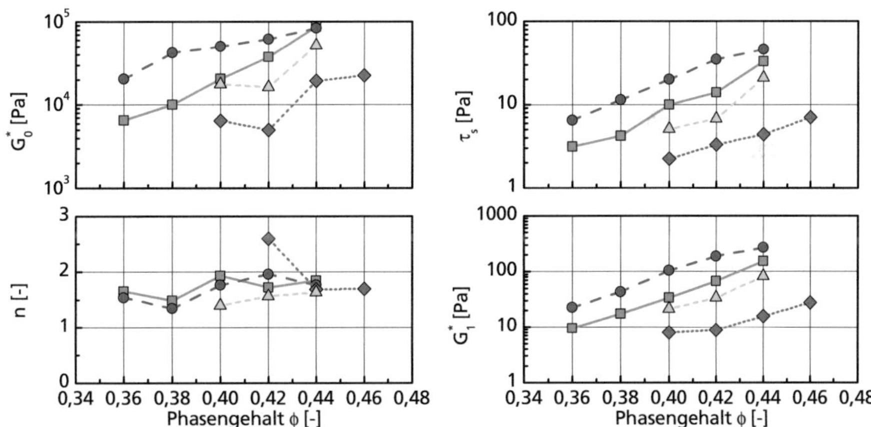

Abb. B-1 Unterkritischer Strukturmodul G_0^*, Strukturgrenze τ_s, Strukturindex n und überkritischer Strukturmodul G_1^* im Amplitudensweepversuch in Abhängigkeit vom Phasengehalt ϕ für Proben mit unterschiedlichen Zementen (Z121 (■), Z131 (●), Z211 (◆) und Z221 (△))

Keine Abhängigkeit vom Phasengehalt ϕ und der Zementart konnte hingegen für den Strukturindex n festgestellt werden. Im Mittel beträgt der Strukturindex für reine Zementleime (ohne Zumahl- und Zusatzstoffe bzw. Mikrozemente) für alle Phasengehalte und Zementarten ca. $1{,}9 \pm 0{,}5$ [-].

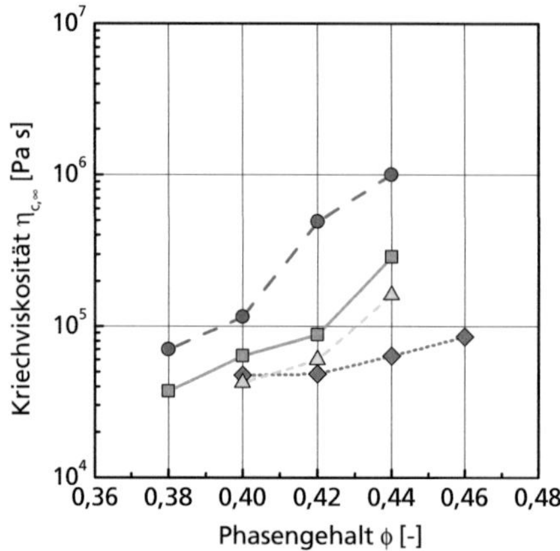

Abb. B-2 Kriechviskosität $\eta_{c,\infty}$ in Abhängigkeit vom Phasengehalt ϕ für Proben mit unterschiedlichen Zementen (Z121 (■), Z131 (●), Z211 (♦) und Z221 (△))

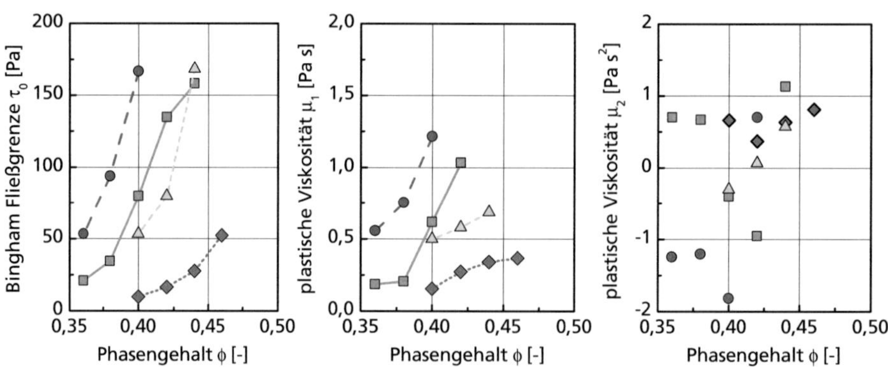

Abb. B-3 Kenngrößen des modifizierten BINGHAM-Modells im Fließversuch (BINGHAM Fließgrenze τ_0, plastische Viskositäten μ_1 und μ_2) in Abhängigkeit vom Phasengehalt ϕ für Proben mit unterschiedlichen Zementen (Z121 (■), Z131 (●), Z211 (♦) und Z221 (△)) im Alter von 15 min nach Wasserzugabe

Ein ähnliches Bild ergibt sich für das Kriechverhalten der untersuchten Zementleime. Auch hier ist mit zunehmendem Phasengehalt ϕ eine Zunahme der Kriechviskosität $\eta_{c,\infty}$ und damit ein Rückgang der Kriechgeschwindigkeit bei konstanter Belastung zu verzeichnen (siehe Abbildung B-2). Die bereits im

Amplitudensweepversuch beobachteten Unterschiede zwischen einzelnen Zementen finden sich auch im Kriechversuch wieder. Gleichzeitig belegt Abbildung B-2 jedoch, dass das Kriechverhalten durch zementartspezifische Einflussparameter kontrolliert wird und nicht direkt aus der Strukturgrenze oder dem unter- bzw. überkritischen Strukturmodul abgeleitet werden kann. Beispielsweise zeigt der Zement der Sorte Z211 eine deutlich geringere Kriechviskosität sowie einen deutlich geringeren Anstieg dieses Kennwerts mit zunehmendem Phasengehalt, als dies auf Grundlage der Strukturgrenze τ_s erwartet wurde. Als Ursache sind hier Unterschiede in der Granulometrie, der Partikelform und der Reaktivität anzusehen (siehe Kapitel 5).

Die sowohl im Amplitudensweep- als auch im Kriechversuch beobachtete Abhängigkeit der rheologischen Kenngrößen spiegelt sich schließlich auch im Fließversuch wider. Sowohl die Fließgrenze τ_0 als auch die plastische Viskosität μ_1 nehmen mit zunehmendem Phasengehalt ϕ zu. Der Kurvenverlauf ist dabei mit den Ergebnissen des Amplitudensweepversuchs vergleichbar. Dies gilt auch für den Einfluss der verwendeten Zementart. Keine eindeutige Tendenz konnte hingegen für den nicht-linearen Anteil der plastischen Viskosität μ_2 im Fließversuch festgestellt werden.

B.2 Einfluss der Partikelgrößenverteilung und Packungsdichte der Phase

Die bereits angesprochene Abhängigkeit der rheologischen Eigenschaften der Zementsuspensionen von der Granulometrie der verwendeten Zemente wird aus Abbildung B-4 ersichtlich. Mit zunehmender Packungsdichte ϕ_p der festen Phase nimmt bei gleichbleibendem Phasengehalt ϕ der Abstand zwischen den einzelnen Partikeln bei vollständiger Dispergierung zu. Die Folge ist ein signifikanter Rückgang sowohl des unter- und überkritischen Strukturmoduls G_0^* bzw. G_1^* sowie der Strukturgrenze τ_s.

Dieser Rückgang ist weitgehend unabhängig vom Alter der Proben. Lediglich ab einem Alter von ca. 180 min nach Wasserzugabe ist ein deutlicher Anstieg der einzelnen Kennwerte festzustellen. Inwieweit diese Veränderung mit einer Verschiebung der Packungsdichte des Partikelgemischs in der Probe einhergeht, ist aus den vorliegenden Daten nicht ablesbar. Unterstellt man jedoch eine Abhängigkeit, so kann daraus gefolgert werden, dass mit zunehmendem Probenalter eine Verschiebung hin zu einer geringeren Packungsdichte stattfindet. Dies steht wiederum im Einklang mit den Ausführungen in Abschnitt 2.2, wonach es im Laufe der Hydratation – insbesondere zu Beginn der Akzelerationsphase – zu einem starken Wachstum von Kristallphasen an der Partikeloberfläche kommt, was in Folge zu einer Veränderung der Packungsmechanismen führt. Darüber hinaus muss beachtet werden, dass die Veränderung der rheologischen Kennwerte hin zu einer steiferen Konsistenz auch auf eine gegenseitige Verhakung bzw. Verzahnung der Kristallphasen an der Partikeloberfläche zurückzuführen sein kann. Eine getrennte Betrachtung beider Phänomene ist somit grundsätzlich nicht möglich.

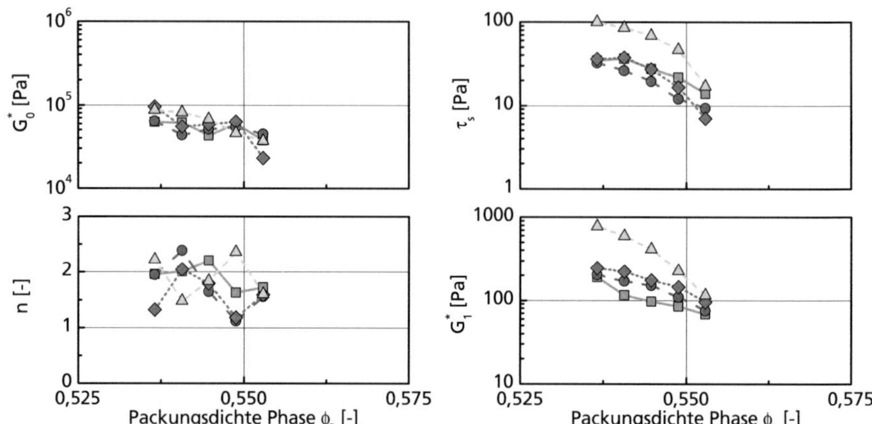

Abb. B-4   Unterkritischer Strukturmodul G_0^*, Strukturgrenze τ_s, Strukturindex n und überkritischer Strukturmodul G_1^* in Abhängigkeit von der Packungsdichte der Phase ϕ_p für Proben aus unterschiedlichen Anteilen der Zemente Z121 und Z131 (ϕ =0,44) zu den Zeitpunkten 15 min (■), 60 min (●), 120 min (◆) und 180 min (△) nach Wasserzugabe

Interessant ist weiterhin der Vergleich des Materialverhaltens von Zementleimen, die aus unterschiedlichen Zementen hergestellt wurden. Hierzu wurden Mischungen (Volumenverhältnis 1:3, 1:1 und 3:1) aus jeweils zwei Zementsorten mit unterschiedlicher Mahlfeinheit bei weitgehend identischer Klinkermineralogie hergestellt und der Phasengehalt ϕ in der Suspension auf die Packungsdichte ϕ_p des darin befindlichen Feststoffs bezogen (siehe Abbildung B-5). Trotz mineralogisch annähernd identischer Klinker (Z100, Z121 und Z131) weisen die Gemische aus jeweils zwei dieser drei Zemente deutlich abweichende Eigenschaften bei identischem bezogenen Phasengehalt auf. Dies kann zum einen auf die mit kleiner werdender Partikelgröße zunehmende Reaktivität des Zementpartikels sowie auf Einflüsse aus der unterschiedlichen Sulfataussteuerung (SO_3-Träger-Art, Löslichkeit und Gehalt) der Zemente zurückzuführen sein.

Während die in Abbildung B-5 mit gefüllten Symbolen dargestellten Versuche durch Mischung von zwei Zementen mit unterschiedlicher Mahlfeinheit hergestellt wurden, zeigen die ebenfalls dargestellten leeren Symbole die identischen Basiszemente mit konstanter Packungsdichte ϕ_p, jedoch variierendem Phasengehalt ϕ. In der gewählten halblogarithmischen Darstellung ist für die untersuchten Zemente eine annähernd lineare Abhängigkeit der rheologischen Kenngrößen vom bezogenen Phasengehalt ϕ/ϕ_p zu verzeichnen. Die zwischen den einzelnen

Zementarten festgestellten Unterschiede belegen, dass es über die Partikelgrößenverteilung und damit die Packungsdichte hinaus Parameter gibt, die maßgeblich die rheologischen Eigenschaften der Suspension bestimmen. Eine Verknüpfung allein mit der Mahlfeinheit oder dem Wasseranspruch (und damit der Packungsdichte) des Zements ist somit zur Vorhersage des viskoelastischen Verformungsverhaltens von Zementleim und damit von Beton nicht ausreichend. Die Ausführungen in Kapitel 5 zeigen, dass diese Unterschiede auf elektrochemische Wechselwirkungen zwischen den Partikeln zurückzuführen sind.

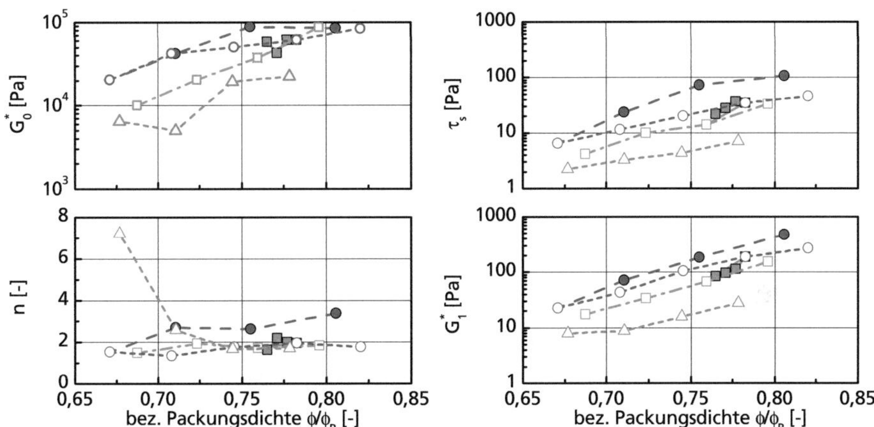

Abb. B-5 Unterkritischer Strukturmodul G_0^*, Strukturgrenze τ_s, Strukturindex n und überkritischer Strukturmodul G_1^* in Abhängigkeit vom bezogenen Phasengehalt ϕ/ϕ_p für Proben der Zemente Z121 ($\square$, $\phi_p=0{,}553$), Z131 ($\bigcirc$, $\phi_p=0{,}537$) und Z211 ($\triangle$, $\phi_p=0{,}591$) für unterschiedliche Phasengehalte ϕ und für Mischungen aus unterschiedlichen Anteilen der Zemente Z121 und Z131 ($\phi=0{,}44$, $\blacksquare$) und Z131 und Z100 ($\phi=0{,}36$, $\bullet$), jeweils 15 min nach Wasserzugabe

Ähnlich wie im Amplitudensweepversuch ist auch im Kriechversuch eine deutliche Abhängigkeit der entsprechenden Parameter von der Packungsdichte ϕ_p der Phase festzustellen. Abbildung B-6 (links) zeigt eine kontinuierliche Zunahme der Kriechviskosität $\eta_{c,\infty}$ mit zunehmendem Verhältnis ϕ/ϕ_p. Dies bedeutet, dass bei Annäherung des Phasengehalts an die Packungsdichte ein starker Rückgang der Kriechverformung und der Kriechgeschwindigkeit zu verzeichnen ist. Im Unterschied zu den vorangegangenen Ergebnissen für das viskoelastische Verformungsverhalten ist ab einem Probenalter > 60 min eine deutliche Zunahme der Kriechviskosität $\eta_{c,\infty}$ zu beobachten. Wie bereits erläutert, kann dies zum einen auf eine Verschiebung der Packungsdichte der Partikel hin zu kleineren Werten oder aber auf einen fortschreitenden Verbrauch von Anmachwasser durch eine chemische Umsetzung zurückzuführen sein. Weitere Einflussfaktoren, wie eine Zunahme der Oberflächenrauheit und eine damit verbundene, stärkere Verzahnung der Partikel, liegen nahe.

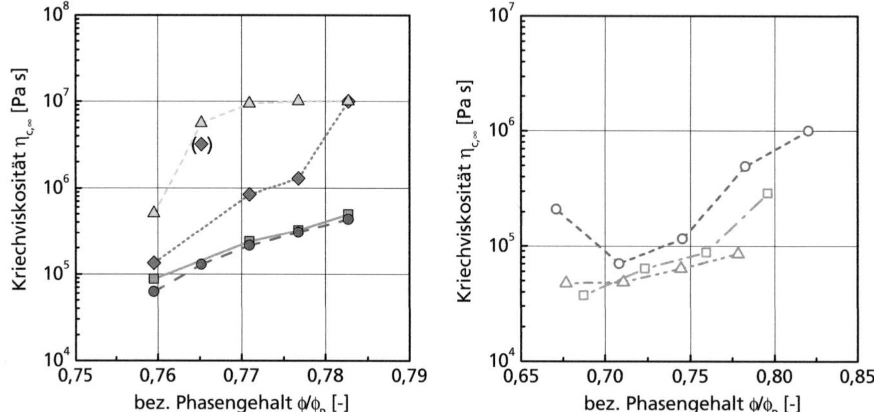

Abb. B-6   Kriechviskosität $\eta_{c,\infty}$ bei konstanter kriecherzeugender Spannung von $\tau_c = 10$ Pa links für Proben aus unterschiedlichen Anteilen der Zemente Z121 und Z131 ($\phi = 0{,}44$) zu den Zeitpunkten 15 min (■), 60 min (●), 120 min (◆) und 180 min (▲) nach Wasserzugabe (links) und rechts für Proben der Zemente Z121 (□, $\phi_p = 0{,}553$), Z131 (○, $\phi_p = 0{,}537$) und Z211 (△, $\phi_p = 0{,}591$), jeweils 15 min nach Wasserzugabe in Abhängigkeit vom bezogenen Phasengehalt ϕ/ϕ_p

Die Abhängigkeit der Kriechviskosität $\eta_{c,\infty}$ von der verwendeten Zementsorte ist in Abbildung B-6 (rechts) dargestellt. Auch für diesen Kennwert ist eine direkte Abhängigkeit vom bezogenen Phasengehalt ϕ/ϕ_p ersichtlich. Dabei zeigt der Zement Z211 die geringste Kriechviskosität sowie den geringsten Anstieg mit zunehmendem ϕ/ϕ_p. Dies steht in Einklang mit der vergleichsweise geringen Strukturgrenze τ_s sowie den geringen Struktursteifigkeiten G_0^* bzw. G_1^* im Amplitudensweepversuch. Berücksichtigt man, dass die Kriechviskosität $\eta_{c,\infty}$ als Grundlage für eine Beurteilung der Sedimentationsneigung der Gesteinskörnung im Beton herangezogen werden kann, so wird deutlich, dass grundsätzlich eine hohe Kriechviskosität $\eta_{c,\infty}$ bei geringer Veränderlichkeit des bezogenen Phasengehalts ϕ/ϕ_p angestrebt werden sollte. Vor diesem Hintergrund weisen Leime auf Basis des Zements Z211 zwar vom Grundsatz eine verstärkte Kriechneigung auf, jedoch sind diese in Bezug auf ihre Sedimentationsneigung auch relativ unempfindlich gegenüber Veränderungen im Phasengehalt.

Wie für die viskoelastischen Kennwerte im Amplitudensweepversuch und für das Kriechverhalten so besteht auch für das überkritische Fließverhalten eine ausgeprägte Abhängigkeit von der Granulometrie der eingesetzten Zemente (siehe Abbildung B-7, links). Mit zunehmendem bezogenen Phasengehalt ϕ/ϕ_p nehmen sowohl die Fließgrenze τ_0 als auch der lineare Anteil der plastischen Viskosität μ_1 zu. Eine zeitliche Abhängigkeit der einzelnen Kenngrößen bzw. Verläufe ist hingegen auf Grundlage der vorliegenden Datenbasis nicht schlüssig nachweisbar. Weiterhin ist auch bei den BINGHAM-Kennwerten eine deutliche

Abhängigkeit von der verwendeten Zementart zu verzeichnen. Ähnlich wie im Amplitudensweep- und Kriechversuch weisen hierbei die Zemente Z121 und Z131 die höchsten Werte auf, gefolgt vom Zement Z211. Es ist somit davon auszugehen, dass auch für das überkritische Fließverhalten die bereits erwähnten nicht-granulometrischen Einflussgrößen des Zements maßgeblich das Fließverhalten beeinflussen.

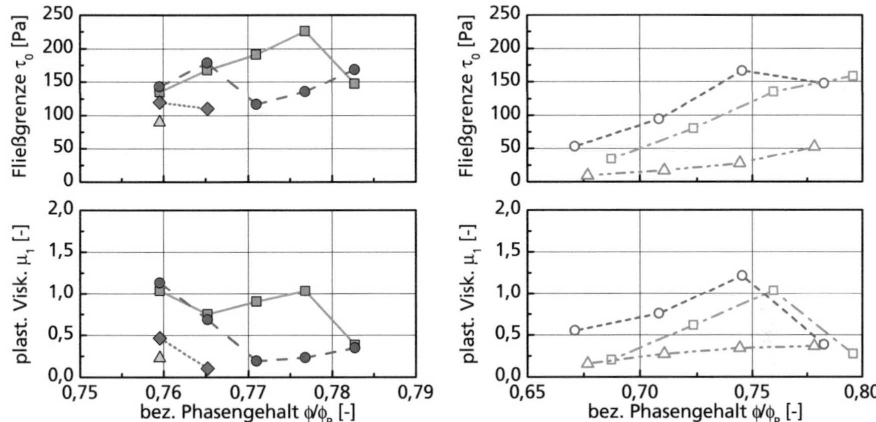

Abb. B-7 Fließgrenze τ_0 (oben) und plastische Viskosität μ_1 (unten) im Fließversuch für Proben aus unterschiedlichen Anteilen der Zemente Z121 und Z131 ($\phi = 0{,}44$) zu den Zeitpunkten 15 min (■), 60 min (●), 120 min (◆) und 180 min (▲) nach Wasserzugabe (links) und rechts für Proben der Zemente Z121 (□, $\phi_p = 0{,}553$), Z131 (○, $\phi_p = 0{,}537$) und Z211 (△, $\phi_p = 0{,}591$), jeweils 15 min nach Wasserzugabe in Abhängigkeit vom bezogenen Phasengehalt ϕ / ϕ_p

B.3 Einfluss von Zumahl- bzw. Zusatzstoffen

Zumahl- bzw. Zusatzstoffe spielen bei der Entwicklung moderner Bindemittel bzw. Betone eine maßgebende Rolle. Zum einen werden sie als Ersatzstoffe für Klinker eingesetzt und dienen somit einer Verbesserung der Ökobilanz und Wirtschaftlichkeit des Zements. Darüber hinaus führen diese Stoffe jedoch auch zu einer Verbesserung der Festbetoneigenschaften sowie der Verarbeitbarkeit des Betons im frischen Zustand.

Die Abbildungen B-8 bis B-10 zeigen den Einfluss unterschiedlicher Zumahl- bzw. Zusatzstoffe auf die rheologischen Eigenschaften damit hergestellter Suspensionen. Die Zumahlstoffe Kalksteinmehl und Hüttensand wurden hierbei in Wechselwirkung mit dem Zement Z221 bei einem konstanten Phasengehalt ϕ von 0,44 untersucht. Als Grundlage für die Untersuchungen an den Zusatzstoffen Flugasche und Silikastaub wurden Zementleime auf Basis des Zements Z121 mit einem Phasengehalt von 0,42 eingesetzt.

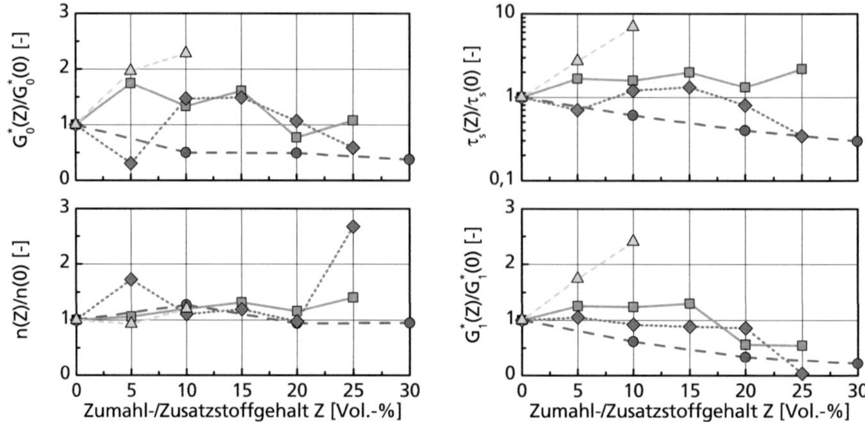

Abb. B-8 Unterkritischer Strukturmodul G_0^*, Strukturgrenze τ_s, Strukturindex n und überkritischer Strukturmodul G_1^* in Abhängigkeit vom Zumahl- bzw. Zusatzstoffgehalt Z (Anteil an Feststoffgehalt), jeweils normiert mit dem Wert für reine Zementleime für Proben mit Zement Z121 und Flugasche ($\phi = 0{,}42$, ●) bzw. Silikastaub ($\phi = 0{,}42$, △) sowie Zement Z221 und Kalksteinmehl ($\phi = 0{,}44$, ■) bzw. Hüttensand ($\phi = 0{,}44$, ◆), jeweils 15 min nach Wasserzugabe

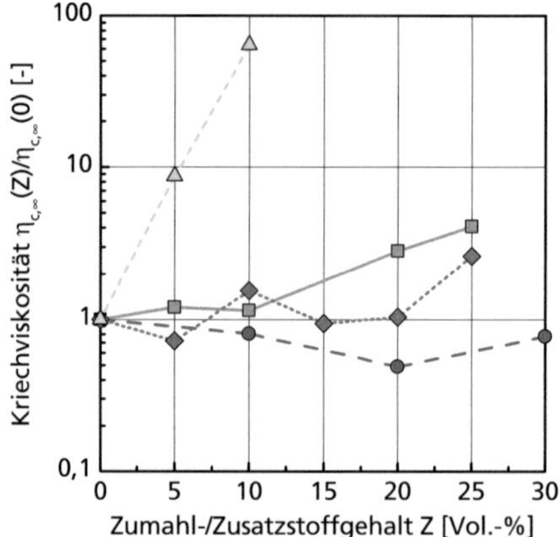

Abb. B-9 Kriechviskosität $\eta_{c,\infty}$ bei konstanter, kriecherzeugender Spannung von $\tau_c = 10$ Pa in Abhängigkeit vom Zumahl- bzw. Zusatzstoffgehalt Z (Anteil an Feststoffgehalt) und normiert mit der Kriechviskosität für Leime ohne Zumahl- bzw. Zusatzstoffzugabe $\eta_{c,\infty}(Z)$ für Proben mit Zement Z121 und Flugasche ($\phi = 0{,}42$, ●) bzw. Silikastaub ($\phi = 0{,}42$, △) sowie Zement Z221 und Kalksteinmehl ($\phi = 0{,}44$, ■) bzw. Hüttensand ($\phi = 0{,}44$, ◆), jeweils 15 min nach Wasserzugabe

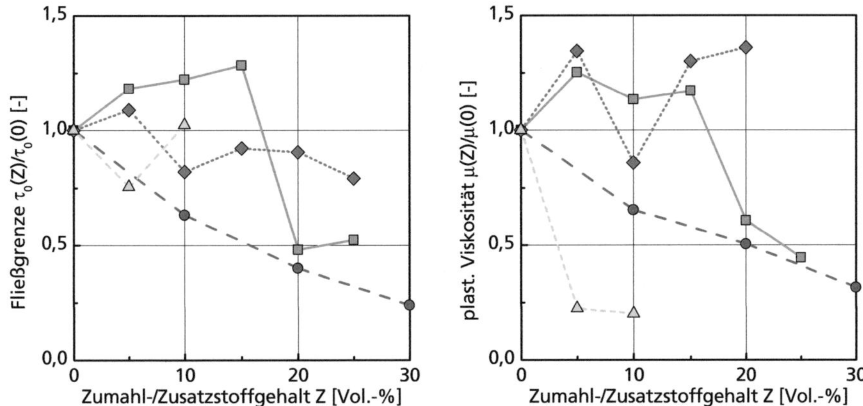

Abb. B-10 Fließgrenze τ_0 (links) und plastische Viskosität μ_1 (rechts) im Fließversuch in Abhängigkeit vom Zumahl- bzw. Zusatzstoffgehalt (Anteil an Feststoffgehalt) jeweils normiert mit dem Wert für Leime ohne Zumahl- bzw. Zusatzstoffzugabe für Proben mit Zement Z121 und Flugasche ($\phi=0{,}42$, ●) bzw. Silikastaub ($\phi=0{,}42$, △) sowie Zement Z221 und Kalksteinmehl ($\phi=0{,}44$, ■) bzw. Hüttensand ($\phi=0{,}44$, ◆), jeweils 15 min nach Wasserzugabe

B.3.1 Kalksteinmehl

Die Untersuchungsergebnisse zeigen, dass bis zu einer Dosierung von 15 Vol.-% Kalksteinmehl vom Feststoffgehalt ein deutlicher Anstieg von bis zu 170 % sowohl der Struktursteifigkeiten G_0^* und G_1^* als auch der Strukturgrenze τ_s zu beobachten ist (siehe Abbildung B-8). Dieser im Hinblick auf die Verarbeitbarkeit nachteilige Effekt schwächt sich jedoch bei einer darüber hinaus gehenden Dosierung ab, und es ist statt dessen ein Rückgang der Struktursteifigkeiten zu verzeichnen. Erstaunlicherweise bleibt die Strukturgrenze τ_s jedoch unverändert hoch. Die Betrachtung des Strukturindex n offenbart, dass die Zugabe von Kalksteinmehl ein spröderes Versagen der inneren Struktur des Mehlkornleims zur Folge hat. Der Strukturindex n wächst dabei von 1,6 ohne Kalksteinmehl auf Werte von 2,2 mit 25 Vol.-% Kalksteinmehldosierung an.

Eine nicht-konstante Abhängigkeit von der Dosierung ist ebenfalls beim Kriechverhalten der Proben festzustellen (siehe Abbildung B-9). Bis zu einer Dosierung von ca. 15 Vol.-% Kalksteinmehl bleibt die Kriechviskosität $\eta_{c,\infty}$ annähernd konstant (Zuwachs ca. 12 %) und wächst dann jedoch stark an. Für eine Kalksteinmehldosierung von 25 Vol.-% beträgt der Zuwachs ca. 410 %. Kalksteinmehl wirkt somit stabilisierend auf die Frischbetoneigenschaften und reduziert die Entmischungsneigung.

Auch die Fließeigenschaften der Probe im überkritischen Zustand bleiben durch die Zugabe von Kalksteinmehl nicht unbeeinflusst (siehe Abbildung B-10). Kalksteinmehldosierungen von bis zu 15 Vol.-% wirken sich dabei ungünstig auf das rheologische Verhalten der Probe aus, indem sie sowohl die Fließgrenze als auch die plastische Viskosität stark erhöhen. Dies gilt jedoch nicht für Dosierungen > 15 Vol.-%. Hier brechen sowohl die Fließgrenze τ_0 als auch der lineare Anteil der plastischen Viskosität μ_1 stark ein.

B.3.2 Hüttensand

Die Zugabe von Hüttensand führt zu keiner signifikanten Veränderung der rheologischen Eigenschaften der Probe (siehe Abbildung B-8). Lediglich bei Dosierungen > 20 Vol.-% ist ein geringfügiger Rückgang der Strukturgrenze τ_s und somit eine Verflüssigung der Probe zu verzeichnen. Erstaunlicherweise geht dies jedoch nicht wie üblich mit einem Rückgang der Struktursteifigkeiten G_0^* bzw. G_1^* einher.

Unbeeinflusst von der Zugabe von Hüttensand ist auch die Kriechviskosität $\eta_{c,\infty}$ der Mehlkornleime (siehe Abbildung B-9). Lediglich der Wert für 25 Vol.-% Hüttensandzugabe weicht signifikant (260 %) von den anderen Werten ab. Diese starken Veränderungen sind jedoch auf die viskoelastischen Eigenschaften der Probe beschränkt (siehe Abbildung B-10). Der Messwert für eine Zugabemenge von 25 Vol.-% weicht nicht merklich vom Gesamttrend ab. Ungewöhnlich sind jedoch die konträren Auswirkungen auf die Fließgrenze τ_0 und die plastische Viskosität μ_1. Während die Fließgrenze geringfügig mit steigender Dosierung zurückgeht, steigt hingegen die plastische Viskosität der Leime stark an. Die Ursachen hierfür sind sicherlich in der Oberflächenladung des Hüttensands zu suchen (siehe Abschnitte 2.4.7 und 5.3).

B.3.3 Flugasche

Literaturangaben zufolge bewirkt die Zugabe von Flugasche i.d.R. eine Verflüssigung der damit hergestellten Proben (siehe Kapitel 2). Dies konnte auch im Rahmen der hier durchgeführten Untersuchungen bestätigt werden. Bereits geringe Zugabemengen von bis zu 10 Vol.-% führen zu einem deutlichen Rückgang sowohl der Struktursteifigkeiten G_0^* bzw. G_1^* als auch der Strukturgrenze τ_s (siehe Abbildung B-8). Marginalen Einfluss besitzt Flugasche hingegen auf die Kriechviskosität $\eta_{c,\infty}$, die nahezu unverändert bleibt (siehe Abbildung B-9). Besonders deutlich wird der Einfluss schließlich beim Fließverhalten der Proben bei überkritischer Scherbeanspruchung (siehe Abbildung B-10). Sowohl die Fließgrenze τ_0 als auch der lineare Anteil der plastischen Viskosität μ_1 nehmen mit steigender Dosierung kontinuierlich ab. Beispielsweise führt eine Zugabe von 30 Vol.-% Flugasche (dies entspricht der durch die NORM DIN 1045-2 vorgegebenen Höchstdosierung von 33 M.-%) zu einem Rückgang der Fließgrenze auf ca. 24 % und der plastischen Viskosität auf ca. 32 % des Ausgangswerts ohne Flugasche. Berücksichtigt man dabei, dass die Kriechneigung der Proben und damit die Entmischungsneigung des Betons unverändert bleibt, so werden die vorteilhaften Eigenschaften von Flugasche deutlich.

B.3.4 Silikastaub

Bereits geringe Mengen an Silikastaub (bis zu 10 Vol.-%) führen zu einer starken Veränderung der rheologischen Eigenschaften der Probe. Die Struktursteifigkeiten G_0^* bzw. G_1^* und die Strukturgrenze τ_s sowie die Kriechviskosität $\eta_{c,\infty}$ steigen sehr stark an. Die Veränderungen im Strukturindex sind hingegen mit denen für Kalksteinmehl, Hüttensand oder Flugasche vergleichbar (siehe Abbildungen B-8 und B-9). Gleiches gilt für den Einfluss auf die Parameter im Fließversuch (siehe Abbildung B-10). Trotz extrem starker Zunahme der Strukturgrenze im Amplitudensweepversuch bleibt die Fließgrenze annähernd konstant bzw. geht sogar für eine Dosierung von 5 Vol.-% stark zurück. Erstaunlich ist auch, dass die plastische Viskosität der Zementleime mit steigender Dosierung abnimmt. Diese für den Ruhe- und Fließzustand sehr heterogene Wirkungsweise erweist sich für das Endprodukt Zementleim bzw. Beton als äußerst vorteilhaft. Trotz extrem hoher Strukturstärke und sehr geringer Kriechneigung (d. h. hoher Kriechviskosität) sind die mit Silikastaub hergestellten Leime noch ausreichend gut verarbeitbar. Das Ausbreitmaß der Leime mit einem Phasengehalt von $\phi = 0{,}42$ geht von 227 mm ohne Silikastaub auf 165 mm mit 10 Vol.-% Silikastaubdosierung zurück.

B.4 Einfluss des Sulfatgehalts des Zements

Grundsätzlich muss bezüglich der Herkunft des Sulfats zwischen vier verschiedenen Trägern unterschieden werden, die wiederum unterschiedliche SO_3-Gehalte und Löslichkeiten aufweisen. Zum einen enthält bereits der reine Klinker einen geringen Sulfatanteil von bis zu ca. 1,0 M.-% (als SO_3). Dieser reicht jedoch nicht für eine Kontrolle der Reaktion der Aluminatphasen im Zement aus. Vor diesem Hintergrund wird dem Zement Gips oder Anhydrit bzw. ein Gemisch aus beiden Sulfatträgern zugesetzt. Die unterschiedlichen Löslichkeiten beider Stoffe ermöglichen dabei in bestimmtem Maße eine Aussteuerung des Frischbetonverhaltens während der Ruhephase. Hierbei muss jedoch beachtet werden, dass Gips bei hohen Temperaturen von über 90 °C instabil ist und zunehmend in Halbhydrat bzw. Anhydrit umgewandelt wird. Dieser Vorgang wird beispielsweise während der gemeinsamen Vermahlung von Klinker und Gips in der Zementmühle beobachtet und kann starken Einfluss auf die Verarbeitbarkeit des Zements bzw. des daraus hergestellten Betons haben. Schließlich wird dem Zement noch Eisen(II)-Sulfat $FeSO_4$ als Chromatreduzierer zugesetzt. Auch dieses sehr leicht lösliche Sulfat beeinflusst stark die Eigenschaften der so hergestellten Zemente.

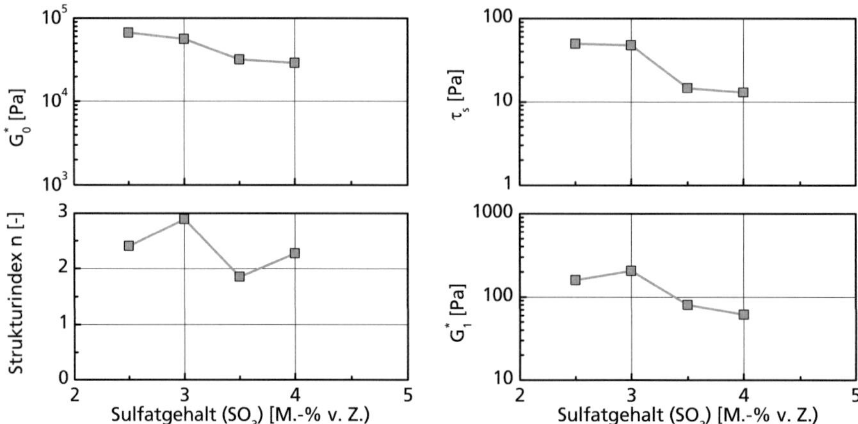

Abb. B-11   Unterkritischer Strukturmodul G_0^*, Strukturgrenze τ_s, Strukturindex n und überkritischer Strukturmodul G_1^* in Abhängigkeit vom Sulfatgehalt (SO_3-Äquivalent) für Proben mit dem Klinker Z621 und unterschiedlichen Dosierungen an Gips und Anhydrit (Massenverhältnis Anhydrit/Gips $= 1{:}2$) für $\phi = 0{,}42$

Um gezielt den Einfluss unterschiedlicher Sulfatdosierungen auf die rheologischen und elektrochemischen Eigenschaften von Zement untersuchen zu können, wurde im Rahmen des vorliegenden Untersuchungsprogramms reines Klinkermehl mit unterschiedlichen Mengen an Gips und Anhydrit gemischt. Das Verhältnis zwischen Anhydrit und Gips betrug dabei 1:2 Masseanteile. Bei dem Klinker Z621 (siehe Tabelle 3-3) handelt es sich um ein werkmäßig hergestelltes Klinkermehl mit einer Mahlfeinheit von ca. 4200 cm²/g, das i.d.R. auch zur Herstellung von herkömmlichem Portlandzement CEM I 42,5 R eingesetzt wird. Dem Klinkermehl wurden werkmäßig 0,6 M.-% Eisen(II)-Sulfat zugesetzt, so dass das Mehl einen Sulfatgehalt von ca. 1,0 M.-% SO_3 aufwies. Im Unterschied zur Vorgehensweise für normale Zemente (siehe Tabelle 3-6) wurden das Klinkermehl, Gips und Anhydrit vor der Wasserzugabe 5 min auf Stufe 1 vorgemischt.

Abbildung B-11 zeigt die viskoelastischen Eigenschaften der so hergestellten Zementleime mit einem Phasengehalt ϕ von 0,40 für unterschiedliche Sulfatgehalte (SO_3) in Masseprozent vom Zement (i.e. Klinkermehl, Chromatreduzierer, Gips und Anhydrit) unter Anrechnung aller möglichen Sulfatquellen. Mit zunehmendem SO_3-Gehalt ist ein kontinuierlicher Rückgang der Struktursteifigkeiten G_0^* und G_1^* sowie der Strukturgrenze τ_s zu verzeichnen. Hierbei sind die Unterschiede zwischen einer Dosierung von 3,0 und 3,5 M.-% SO_3 vom Zement besonders stark ausgeprägt. In Kombination mit dem anschließenden Abflachen der Kurven für SO_3-Dosierungen >3,5 M.-% deutet dies auf das Erreichen einer Sättigungsgrenze zwischen 3 und 3,5 M.-% Sulfat hin. Für geringere Dosierungen scheint hingegen eine Belegung der Zementkornoberfläche nicht in ausreichendem Maße möglich. Die vergleichsweise hohe Strukturgrenze und der hohe Strukturmodul müssen daher auf eine mehr oder minder stark ausgeprägte Bildung von frühen Hydratphasen aus den Aluminatphasen des Zements zurückzuführen sein. Damit verbunden ist eine starke Zunahme der Rauheit der Partikeloberfläche.

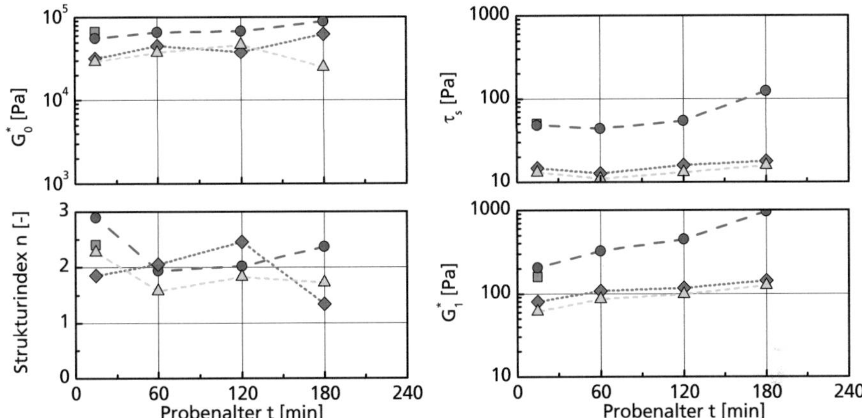

Abb. B-12   Zeitliche Entwicklung des unterkritischen Strukturmoduls G_0^*, der Strukturgrenze τ_s, des Strukturindex n und des überkritischen Strukturmoduls G_1^* für Proben mit dem Klinker Z621 und unterschiedlichen Dosierungen an Gips und Anhydrit (SO_3-Gehalt v. Z. 2,5 M.-% (■), 3,0 M.-% (●), 3,5 M.-% (◆) und 4,0 M.-% (△))

Dies wird unter anderem auch durch die zeitliche Entwicklung der viskoelastischen Eigenschaften dieser Zementleime bestätigt. Abbildung B-11 zeigt, dass für alle untersuchten Proben eine Zunahme der Strukturgrenze τ_s bzw. der Struktursteifigkeiten G_0^* und G_1^* zu verzeichnen ist. Weiterhin können die untersuchten Leime entsprechend ihrer rheologischen Eigenschaften und ihres Sulfatgehalts in zwei Gruppen klassifiziert werden: Die Kurven für die Zemente mit Sulfatgehalten > 3 M.-% verlaufen annähernd deckungsgleich und sind durch einen moderaten Anstieg der Steifigkeiten bzw. Festigkeit mit zunehmendem Probenalter geprägt. Anders ist dies für die Zemente mit Sulfatgehalten ≤ 3 M.-%. Mit abnehmender Sulfatdosierung ist eine stark zunehmende Abhängigkeit vom Probenalter festzustellen. Sowohl die Struktursteifigkeiten als auch die Strukturgrenze nehmen mit zunehmendem Alter zu und waren beispielsweise für eine Dosierung von 2,5 M.-% SO_3 v. Z. ab einem Probenalter von > 15 min nicht mehr messbar.

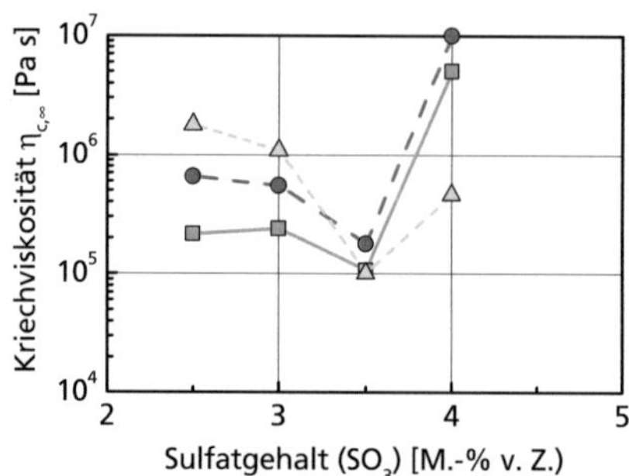

Abb. B-13 Kriechviskosität $\eta_{c,\infty}$ in Abhängigkeit vom Sulfatgehalt (SO_3-Äquivalent) für Proben mit dem Klinker Z621 bei unterschiedlichen Dosierungen an Gips und Anhydrit (Massenverhältnis Anhydrit/Gips = 1/2) und für unterschiedliche kriecherzeugende Spannungen τ_c = 5 Pa (■), 10 Pa (●) und 30 Pa (△)

Die Sulfatdosierung im Zement hat darüber hinaus auch Einfluss auf das Kriechverhalten der daraus hergestellten Leime (siehe Abbildung B-13). Mit zunehmendem Sulfatgehalt ist dabei zunächst ein Rückgang der Kriechviskosität $\eta_{c,\infty}$ und damit eine Zunahme der Kriechneigung zu verzeichnen. Auffallend ist hierbei, dass für Sulfatgehalte von 3,5 M.-% annähernd identische Kriechviskositäten von ca. $1\text{-}2 \cdot 10^5$ Pa s trotz unterschiedlicher Belastungsgrade festgestellt werden. Wird der Sulfatgehalt weiter gesteigert, kommt es hingegen zu einem Umschlagen in Form einer starken Zunahme von $\eta_{c,\infty}$ für alle Belastungsgrade. Es ist daher von einem signifikanten Einfluss des Sulfatgehalts im Zement auf den Entmischungswiderstand damit hergestellter Betone auszugehen.

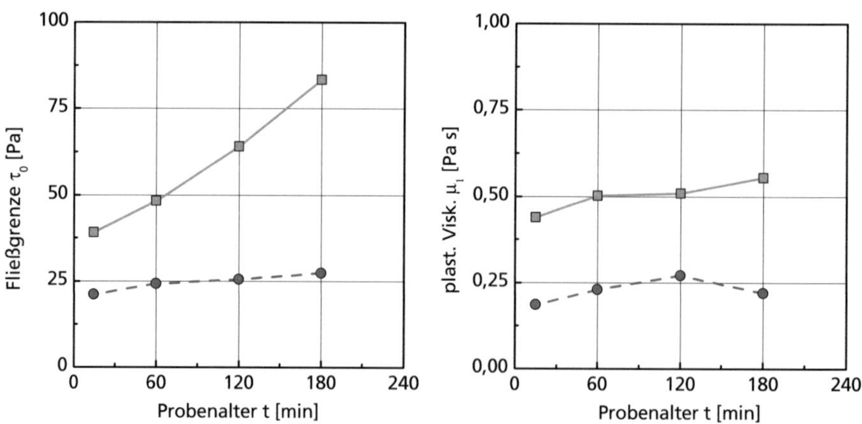

Abb. B-14 Fließgrenze τ_0 (links) und linearer Anteil der plastischen Viskosität μ_1 (rechts) in Abhängigkeit vom Probenalter für unterschiedliche Sulfatgehalte (SO_3-Äquivalent) von 2,5 M.-% (■) und 3,0 M.-% (●) am Zement

Schließlich beeinflusst der Sulfatgehalt im Zement auch das überkritische Fließverhalten. Abbildung B-14 bestätigt die bereits beim viskoelastischen Verformungsverhalten festgestellte Abhängigkeit der zeitlichen Entwicklung der rheologischen Eigenschaften vom Sulfatgehalt. Mit zunehmender Dosierung gehen zum einen die absoluten Werte für die Fließgrenze τ_0 und die plastische Viskosität μ_1 zurück. Noch wichtiger erscheint jedoch, dass die Zeitabhängigkeit insbesondere der Fließgrenze τ_0 ebenfalls zurückgeht. Der frische Zementleim ist somit über einen längeren Zeitraum hin verarbeitbar. Nicht betroffen vom Sulfatgehalt scheint hingegen die zeitliche Entwicklung der plastischen Viskosität μ_1 zu sein. Dieser Kennwert steigt unabhängig von der Sulfatdosierung nur geringfügig über einen Zeitraum von drei Stunden an.

Die hier vorgestellten Ergebnisse belegen einen signifikanten Einfluss des Sulfatgehalts auf die rheologischen Eigenschaften frischer Zementleime. Hierbei können bereits geringfügige Schwankungen im Sulfatgehalt – dieser beträgt für herkömmliche Portlandzemente i.d.R. zwischen 2 und 4 M.-% – erhebliche Veränderungen in den rheologischen Eigenschaften der daraus hergestellten Leime bzw. Betone zur Folge haben.

Parameterstudie – Elektroakustische Untersuchungen

C.1 Einfluss des Phasengehalts und der Zementart

Wie bereits in Abschnitt 2.4.6 erläutert, unterliegt das Zeta-Potential von Zement einer Vielzahl von verschiedenen Einflussgrößen. Im Gegensatz zu vollkommen inerten Stoffen spielt dabei auch der Phasengehalt der Leime eine zentrale Rolle. Da die Dicke der elektrochemischen Doppelschicht – diese bestimmt unter anderem auch das Zeta-Potential des Zements – eine Funktion des Ionengehalts und der Ionenstärke der umgebenden Trägerflüssigkeit ist, aber gleichzeitig der Zement auch Ionenlieferant ist, führt eine Steigerung des Phasengehalts zwangsläufig auch zu einer Veränderung des Elektrolyten und damit des Zeta-Potentials. Dieser nichtlineare Effekt ist im Wesentlichen auf kleine Phasengehalte beschränkt. Für die hier in Rede stehenden Gehalte ist das Zeta-Potential hingegen als weitgehend unabhängig vom Phasengehalt der Suspension anzusehen. In Übereinstimmung mit den Literaturangaben (siehe Abschnitt 2.4.6) beträgt es zwischen ca. -5 mV und ca. -15 mV, wobei sein Betrag mit zunehmendem Phasengehalt geringfügig abnimmt. Das geringste Zeta-Potential weist dabei der Zement vom Typ Z131 mit im Mittel ca. -6 mV auf, gefolgt von den Zementen Z121 mit ca. -10 mV, Z211 mit ca. -11 mV und dem Zement Z221 mit ca. -13,5 mV.

Abbildung C-1 (rechts) zeigt die mittlere in-situ Partikelgröße $d_{50,is}$ im Ruhezustand für $\dot{\gamma}=0\ \mathrm{s}^{-1}$ in Abhängigkeit vom Phasengehalt ϕ. Danach geht mit zunehmendem Phasengehalt ϕ auch eine verstärkte Agglomerierung einzelner Partikel einher, so dass sich die mittlere in-situ Partikelgröße $d_{50,is}$ hin zu größeren Werten verschiebt. Diese Agglomeration scheint jedoch von selbst-limitierendem Charakter zu sein, wie die Leime aus den Zementen Z121 und Z131 belegen. Ab einem Phasengehalt von ca. 40 Vol.-% scheint keine weitere Zunahme der mittleren Partikelgröße mehr möglich zu sein. Es ist somit davon auszugehen, dass ab diesem Phasengehalt ϕ das gesamte System im agglomerierten Zustand vorliegt. Gleichzeitig müssen die Bindungskräfte zwischen den agglomerierten Teilchen jedoch relativ schwach ausgeprägt sein, so dass diese bei den durch die Oszillation der Teilchen im elektrischen Feld wirkenden Kräften zerstört werden. Hierauf wird in Abschnitt 5.3 ausführlich eingegangen.

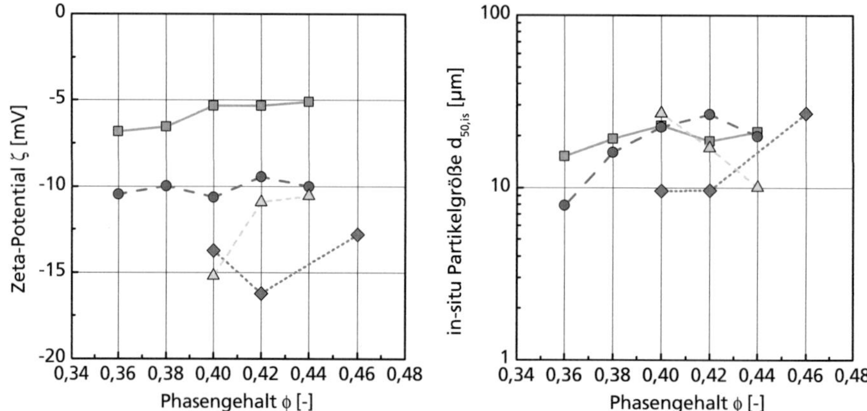

Abb. C-1 Zeta-Potential ζ (links) und in-situ Partikelgröße $d_{50,is}$ (rechts) für die Zemente Z131 (■), Z121 (●), Z211 (◆) und Z221 (△) im agglomerierten Zustand ca. 15 min nach Wasserzugabe

Erstaunlich ist in Abbildung C-1 (rechts) das Verhalten der Leime mit dem Zement Z221. Für diese Leime wurde eine entgegengesetzte Tendenz, nämlich eine Abnahme der mittleren in-situ Partikelgröße mit zunehmendem Phasengehalt beobachtet. Gleichzeitig nimmt jedoch das Zeta-Potential mit zunehmendem Phasengehalt ϕ ab. Eine schlüssige Erklärung für dieses Verhalten ist auf Grundlage der vorliegenden Messergebnisse nicht möglich.

Bezieht man in die Betrachtungen zum Einfluss der Zementart die mineralogische Zusammensetzung der untersuchten Zemente mit ein, so ergibt sich das in Abbildung C-2 dargestellte Bild. Als maßgebend für das Zeta-Potential eines Zements ist danach der Gehalt an Tricalciumsilikat C_3S anzusehen. Dabei nimmt ζ mit zunehmendem C_3S-Gehalt exponentiell ab (beachte halb-logarithmische Darstellung). Eine Abhängigkeit von den die Matrix des Klinkers bildenden Phasen Tricalciumaluminat C_3A und Tetracalciumaluminatferrit C_4AF konnte hingegen nicht festgestellt werden. Gleiches gilt für die Phase Dicalciumsilikat C_2S. Die Daten belegen somit, dass trotz seiner vergleichsweise geringen Reaktivität die Mineralphase C_3S allein aufgrund ihres dominierenden Gehalts maßgeblich das Zeta-Potential des Zements bestimmt.

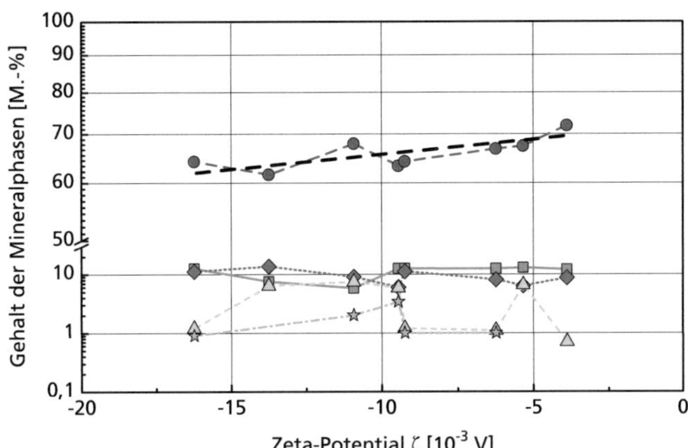

Abb. C-2   Zeta-Potential ζ in Abhängigkeit von der mineralogischen Zusammensetzung des Zements (Tricalciumsilikat C_3S (●), Dicalciumsilikat C_2S (◆), Tricalciumaluminat C_3A (△), Tetracalciumaluminatferrit C_4AF (■) und Anhydrit (☆)) für Zementleime mit einem Phasengehalt von $\phi = 0{,}42$

Wie bereits ausgeführt, ist das rheologische Verhalten der untersuchten Zementleime stark abhängig vom Sulfatgehalt des Zements. Ein Zusammenhang zwischen dem Sulfatgehalt und dem Zeta-Potential der Zementpartikel konnte jedoch für die hier eingesetzten Zemente nicht festgestellt werden (siehe Abbildung C-2). Dabei muss beachtet werden, dass alle dargestellten Zemente in einer bezüglich ihres Sulfatgehalts und damit ihrer Rheologie optimierten Form vorliegen. Für die Ettringitbildung steht somit ausreichend viel Sulfat zur Verfügung, wodurch ein vorzeitiges, falsches Erstarren ausgeschlossen wird. Anders verhält sich dies hingegen bei Klinkermehlen, für die der Sulfatgehalt gezielt über ein breites Spektrum variiert wurde (siehe Abschnitt C.3).

C.2   Einfluss von Zumahl- bzw. Zusatzstoffen

Bei der Untersuchung der elektrophysikalischen Eigenschaften von Zementsuspensionen mit Zumahl- bzw. Zusatzstoffen muss beachtet werden, dass die genannten Stoffe im alkalischen Milieu der Trägerflüssigkeit ggf. andere elektrophysikalische Eigenschaften aufweisen als im Reinzustand. Beispielsweise weist reine Flugasche bzw. reiner Hüttensand in Wasser ein positives Zeta-Potential von +7,9 mV bzw. +8,2 mV auf. Werden Flugasche oder Hüttensand jedoch in Kombination mit Zement eingesetzt, so führt deren Zugabe zu einer Abnahme von ζ (siehe Abbildung C-3, links). Für Flugasche geht das Zeta-Potential von ca. -9 mV ohne auf ca. -12,5 mV mit 20 Vol.-% Flugasche zurück. Dies steht in gutem Einklang mit der verflüssigenden Wirkung von Flugasche, die bereits in den rheologischen Untersuchungen festgestellt wurde. Weniger stark ausgeprägt ist der Rückgang des Zeta-Potentials bei Zugabe von Hüttensand. Die Veränderungen belaufen sich hier lediglich auf ca. -1,5 mV. Auch Kalksteinmehl zeigt nur einen geringen Einfluss auf das Zeta-Potential. Lediglich für hohe Dosierungen von > 20 Vol.-% ist eine Zunahme des Zeta-Potentials zu verzeichnen.

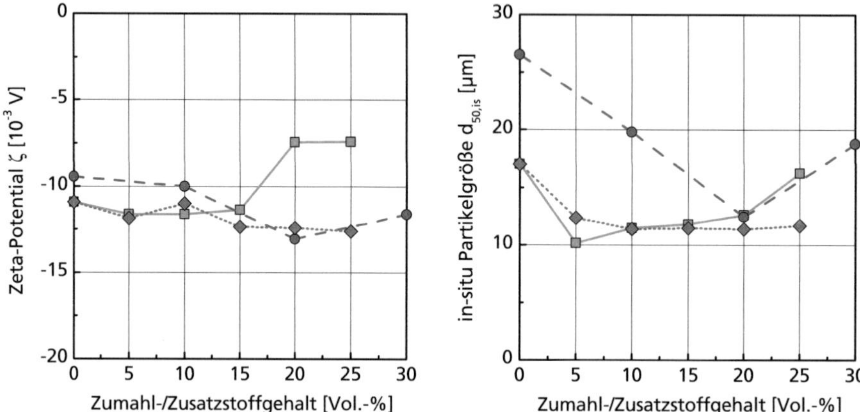

Abb. C-3   Zeta-Potential ζ (links) und mittlere in-situ Partikelgröße $d_{50,is}$ (rechts) in Abhängigkeit vom Zumahl- bzw. Zusatzstoffgehalt (Anteil am Feststoffgehalt) für Proben mit Zement Z121 und Flugasche ($\phi = 0{,}44$, ●) sowie Zement Z221 und Kalksteinmehl ($\phi = 0{,}44$, ■) bzw. Hüttensand ($\phi = 0{,}44$, ◆), jeweils 15 min nach Wasserzugabe

Nicht dargestellt sind die Ergebnisse, die an Gemischen aus Zement und Silikastaub erzielt wurden. Der kolloidale Charakter des Silikastaubs führt bei gleichzeitiger Anwesenheit von weitaus größeren und damit trägeren Zementpartikeln zu erheblichen Problemen bei der Auswertung der Messergebnisse.

Weiterhin in Abbildung C-3 (rechts) dargestellt ist der Einfluss von Zumahl- bzw. Zusatzstoffen auf die mittlere in-situ Partikelgrößenverteilung $d_{50,is}$ in der Suspension. Zumahl- bzw. Zusatzstoffe wirken sich dabei äußerst günstig auf das Agglomerationsverhalten der Partikel aus. Die mittlere Partikelgröße geht beispielsweise durch Zugabe von 20 Vol.-% Flugasche von ca. 26 µm auf ca. 11 µm zurück. Eine weitere Zugabe führt jedoch zu einem erneuten Anstieg von $d_{50,is}$. Ein ähnliches Verhalten kann bei der Zugabe von Kalksteinmehl beobachtet werden. Auch hier geht $d_{50,is}$ von anfänglich 17,5 µm auf ca. 10 µm für einen Kalksteinmehlgehalt von 5 Vol.-% zurück, bevor der Wert erneut zunächst langsam, dann jedoch stark ansteigt.

C.3 Einfluss des Sulfatgehalts des Zements

Wie bereits erläutert erfolgt die werkmäßige Aussteuerung der Verarbeitungseigenschaften eines Zements bzw. des damit hergestellten Leims oder Betons i.d.R. durch eine gezielte Einstellung der Granulometrie des Zements in Verbindung mit der Zugabe von Sulfat in Form von Gips und/oder Anhydrit. Die Auswirkungen des Sulfatgehalts im Zement auf die rheologischen Eigenschaften von Zementleim wurden bereits in Abschnitt B.4 betrachtet. Mit zunehmendem Sulfatgehalt konnte dabei eine Verflüssigung der Proben festgestellt werden. Dies steht in Einklang mit den in Abbildung C-4 gezeigten Ergebnissen zum Einfluss des Sulfatgehalts auf das Zeta-Potential ζ und die in-situ Partikelgrößenverteilung $d_{50,\,is}$. Mit steigender Sulfatzugabe wurde in den Versuchen eine deutliche betragsmäßige Zunahme des Zeta-Potentials beobachtet. Die Veränderung wird zum einen auf eine Verschiebung der Scherebene durch die sterische Wirkung der Mineralphasen auf der Partikeloberfläche zurückgeführt. Auf der anderen Seite verändert das Ettringit auf der Zementkornoberfläche die elektrophysikalischen Eigenschaften des Partikels. Ähnlich wie in den rheologischen Untersuchungen ist dieser Effekt jedoch auf relativ geringe Sulfatgehalte ≤ 3 M.-% beschränkt. Bei einer ausreichenden Sulfatdosierung (hier > 3 M.-%) bleibt das Zeta-Potential mit zunehmender Dosierung nahezu unverändert und beträgt ca. -12 mV.

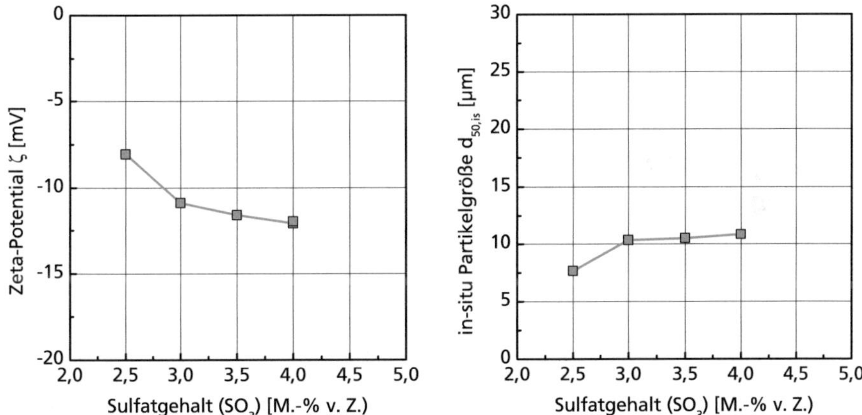

Abb. C-4 Zeta-Potential ζ_{300} (links) und mittlere in-situ Partikelgröße $d_{50,is}$ (rechts) in Abhängigkeit vom Sulfatgehalt (SO$_3$-Äquivalent) für Proben mit dem Klinker Z621 bei unterschiedlichen Dosierungen an Gips und Anhydrit (Massenverhältnis Anhydrit/Gips = 1:2) im Alter von 15 min

Ein ähnlicher Trend zeigt sich auch für die mittlere in-situ Partikelgröße $d_{50,\,is}$. Auch dieser Kennwert strebt mit zunehmendem Sulfatgehalt gegen einen oberen Grenzwert von hier 11 µm. Für Sulfatgehalte zwischen 3,0 und 4,0 M.-% sind keine signifikanten Änderungen in der mittleren Partikelgröße feststellbar. Erstaunlich ist jedoch, dass für einen sehr geringen Sulfatgehalt von 2,5 M.-% eine bessere Dispergierung möglich zu sein scheint als für eine hohe Dosierung. Dies steht im Widerspruch sowohl zu den Ergebnissen der Zeta-Potentialmessung als auch den rheologischen Kennwerten. Mit betragsmäßig abnehmendem Zeta-Potential wird grundsätzlich eine verstärkte Agglomeration erwartet. Der Widerspruch kann gelöst werden, wenn man den Ettringitkristallen auf der Partikeloberfläche eine sterische Wirkung zuschreibt (siehe auch Kapitel 5). Auch bei der Alterung von Zementleimen wird dieser Effekt beobachtet (siehe auch Abschnitt 5.7).

Anhang D
Parameterstudie – Chemische Zusammensetzung der Trägerflüssigkeit

D.1 Einfluss des Phasengehalts und der Granulometrie des Zements

Der Einfluss der Zementart und des Phasengehalts auf die chemische Zusammensetzung der Trägerflüssigkeit ist in Abbildung D-1 dargestellt. Danach ist für die Zemente Z121 und Z131 mit zunehmendem Phasengehalt ein stetiger Rückgang der Ca^{2+}-Konzentration festzustellen. Keinen Einfluss auf diesen Messwert scheint hingegen der Phasengehalt für die Zementsorten Z211 und Z221 zu besitzen. Mit zunehmendem Phasengehalt ϕ ist weiterhin für alle Zemente eine Zunahme in den Konzentrationen von K^+, Na^+ und SO_4^{2-} zu verzeichnen. Die Versuchsergebnisse deuten darauf hin, dass die Ionenkonzentration gegen einen oberen Grenzwert strebt, der jedoch zementartspezifisch zu sein scheint. Es kann festgehalten werden, dass die Löslichkeit von Calcium bereits durch eine geringfügige Zunahme im Kalium-, Natrium- und Sulfatgehalt verschlechtert wird und somit trotz erhöhten Phasengehalts nach derselben Zeitdauer weniger Calcium in der Lösung vorliegt.

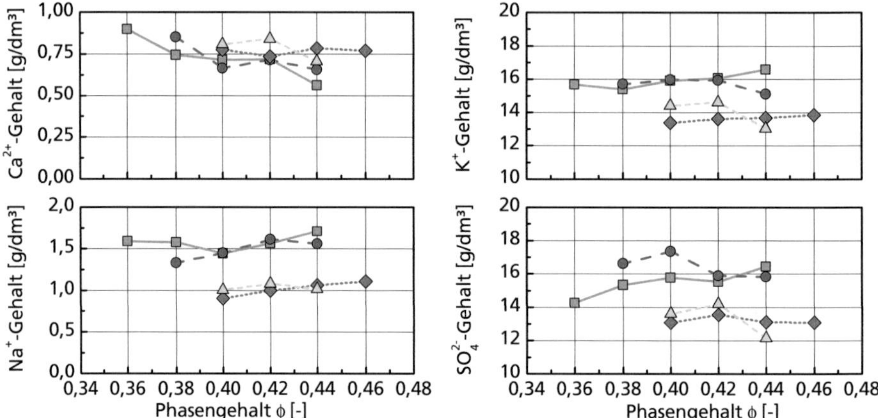

Abb. D-1 Ionenkonzentration von Ca^{2+} (links, oben), K^+ (rechts, oben), Na^+ (links, unten) und SO_4^{2-} (rechts, unten) in der Trägerflüssigkeit von Zementleimen in Abhängigkeit vom Phasengehalt ϕ für die Zemente Z121 (□), Z131 (●), Z211 (◆) und Z221 (△), jeweils 15 min nach Wasserzugabe

Die bereits beschriebenen zementspezifischen Unterschiede im Lösungsverhalten sind dabei nur bedingt auf Unterschiede in der Granulometrie der einzelnen Produkte zurückzuführen. Abbildung D-2 zeigt, dass mit zunehmender Packungsdichte ϕ_p der Phase ein Rückgang der Konzentrationen aller untersuchten Ionen zu verzeichnen ist. Der Rückgang beträgt ca. 20 % für Calcium, 70 % für Natrium, 40 % für Kalium und 60 % für Sulfat. Diese Veränderungen werden jedoch durch die Auswirkungen eines veränderlichen Phasengehalts ϕ überlagert, so dass für die Ionen K^+, Na^+ und SO_4^{2-} keine Abhängigkeit vom bezogenen Phasengehalt ϕ/ϕ_p festgestellt werden kann. Die Ausnahme bildet hier wiederum der Gehalt an gelöstem Calcium, der mit zunehmendem ϕ/ϕ_p kontinuierlich abnimmt.

Weiterhin in Abbildung D-2 dargestellt ist der Einfluss der mittleren Partikelgröße d_{50} sowie der mittleren in-situ Partikelgröße $d_{50,is}$ auf die Löslichkeit der einzelnen Ionen. Die Ergebnisse sind dabei auf den ersten Blick widersprüchlicher Natur. Wie erwartet nimmt die Konzentration aller Ionen mit abnehmender mittlerer Partikelgröße d_{50} zu. Dies steht in Einklang mit der Grundüberlegung, dass auch die Reaktivität des Zements mit abnehmender Partikelgröße und somit zunehmender spezifischer Oberfläche zunimmt. Gleichzeitig wächst jedoch die Ionenkonzentration mit zunehmender mittlerer in-situ Partikelgröße $d_{50,is}$ an. Hierbei muss berücksichtigt werden, dass das Agglomerationsverhalten der Partikel und damit $d_{50,is}$ maßgeblich durch die Ionenkonzentration der Lösung und deren Einfluss auf das Zeta-Potential des Partikels beeinflusst werden (siehe auch Kapitel 5).

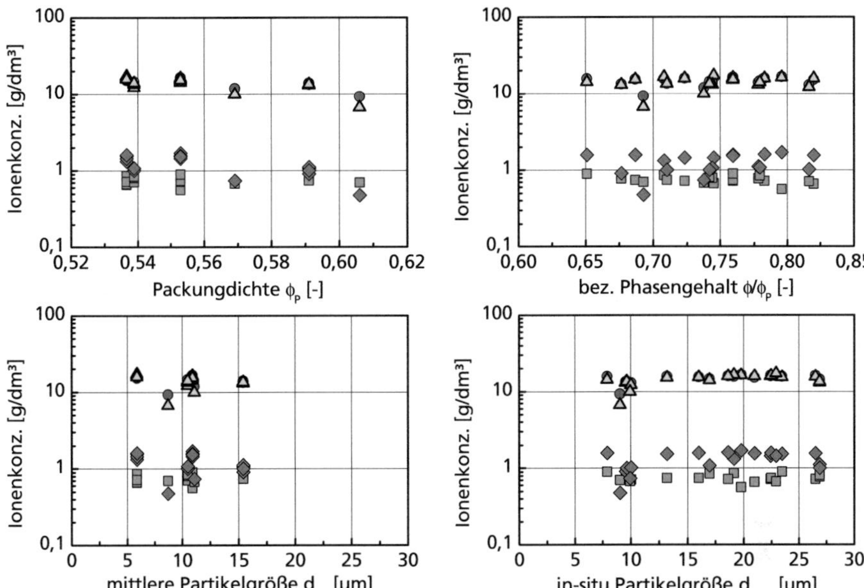

Abb. D-2   Konzentration der gelösten Ionen Ca^{2+} (■), K^+ (●), Na^+ (◆) und SO_4^{2-} (△) in der Trägerflüssigkeit von Zementleimen mit unterschiedlichen Phasengehalten und Zementen mit unterschiedlicher mineralogischer Zusammensetzung in Abhängigkeit von verschiedenen Partikelparametern

D.2   Einfluss von Zumahl- bzw. Zusatzstoffen

Nur geringfügige Veränderungen in der Ionenkonzentration sind beim Austausch von Zement durch Zumahl- bzw. Zusatzstoffe feststellbar (siehe Abbildung D-3). Für alle drei hier dargestellten Stoffarten geht die Konzentration von K^+, Na^+ und SO_4^{2-}-Ionen zurück. Vernachlässigbaren Einfluss scheint der Austausch von Zement durch andere Stoffe hingegen auf den Calcium-Haushalt der Trägerflüssigkeit zu haben. Sowohl für Kalksteinmehl als auch Hüttensand bleibt die Ca^{2+}-Ionenkonzentration mit zunehmender Austauschmenge nahezu unverändert. Für Flugasche ist hingegen eine geringfügige Zunahme der Ca^{2+}-Ionenkonzentration mit steigender Dosiermenge festzustellen. Dies belegt, dass trotz erheblicher Mengen, die dem Zement an Zumahl- bzw. Zusatzstoffen zugesetzt werden können, die Zusammensetzung des Elektrolyten maßgeblich durch den Zement dominiert wird.

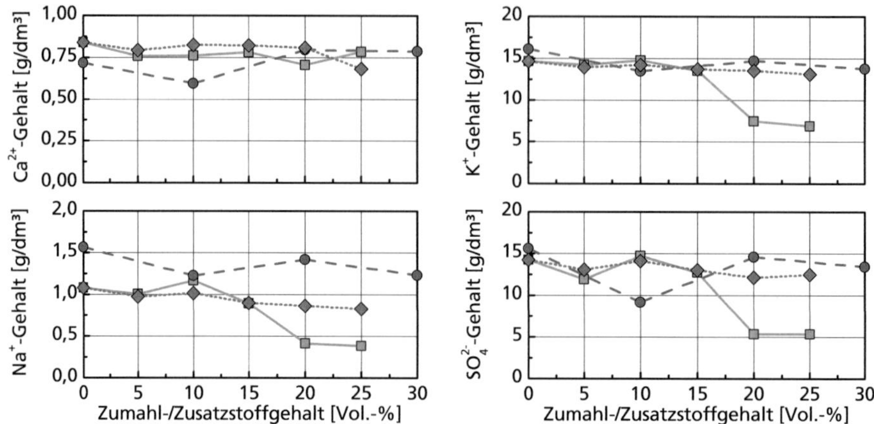

Abb. D-3 Konzentration der gelösten Ionen Ca^{2+}, K^+, Na^+ und SO_4^{2-} in der Trägerflüssigkeit von Zementleimen mit einem Phasengehalt von $\phi = 0{,}42$ und unterschiedlichen Gehalten an Kalksteinmehl (■, Basiszement Z221) bzw. Hüttensand (◆, Basiszement Z221) sowie Flugasche (●, Basiszement Z121) zum Zeitpunkt 15 min nach Wasserzugabe

Von besonderem Interesse ist weiterhin, inwieweit die zugegebenen Zumahl- bzw. Zusatzstoffe an Lösungs- oder Reaktionsvorgängen während der Ruhe- bzw. Akzelerationsphase teilnehmen. Abbildung D-4 zeigt, dass lediglich für Leime mit Flugasche zu allen Untersuchungszeitpunkten ein absolut erhöhter Ca^{2+}-Gehalt in der Lösung vorhanden ist gegenüber identischen Leimen ohne diesen Zusatzstoff. Die starke Zunahme des Ca^{2+}-Gehalts im Alter von 180 min belegt darüber hinaus, dass die amorphe Flugasche bereits zu Beginn der Akzelerationsphase im alkalischen Milieu der Trägerflüssigkeit verstärkt angelöst wird und Ca^{2+} freisetzt. Der Calcium-Gehalt von Leimen mit 30 Vol.-% Flugasche beträgt somit zwischen 102 und 118 % im Vergleich zu Leimen mit identischem Zement ohne Flugasche. Auch für die Ionen K^+ und Na^+ ist ab einem Probenalter von ca. 60 min eine gegenüber reinem Zement verstärkte Freisetzung zu beobachten. Das Ausgangsniveau von reinem Zement wird jedoch zu keinem Zeitpunkt erreicht und der Kalium- bzw. Natrium-Gehalt beträgt zwischen 72 und 78 % des Ausgangswerts.

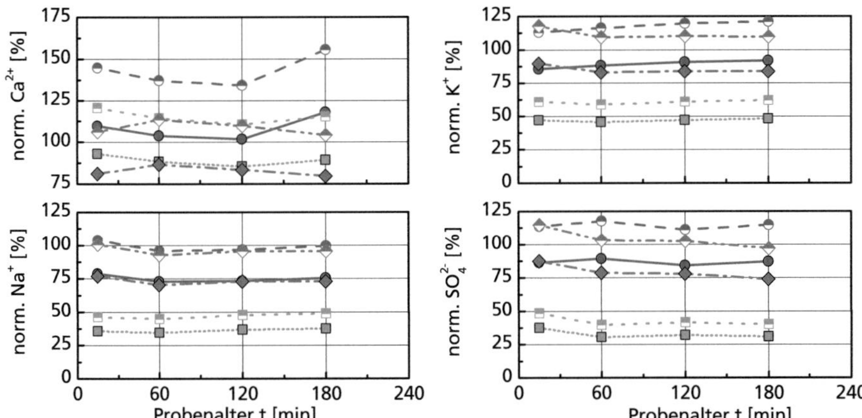

Abb. D-4 Zeitliche Entwicklung der mit Werten von vergleichbaren Leimen ohne Zumahl- bzw. Zusatzstoffdosierung normierten Ionenkonzentration c_I von Ca^{2+}, K^+, Na^+ und SO_4^{2-} in der Trägerflüssigkeit von Zementleimen ($\phi = 0{,}42$) mit 25 Vol.-% Kalksteinmehl (■, ▬, Z221) oder Hüttensand (◆, ▲, Basiszement Z221) bzw. 30 Vol.-% Flugasche (●, ◖, Basiszement Z121)[1]

Berücksichtigt man darüber hinaus, dass die Zugabe des Zumahl- bzw. Zusatzstoffs mit einer Reduktion des Masseanteils des Zements am Feststoff einhergeht und kompensiert die ermittelten Werte um diesen Einfluss, so zeigt sich, dass die Zugabe der puzzolanen Flugasche bzw. des latent hydraulischen Hüttensands zu einer Zunahme sowohl der Calcium-, Kalium- und Sulfatkonzentration führt. Danach liefert die Flugasche im vom Zement dominierten alkalischen Milieu der Trägerflüssigkeit nochmals zusätzlich ca. 34 bis 55 % der vom Zement bereits freigesetzten Menge an Ca^{2+} und ca. 13 bis 21 % der entsprechenden Menge zusätzlich an K^+ jeweils in Abhängigkeit vom Betrachtungszeitpunkt. Weiterhin wird durch Flugasche und Hüttensand selbst bzw. infolge veränderter Löslichkeitsrandbedingungen durch den Zement verstärkt Sulfat freigesetzt bzw. weniger verbraucht (Flugasche 13 bis 17 %, Hüttensand -3 bis +15 %). Keine Auswirkungen scheinen diese Stoffe jedoch auf den Na^+-Haushalt der Trägerflüssigkeit zu haben. Der Natrium-Gehalt liegt unter Berücksichtigung der ausgetauschten Zementmenge für Flugasche zwischen 0 und 3 % über bzw. für Hüttensand zwischen 0 und 5 % unter der entsprechenden Menge für reinen Zement. Dies bedeutet, dass Hüttensand die Freisetzung von Na^+ geringfügig hemmt.

---

1. Abbildung D-4 zeigt einfach normierte Ergebnisse c_I (Zement+Zusatzstoff)/c_I (100% Zement). Zusätzlich dargestellt (halb-gefüllte Symbole) sind die Ergebnisse, bei denen der reduzierte Zementanteil in den Gemischen berücksichtigt wurde. Hierzu wurde der Nenner in obiger Gleichung durch den Masseanteil (es handelt sich um einen Lösungsprozess und damit um einen Massetransport) des in den Gemischen eingesetzten Zements geteilt. Dieser betrug 0,759 für Mischungen mit Flugasche, 0,773 für Mischungen mit Kalksteinmehl und 0,763 für Mischungen mit Hüttensand.

Besonders stark ist dieser hemmende Effekt beim Ersatz von Zement durch Kalksteinmehl ausgeprägt. Durch die Zugabe dieses Zumahlstoffs werden vom Zement ca. 39 % weniger K+, 52 % weniger Na+ und zwischen 52 und 58 % weniger SO_4^{2-} freigesetzt bzw. sind anderweitig gebunden und somit in der Lösung nicht mehr nachweisbar. Verstärkt wird durch Zugabe von Kalksteinmehl hingegen die Freisetzung von Ca^+ mit Zuwächsen zwischen 11 und 20 % in Abhängigkeit vom Betrachtungszeitpunkt.

Bei der Interpretation aller aufgeführten Ergebnisse muss beachtet werden, dass Überschüsse an einzelnen Ionen in der Trägerflüssigkeit entweder aus den einzelnen Zumahl- bzw. Zusatzstoffen selbst resultieren können oder aber infolge veränderter Lösungsgleichgewichte aus dem Zement stammen. Denkbar ist darüber hinaus eine Überlagerung beider Fälle, zwischen denen auf der Grundlage der hier vorliegenden Datenbasis jedoch nicht unterschieden werden kann.

Parameterstudie – pH-Wert und Leitfähigkeit der Suspension und der Trägerflüssigkeit

E.1   Einfluss des Phasengehalts

Die Abhängigkeit des pH-Werts vom Phasengehalt für die bereits eingeführten Zemente ist in Abbildung E-1 dargestellt. Die OH^--Ionenkonzentration ist sowohl im Leim als auch im Filtrat als annähernd konstant anzusehen und beträgt für die hier dargestellten Suspensionen zwischen ca. 13,2 und 13,55 im Leim und zwischen ca. 13,38 und 13,73 im Filtrat.

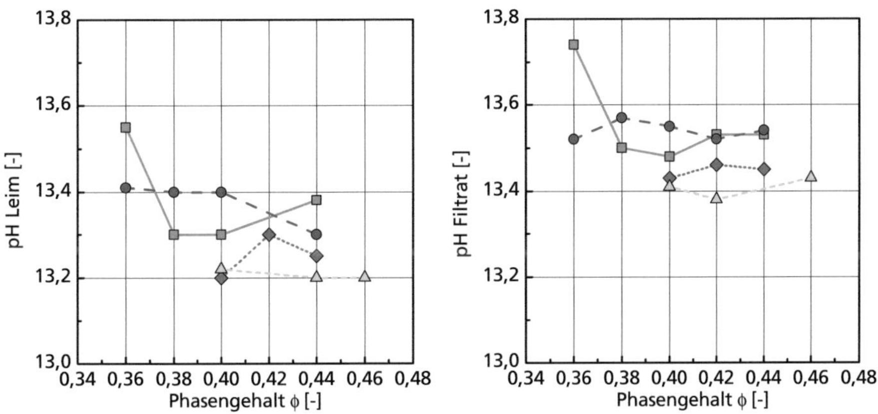

Abb. E-1   pH-Wert des Leims (links) bzw. des daraus gewonnenen Filtrats (rechts) in Abhängigkeit vom Phasengehalt ϕ der Probe für unterschiedliche Zementsorten (Z121 (■), Z131 (●), Z211 (▲) und Z221 (◆)) im Alter von 15 min nach Wasserzugabe

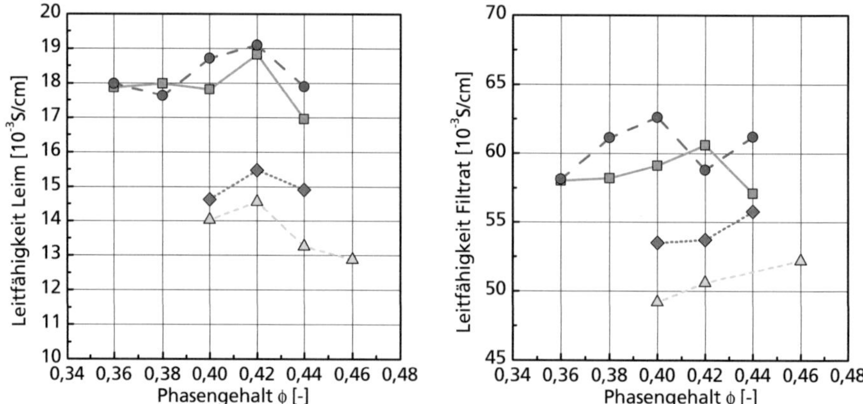

Abb. E-2 Leitfähigkeit ausgewählter Leime (links) bzw. der daraus gewonnenen Filtrate (rechts) in Abhängigkeit vom Phasengehalt ϕ der Probe für unterschiedliche Zementsorten (Z121 ($\blacksquare$), Z131 ($\bullet$), Z211 ($\triangle$) und Z221 ($\blacklozenge$)) im Alter von 15 min nach Wasserzugabe

Weiterhin untersucht wurde der Einfluss des Phasengehalts auf die Leitfähigkeit von Zementleimen bzw. daraus hergestellten Filtraten. Mit zunehmendem Phasengehalt ϕ ist dabei eine Zunahme der Leitfähigkeit bis zu einem Phasengehalt von ca. 0,42 bis 0,44 zu verzeichnen. Anschließend geht die Leitfähigkeit im Leim deutlich und im Filtrat geringfügig zurück bzw. bleibt annähernd konstant. Dieser Rückgang des Kennwerts im Leim wird auf die mit zunehmendem Phasengehalt abnehmende Beweglichkeit der Trägerflüssigkeit zurückgeführt. Ein zunehmender Anteil von Ionen ist bei hohen Phasengehalten durch Oberflächenkräfte in der elektrochemischen Doppelschicht gebunden und leistet daher nur einen begrenzten Beitrag zum Messsignal und damit zum Messwert. Der stark ausgeprägte Rückgang lässt weiterhin die Schlussfolgerung zu, dass ein zunehmender Teil der Trägerflüssigkeit in Agglomeraten – d. h. in Zwickeln zwischen einzelnen Zementpartikeln – eingeschlossen ist und somit von den nicht leitenden Zementpartikeln elektrisch abgeschirmt wird. Gleichzeitig belegen jedoch auch die Messungen an Filtraten, dass diese Mechanismen auch Einfluss auf die tatsächliche Zusammensetzung der Trägerflüssigkeit haben müssen und es dadurch zu einem Rückgang der Leitfähigkeit dieser bei hohen Phasengehalten kommt.

Schriftenreihe des

Instituts für Massivbau
und Baustofftechnologie

Herausgeber: Univ.-Prof. Dr.-Ing. Harald S. Müller
Univ.-Prof. Dr.-Ing. Lothar Stempniewski

Institut für Massivbau und Baustofftechnologie
Universität Karlsruhe (TH)
ISSN 0933-0461

Heft 11	Pingli Yi: **Explosionseinwirkungen auf Stahlbetonplatten.** 1991
Heft 12	Rainer Kunterding: **Beanspruchung der Oberfläche von Stahlbetonsilos durch Schüttgüter.** 1991
Heft 13	Peter Haardt: **Zementgebundene und kunststoffvergütete Beschichtungen auf Beton.** 1991
Heft 14	Günter Rombach: **Schüttguteinwirkungen auf Silozellen - Exzentrische Entleerung.** 1991
Heft 15	Harald Garrecht: **Porenstrukturmodelle für den Feuchtehaushalt von Baustoffen mit und ohne Salzbefrachtung und rechnerische Anwendung auf Mauerwerk.** 1992
Heft 16	Violandi Vratsanou: **Das nichtlineare Verhalten unbewehrter Mauerwerksscheiben unter Erdbebenbeanspruchung - Hilfsmittel zur Bestimmung der q-Faktoren.** 1992
Heft 17	Carlos Rebelo: **Stochastische Modellierung menschenerzeugter Schwingungen.** 1992
Heft 18	Seminar 29./30. März 1993: **Erdbebenauslegung von Massivbauten unter Berücksichtigung des Eurocode 8.** 1993
Heft 19	Hubert Bachmann: **Die Massenträgheit in einem Pseudo-Stoffgesetz für Beton bei schneller Zugbeanspruchung.** 1993
Heft 20	DBV/AiF-Forschungsbericht: H. Emrich: **Zum Tragverhalten von Stahlbetonbauteilen unter Querkraft- und Längszugbeanspruchung.** 1993
Heft 21	Robert Stolze: **Zum Tragverhalten von Stahlbetonplatten mit von den Bruchlinien abweichender Bewehrungsrichtung - Bruchlinien-Rotationskapazität.** 1993
Heft 22	Jie Huang: **Extern vorgespannte Segmentbrücken unter kombinierter Beanspruchung aus Biegung, Querkraft und Torsion.** 1994
Heft 23	Rolf Wörner: **Verstärkung von Stahlbetonbauteilen mit Spritzbeton.** 1994
Heft 24	Ioannis Retzepis: **Schiefe Betonplatten im gerissenen Zustand.** 1995

Heft 25   Frank Dahlhaus:
Stochastische Untersuchungen von Silobeanspruchungen. 1995

Heft 26   Cornelius Ruckenbrod:
Statische und dynamische Phänomene bei der Entleerung von Silozellen. 1995

Heft 27   Shishan Zheng:
Beton bei variierender Dehngeschwindigkeit, untersucht mit einer neuen modifizierten Split-Hopkinson-Bar-Technik. 1996

Heft 28   Yong-zhi Lin:
Tragverhalten von Stahlfaserbeton. 1996

Heft 29   DFG:
Korrosion nichtmetallischer anorganischer Werkstoffe im Bauwesen. 1996

Heft 30   Jürgen Ockert:
Ein Stoffgesetz für die Schockwellenausbreitung in Beton. 1997

Heft 31   Andreas Braun:
Schüttgutbeanspruchungen von Silozellen unter Erdbebeneinwirkung. 1997

Heft 32   Martin Günter:
Beanspruchung und Beanspruchbarkeit des Verbundes zwischen Polymerbeschichtungen und Beton. 1997

Heft 33   Gerhard Lohrmann:
Faserbeton unter hoher Dehngeschwindigkeit. 1998

Heft 34   Klaus Idda:
Verbundverhalten von Betonrippenstäben bei Querzug. 1999

Heft 35   Stephan Kranz:
Lokale Schwind- und Temperaturgradienten in bewehrten, oberflächennahen Zonen von Betonstrukturen. 1999

Heft 36   Gunther Herold:
Korrosion zementgebundener Werkstoffe in mineralsauren Wässern. 1999

Heft 37   Mostafa Mehrafza:
Entleerungsdrücke in Massefluss-Silos - Einflüsse der Geometrie und Randbedingungen. 2000

Heft 38   Tarek Nasr:
Druckentlastung bei Staubexplosionen in Siloanlagen. 2000

Heft 39   Jan Akkermann:
Rotationsverhalten von Stahlbeton-Rahmenecken. 2000

Heft 40   Viktor Mechtcherine:
Bruchmechanische und fraktologische Untersuchungen zur Rißausbreitung in Beton. 2001

Heft 41   Ulrich Häußler-Combe:
Elementfreie Galerkin-Verfahren - Grundlagen und Einsatzmöglichkeiten zur Berechnung von Stahlbetontragwerken. 2001

Heft 42   Björn Schmidt-Hurtienne:
Ein dreiaxiales Schädigungsmodell für Beton unter Einschluß des Dehnrateneffekts bei Hochgeschwindigkeitsbelastung. 2001

Heft 43   Nazir Abdou:
Ein stochastisches nichtlineares Berechnungsverfahren für Stahlbeton mit finiten Elementen. 2002

Heft 44   Andreas Plokitza:
Ein Verfahren zur numerischen Simulation von Betonstrukturen beim Abbruch durch Sprengen. 2002

Heft 45   Timon Rabczuk:
Numerische Untersuchungen zum Fragmentierungsverhalten von Beton mit Hilfe der SPH-Methode. 2002

Heft 46   Norbert J. Krutzik:
Zu Anwendungsgrenzen von FE-Modellen bei der Simulation von Erschütterungen in Kernkraftbauwerken bei Stoßbelastungen. 2002

Heft 47   Thorsten Timm:
Beschuß von flüssigkeitsgefüllten Stahlbehältern. 2002

Heft 48   Slobodan Kasic:
Tragverhalten von Segmentbauteilen mit interner und externer Vorspannung ohne Verbund. 2002

Heft 49   Christoph Kessler-Kramer:
Zugtragverhalten von Beton unter Ermüdungsbeanspruchung. 2002

Heft 50   Nico Herrmann:
Experimentelle Verifizierung von Prognosen zur Sprengtechnik. 2002

Heft 51   Michael Baur:
Elastomerlager und nichtlineare Standorteffekte bei Erdbebeneinwirkung. 2003

Heft 52   Seminar 02. Juli 2004:
DIN 1045-1; Aus der Praxis für die Praxis. 2004

Heft 53   Abdelkhalek Saber Omar Mohamed:
Behaviour of Retrofitted Masonry Shear Walls Subjected to Cyclic Loading. 2004

Fortführung als: Karlsruher Reihe
Massivbau
Baustofftechnologie
Materialprüfung
bei KIT Scientific Publishing (ISSN 1869-912X)

Karlsruher Reihe
Massivbau
Baustofftechnologie
Materialprüfung

Herausgeber: **Univ.-Prof. Dr.-Ing. Harald S. Müller**
Univ.-Prof. Dr.-Ing. Lothar Stempniewski

Institut für Massivbau und Baustofftechnologie
Materialprüfungs- und Forschungsanstalt,
MPA Karlsruhe
Karlsruher Institut für Technologie (KIT)

KIT Scientific Publishing
ISSN 1869-912X

Heft 66

Michael Haist:
Zur Rheologie und den physikalischen Wechselwirkungen bei Zementsuspensionen. 2009
ISBN 978-3-86644-475-1

Bezug der Hefte:

Hefte 1 bis 65: Institut für Massivbau und Baustofftechnologie,
Karlsruher Institut für Technologie (KIT),
Gotthard-Franz-Str. 3, 76131 Karlsruhe,
www.betoninstitut.de

ab Heft 66: KIT Scientific Publishing,
Straße am Forum 2, 76131 Karlsruhe,
www.uvka.de